CAXA
创新三维 CAD 教程
（第 2 版）

主　编　尚凤武　李志香

副主编　宋　新　姜　茜

U0245525

北京航空航天大学出版社

内 容 简 介

本书介绍"CAXA 实体设计"2013 版最新内容,是《CAXA 创新三维 CAD 教程》的升级版。内容包括:CAXA 概述、用户界面、标准智能图素与设计模式、二维草图、自定义智能图素的生成、基本零件设计及其保存、标准件及高级图素的应用、曲面零件设计、高级零件设计、钣金件设计、装配设计、二维工程图的生成、渲染设计、动画设计、协同设计及三维创新设计综合实例等 16 章以及附录,全面地介绍了"CAXA 实体设计"2013 软件的各项功能和简洁实用的操作方法。

本书配有"CAXA 实体设计"2013 版教学视频光盘一张,便于读者结合软件学习各章内容。

本书可作为各类大专院校机械设计和制造专业以及 CAD 专业的辅助教材和培训教材,也可作为工程技术人员和三维 CAD 爱好者的自学教材。

图书在版编目(CIP)数据

CAXA 创新三维 CAD 教程/尚凤武,李志香主编. -- 2
版. -- 北京 : 北京航空航天大学出版社,2015.4
ISBN 978 - 7 - 5124 - 1664 - 2

Ⅰ. ①C… Ⅱ. ①尚… ②李… Ⅲ. ①自动绘图—软件
包—教材 Ⅳ. ①TP391.72

中国版本图书馆 CIP 数据核字(2015)第 004027 号

CAXA创新三维 CAD 教程(第 2 版)

主　编　尚凤武　李志香
副主编　宋　新　姜　茜

责任编辑　王　实
*
北京航空航天大学出版社出版发行

北京市海淀区学院路 37 号(邮编 100191)　http://www.buaapress.com.cn
发行部电话:(010)82317024　传真:(010)82328026
读者信箱:bhpress@263.net　邮购电话:(010)82316936
北京市同江印刷有限公司印装　各地书店经销
*
开本:710×1 000　1/16　印张:27.5　字数:586 千字
2015 年 4 月第 2 版　2015 年 4 月第 1 次印刷　印数:3 000 册
ISBN 978 - 7 - 5124 - 1664 - 2　定价:59.00 元(含光盘)

前　言

　　信息技术的高速发展和广泛应用，引发了全球性的产业革命，推动着人类社会的进步。信息化作为当今世界经济和社会发展的大趋势，其发展水平已成为衡量一个国家综合国力和现代化程度的重要标志。CAD（Computer Aided Design，计算机辅助设计）是伴随计算机快速发展起来的现代化技术的重要领域之一。

　　三维 CAD 是信息化设计制造的核心内容之一。学习和掌握三维 CAD 知识和技术已成为当今科技人员、广大教师和在校学生紧迫的学习任务和时代要求。

　　CAXA 实体设计是一套以面向机械行业为主的三维设计软件，它突出地体现了新一代 CAD 技术以创新设计为发展方向的特点。该软件以完全的 Windows 界面为平台，提供了一套简单、易学的全三维设计工具。它是具有自主知识产权的国产三维 CAD 设计软件。

　　本书是编者于 2006 年编著的《CAXA 创新三维 CAD 教程》的升级版。原版投放市场后，受到广大读者的喜爱，总印数达 9 000 册。即便如此，目前在科技类图书市场上已很难见到原版教材。

　　北京数码大方科技股份有限公司（CAXA）经过多年努力和奋斗，有了更大发展，并成为首批入驻北京中关村科技园区的企业之一。同时，作为该公司品牌产品的"CAXA 实体设计"软件也逐步升级，版本经过 2008、2009、2010、2011 逐步升级到目前的 2013 版。软件的功能更加强大、操作更加简便、设计手段更加多样、协同设计能力更加完美。它不仅能与国外同类软件媲美，而且可与国外多种同类三维 CAD 软件兼容，更加便于不同行业的科技人员和读者的学习与使用。

　　为适应三维 CAD 技术的发展，满足市场需求，本书秉承原版风格，用最新的"CAXA 实体设计"2013 版内容，以典型的教学案例和机械产品设计流程为导向，从教学和开展培训的教学理念出发，全面阐述软件功能，重新编写本书的全部内容，编者期望本书能满足初学者和原有读者的迫切需求。

　　本书的内容包括：CAXA 概述、用户界面、标准智能图素与设计模式、二维草图、自定义智能图素的生成、基本零件设计及其保存、标准件及高级图素的应用、曲面零件设计、高级零件设计、钣金件设计、装配设计、二维工程图的生成、渲染设计、动画设计、协同设计及三维创新设计综合实例等 16 章以及附录，全面地介绍了"CAXA 实体设计"2013 版软件的各项功能和简洁实用的操作方法。

　　另外，书中配有教学视频光盘一张，供读者学习时使用。

　　本书由尚凤武、李志香任主编，宋新、姜茜任副主编。邹小慧、刘静华、胡木华、乌云、王凯、高源、尚红昕及蔡黎明等参加了本书的编写工作。编写任务的分工是：尚凤武、李志香、姜茜、胡木华、尚红昕、乌云等用"CAXA 实体设计"2011 版编写了第 1～15 章的内容初稿。尚凤武、李志香、邹小慧、宋新、王凯、高源、蔡黎明等用"CAXA 实体设计"2013 版内容对初稿进行了文字校对和截图更新，李志香和宋新除参与其他章节的部分编写工作外，主要负责编写第 4 章和第 16 章的全部内容。CAXA 公司提供了本书的附录。全书由尚凤武、李志香统稿，宋新负责完成本书实例的视频制作工作。

　　本书的面世是各位编者共同努力和协作的结果，是编者学习"CAXA 实体设计"2013 版软件的体会和操作经验的结晶，编者愿与各位读者分享学习"CAXA 实体设计"软件的成果和体会。

　　本书的编写得到了北京数码大方科技股份有限公司(CAXA)的全力支持。北京航空航天大学出版社对出版本书给予了大力协助，并负责本书的编辑、出版工作。在此，向给予本书协助和支持的各单位和各位同仁、朋友表示诚挚的感谢。

　　本书虽然洋洋数十万字，但由于软件本身的功能十分强大，内容又非常丰富，因此很难以一概全，加之编者的水平所限，难免有遗漏和不足之处。编者诚恳地希望各位读者在学习过程中，对本书出现的错误和不当之处，予以批评指正，对此将不胜感激。

编　者

2014 年 11 月

目　　录

第 12 章　二维工程图的生成 …… 302

第 13 章　渲染设计 …… 327

第 1 章　CAXA 概述

1.1　CAXA 简介

CAXA 是我国具有自主知识产权软件的知名品牌,是中国 CAD/CAM/CAPP/PDM/PLM 软件的优秀代表。CAXA 软件最初起源于北京航空航天大学,经过 20 多年市场化、产业化和国际化的快速发展,目前已成为"领先一步的中国计算机辅助技术与服务(Computer Aided X, Ahead & alliance)"。

CAXA 既是北京数码大方科技股份有限公司的企业理念,也是公司产品的总称。该公司主要提供数字化设计(CAD)、数字化制造(MES)、产品全生命周期管理(PLM)解决方案和工业云服务。数字化设计解决方案包括二维和三维 CAD,工艺 CAPP 和产品数据管理 PDM 等软件。数字化制造解决方案包括 CAM、网络 DNC、MES 和 MPM 等软件。支持企业贯通并优化营销、设计、制造和服务的业务流程,实现产品全生命周期的协同管理。工业云服务是指中国首个"中国工业软件云服务平台",主要提供云设计、云制造、云协同、云资源和云社区 5 大服务,包括工业设计软件、数据管理、协同营销以及 3D 打印、数控编程、仿真分析等工程服务,涵盖了企业设计、制造、营销等产品创新流程所需要的各种工具和服务。CAXA 是中国最大的 CAD 和 PLM 软件供应商,是中国工业云的倡导者和领跑者。

CAXA 在国内拥有 8 个营销和服务中心、300 多家代理商及 600 多家教育培训中心。公司客户覆盖航空航天、机械装备、汽车、电子电器、建筑及教育等行业,包括徐工集团、西电集团、中国二重、东汽、东电、北汽福田、东风汽车、新飞电器、格力电器、灿坤电器、沈飞、哈飞及成飞等企业在内的 30 000 家企业,以及包括清华大学、北京航空航天大学、北京理工大学等 3 000 所知名大中专院校。

CAXA 的美国子公司 IronCAD 已经成长为美国知名 CAD 供应商,其客户遍及美国、加拿大、巴西、德国、英国、日本、韩国、澳大利亚和南非等 24 个国家和地区。

CAXA 经过多年的技术积累和市场发展,已经成为中国国产工业软件的知名品牌,彻底打破了国外软件巨头的垄断。多年来,公司一直坚持"一切以用户为中心"的技术和服务理念,重视用户体验,不断提升本土化服务能力,在各机构调查榜中"用户满意度"高达 74%,高于国内外品牌,并始终居于"工业软件品牌——用户关注度"领先的位置。

CAXA 是 2013—2014 国家规划布局重点软件企业、首批中关村国家自主创新示范区创新型企业、中国工业软件产业发展联盟理事长单位、中关村核心区工业创意设计产业联盟理事长单位、北京市工业云产业联盟理事长单位、全国离散制造业信息技术应用服务联盟副理事长单位、中关村未来制造业产业技术国际创新战略联盟的发起单位。曾先后荣获中关村最具发展潜力十佳创新企业、中国软件行业最具成长力企业、中国制造业信息化发展突出贡献奖、中国制造业信息化杰出本土供应商、中国机械行业两化融合推进贡献奖等荣誉。

    CAXA 致力于成为世界一流的工业软件和服务公司!

1.2   CAXA 产品方案

1.2.1   CAXA PLM

    CAXA 协同管理 PLM 解决方案,将成熟的 2D、3D、PDM、CAPP 和 MES 技术整合在统一的协同管理平台基础上,覆盖了从概念设计、详细设计、工艺流程到生产制造的各个环节,重点解决企业在深化信息化管理应用后所面临的部门之间协作,以及企业产品数据全局共享的应用需求,实现企业设计数据、工艺数据与制造数据统一管理,并支持企业跨部门的数据处理和业务协作。CAXA PLM 解决方案包括以下四个子方案,见图 1-1。

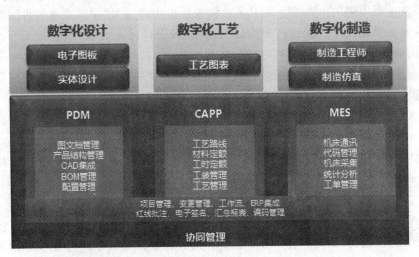

图 1-1   CAXA 协同管理 PLM 解决方案示意图

1. CAXA 设计解决方案

    CAXA 设计解决方案可提供从二维绘图到三维设计的创新设计工具,帮助完成产品的概念、外观、结构、零部件和总体设计等,以及提供对设计标准、设计文档和经验的知识管理和共享平台。产品包括 CAXA 电子图板与 CAXA 三维实体设计等。

2. CAXA 工艺解决方案

CAXA 工艺解决方案可建立企业制造资源、工艺标准和典型工艺库,重用 CAD 图形、数据和各种工艺知识与工艺经验,生成各种材料清单和工艺汇总数据。产品包括 CAXA 工艺图表与 CAXA 工艺汇总表等。

3. CAXA 制造解决方案

CAXA 制造解决方案可提供各种数控机床 NC 编程/轨迹仿真/后置处理、图形编控系统、数控车间网络通信与管理以及模具铣雕系统等。产品包括 CAXA 制造工程师(2～5 轴铣削加工)、CAXA 数控车、CAXA 线切割、CAXA 雕刻、CAXA 网络 DNC、CAXA 图形编控系统及 CAXA 模具铣雕解决方案等。

4. CAXA 协同管理解决方案

CAXA 协同管理解决方案可实现产品设计制造过程中各种图档和文档、业务和经验以及即时交流和沟通的数据的共享与协同,实现流程管理的协同和不同类型数据管理的协同。产品包括 CAXA 协同管理个人管理工具/图文档管理/产品数据管理/工艺数据管理/生产过程管理等。

CAXA 电子图板和 CAXA 三维实体设计是 CAXA PLM 设计解决方案的核心构件之一。

1.2.2　数字化设计

1. CAXA 电子图板 2013

CAXA 电子图板是一款功能强大、技术成熟、应用广泛的国产优秀二维 CAD 绘图软件,具有多(用户多、套数多)、快(学得快、绘图快)、好(图库好、标注好)、省(时间省、费用省)及全面兼容 AutoCAD 等显著特点,是二维 CAD 国产化、正版化、普及化的替代产品,并与 AutoCAD 一起共同构成了当前我国通用的绘制二维工程图的平台。

CAXA 电子图板是具有完全自主知识产权,拥有 30 万正版用户,经过大规模应用验证的稳定、高效、性能优越的二维 CAD 软件;可以零风险替代各种 CAD 平台,比普通 CAD 平台设计效率提升 100%以上;可以方便地为生产准备数据;可以快速地与各种管理软件集成。

2. CAXA 实体设计 2013

CAXA 实体设计是一套既支持全参数化的工程建模方式,又具备独特的创新模式,并且无缝集成了专业二维工程图模块的功能全面的 CAD 软件。本书将全面介绍 CAXA 实体设计的各项功能,并引领读者掌握软件的各种操作和功能的使用方法,为独立开展专业的创新设计打下坚实的基础。

3. CAXA 图文档 2013

CAXA 图文档是企业工程图文档管理专业软件,面向中小型制造企业和设计单位,重点解决在 CAD 等工具广泛应用之后,电子图档管理存在的安全与共享问题。通过集成 CAD、CAPP 等软件,使 CAXA 图文档成为企业数据管理的平台,可以对各种二维 CAD、三维 CAD、工艺 CAPP 及各种办公软件产生的电子文件进行归档。

4. CAXA PDM 系统

CAXA 协同管理 PDM 系统是 CAXA 协同管理 PLM 解决方案的组成部分,是面向企业产品设计与管理应用的解决方案,为企业级产品数据管理提供强大的支撑平台。

图 1-2 所示为 CAXA 数字化设计解决方案。

图 1-2　CAXA 数字化设计解决方案

1.2.3　数字化工艺

1. CAXA 工艺图表 2013

CAXA 工艺图表打造了全新的工艺编制软件平台,既能提供 CAD 才有的工艺简图绘制能力,又能编制表格,是工艺文档编制最顺手的工具。同时,搭配"工艺汇总表模块"应用,用户可对 CAD 图纸文件、工艺文件进行信息提取汇总,从而快速地统计、汇总并输出各种形式的 BOM 清单。

2. CAXA CAPP 系统

CAXA 协同管理 CAPP 系统是面向企业工艺部门、工艺设计与管理应用的解决方案,为企业级工艺业务管理、工艺数据管理和工艺设计提供强大的支撑平台,满足各类制造企业、各种工艺周期、各种工艺阶段、各种工艺角色及各种工艺类型的工艺设计和管理需求。

图 1-3 所示为 CAXA 数字化工艺解决方案。

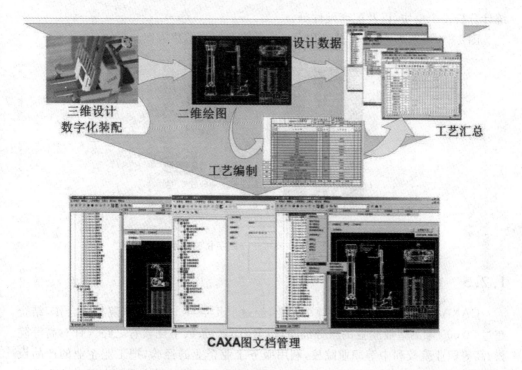

三维设计
数字化装配

二维绘图

设计数据

工艺编制

工艺汇总

CAXA图文档管理

图 1 - 3　CAXA 数字化工艺解决方案

1.2.4　数字化制造

1. CAXA 制造工程师 2013

CAXA 制造工程师是具有卓越工艺性的 2～5 轴数控编程 CAM 软件,能为数控加工提供从造型、设计到加工代码生成、加工仿真、代码校验及实体仿真等全面数控加工解决方案,具有支持多 CPU 硬件平台、多任务轨迹计算与管理、多加工参数选择、多轴加工功能、多刀具类型支持及多轴实体仿真 6 大先进综合功能。

2. CAXA MES 系统

CAXA MES 解决方案是以设备的联网通信和数据采集为基础,以 PLM 技术为支撑,以数字化工单管控为核心的制造执行系统,能够快速实现车间各类数控装备的联网通信和设备状态数据采集,实现图纸、工艺和 3D 模型等技术文件的数字化下发,以及生产进度、质量等信息的适时反馈。

3. CAXA 网络 DNC

CAXA 网络 DNC 是实现对车间生产设备进行联网通信及管理的信息系统,能够快速实现各类数控设备和传统设备的联网通信,并及时反馈设备状态、作业进度及质量问题等信息,主要包括 DNC 机床通信、DNC 代码管理、DNC 机床采集和 DNC

统计分析 4 个模块,以及配套硬件等。

图 1-4 所示为 CAXA 核心技术——数字化制造解决方案。

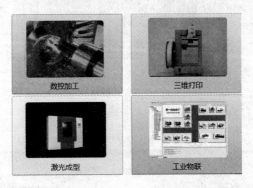

图 1-4　CAXA 核心技术——数字化制造解决方案

1.2.5　数字化教育

CAXA 作为我国工业软件领军企业,经过十几年与 3 000 多家院校的合作,结合超过 30 000 家制造业企业的服务经验,探索出了一条数字化教育之路。针对高等院校、高等职业院校和中等职业院校,利用服务工业企业的经验,把工业企业的产品设计、制造及管理流程转换到学校的教学课程中,让学校的教学内容更贴近工业企业的需求,以信息化手段提升学校内涵建设。CAXA 数字化教育方案"以就业为导向、以教学为中心",为学校提供数字化实训方案和数字化教学方案。

图 1-5～图 1-10 所示为 CAXA 举行的 3D 设计大赛中获奖作品图例。

图1-5　茶杯造型

图1-6　老花镜造型

图 1-7　汽车概念设计

图 1-8　减速器三维设计

图 1-9　花蝴蝶三维造型　　　　　图 1-10　搅拌机三维设计

1.3　CAXA 三维实体设计的创新设计思想与设计流程

传统 CAD 在功能上主要着眼于产品详细设计阶段,只能把一个事先由设计者详细构想好并设计完成了的产品,通过计算机三维造型或二维绘图重新实现一下。但事实上,产品创新过程并不是这样的,设计者不可能预先凭空想好、想清楚要做的创新产品究竟是怎样的形状和结构,以及功能与属性;如果事先已经借助手描、草图、木模型或快速原型样机等把产品"设计"完成了,那么再使用 CAD 意义就不大了。

支持产品创新设计成为现代 CAD 的使命。创新设计需要产品开发的各个环节、各个阶段进行协同,必然要求 CAD 不仅对高级设计人员,而且对一般设计人员、客户、供应商、销售人员和管理人员等都能适用,都能非常方便、容易地掌握和应用;同时,也必然要求 CAD 对不同的软件平台、不同的数据文件及产品开发不同过程的数据进行交换、共享和集成。因此,当今 CAD 软件技术与应用正向两个方向发展:一是向软件更宜人、操作更简便、系统更智能的方向发展;二是从绘图表达与造型表现等局部、单元应用,向支持产品创新设计、产品开发各阶段的网络协同和 CAD/CAM/CAE/CAPP/PDM/PLM 应用集成的方向发展。

产品创新设计是一个知识重用、由粗及精的过程。就一个产品的设计而言,80% 的内容来自对已有设计方案的借用和重组,只有 20% 左右的工作属于改型与革新,而重组与改型的过程就是创新。创新设计需要"发散式"思维,需要自由自在、无拘无束地驰骋在想象的空间,根据灵感与经验,以最简易、最快捷的方式捕捉并迅速表达出来,并对设计的任意部分或过程不断地进行编辑、修改、细化、琢磨,自顶向下、自底向上、由外及里、由里及外、由粗及精、反复迭代,直至得到满意的设计结果,并实现后续的开发应用。

作为支持产品创新设计过程的新一代三维 CAD 软件的典型代表,CAXA 实体设计为产品创新设计提供了强大的三维环境与方法:

① CAXA 实体设计提供了丰富的三维基本图素、齿轮/轴承/紧固件等三维标准件库、三维典型设计库、开放的三维图库扩展功能和灵活的三维图库调用机制等。三

维图库按目录对设计元素进行分类,为设计借用、重用、积累及从三维开始的产品创新设计奠定了基础。

② CAXA 实体设计提供了鼠标拖放式操作、智能驱动手柄、智能捕捉、三维球和属性表等强大、灵活的三维空间操作工具,使设计构形如同"搭积木"、"捏橡皮泥"和"雕塑创作"一样直观、简单、易行,设计建模的效率比传统 CAD 基准面/绘制草图模式提高 2～4 倍。

③ CAXA 实体设计提供了自由设计与精确设计两种创新设计方法。在产品概念设计与方案设计阶段,提供了极大的灵活性与自由性;在详细设计与工程设计阶段,满足严格的几何约束与工程精度要求。

④ CAXA 实体设计提供了参数化和无约束两种编辑修改方法,对于自由设计与精确设计的任意部分或任意阶段都可进行超越参数化和父子关系的灵活编辑与修改,同时可以保留参数化的约束关系。

⑤ CAXA 实体设计提供了基于三维图库及借用已有设计方案(三维产品/零件模型)与知识的产品创新设计思路(见图 1－11):

是否有现成的三维图素或已有方案(三维产品/零件模型)可直接重用/借用?

是否可通过现成的三维图素或已有设计方案进行重新组合、编辑与修改得到?

是否可通过实体特征、曲线/曲面等基本造型及其编辑方法进行零件的创建?

是否可通过选择自顶向下或自底向上的设计思路进行产品方案的构建与优化?

是否可通过数据及信息的共享实现设计过程与设计结果的评价、应用与集成?

图 1－11 所示为基于三维图库借用的创新设计思路。

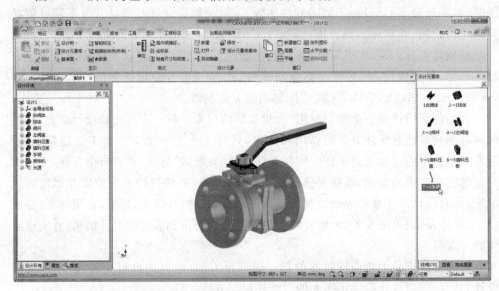

图 1－11　基于三维图库借用的创新设计思路

⑥ CAXA 实体设计提供了丰富的设计结果的表现手段,能够快捷、简便地实现

专业级的三维渲染效果与动画仿真等虚拟现实的形象表达与应用。

⑦ CAXA 实体设计提供了集产品概念设计、零件设计、钣金设计、装配设计、二维工程图生成、三维渲染设计、动画仿真设计及设计协同与数据交换等于一体的完备三维创新设计环境,所有操作都在同一个设计环境下完成,实现了产品创新三维设计的完整应用流程。

也就是说,读者在熟练掌握 CAXA 实体设计功能后,整个设计工作从产品概念与方案设计到零件造型与详细设计,从产品装配与优化到生成二维工程图,从产品效果渲染到动画仿真设计,直至设计效果的共享与应用全都可以在 CAXA 实体设计的三维环境中进行并能出色地完成。

创新设计实例可参考本书第 16 章的内容。

思考题

1. 你知道 CAXA 的含义吗?
2. CAXA 产品有哪几种解决方案?
3. CAXA 的数字化设计包括哪些内容?
4. CAXA 的数字化制造,即数字化工艺包括哪些内容?
5. 打开教学视频光盘,演示教学示例,体验 CAXA 实体软件的操作方法。

第 2 章　用户界面

CAXA 实体设计是全新的三维 CAD 创新设计系统,功能强大,内容丰富,方法先进,操作灵活且使用方便。为了使读者能学好、用好创新设计系统,本章就实体设计系统的一些基本概念和基本操作方法进行概括介绍。

2.1　三维设计环境

CAXA 实体设计的设计环境是完成各种设计任务的窗口。该窗口提供了各种工具及操作菜单,图 2-1 所示为 CAXA 实体设计 2013 的三维设计环境。

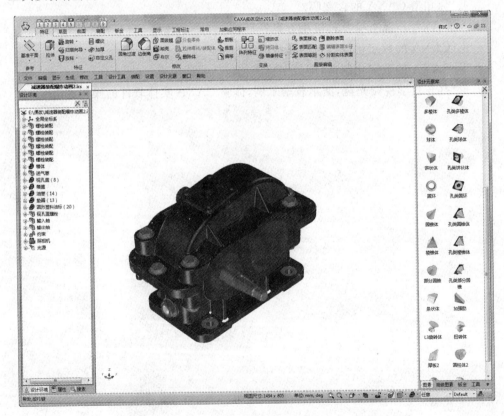

图 2-1　CAXA 实体设计 2013 的三维设计环境

CAXA 实体设计环境最上方为快速启动栏、软件名称和当前文件名称,下方是按照功能划分的功能面板;中间是设计工作显示区域;左边显示设计树、属性等;右边是可以自动隐藏的设计元素库；最下方是状态栏，内容包括操作提示、视图尺寸、单位、视向设置、配置设置等。

CAXA 实体设计三维设计环境具有以下几个特点：

① 零件设计与装配设计可在同一窗口内进行，这对于小型设计非常方便。

② 创新模式和工程模式并存，用户可以根据自己的需要进行选择。

③ 可对设计作品进行渲染。CAXA 实体设计提供了多种渲染风格，可以为设计作品添加和删除光源、改变光源的颜色、强度、调整阴影并生成其他各种逼真效果。

④ 可以生成动画，以运动的方式展示设计模型。

2.1.1 设计环境模板

在开始设计时，可以选择设计环境模板。"新的设计环境"对话框中为用户提供了多种模板，这些模板包含了预先设置的设计环境特征，如背景、栅格、灯光等。

1. 打开新的设计环境

如果 CAXA 实体设计尚未启动，则可按下述步骤操作：

① 启动 CAXA 实体设计。

② 显示"欢迎"对话框后，屏幕上将出现 CAXA 实体设计的设计环境及图 2 - 2 所示的"欢迎"对话框。

③ 选择"创建一个新的设计文件"选项，按"确定"按钮，弹出如图 2 - 3 所示的对话框。

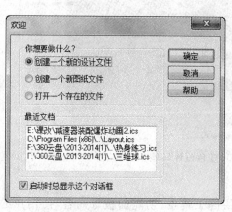

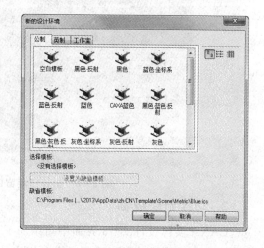

图 2 - 2 "欢迎"对话框   图 2 - 3 "新的设计环境"对话框

④ 选择模板中的"空白模板"，然后单击"确定"按钮。

此时画面显示出一个空白的三维设计环境。至此，设计环境为用户做好了使用

CAXA 实体设计系统进行创新设计工作的准备。

如果程序已在运行,则进入 CAXA 实体设计三维设计环境的步骤如下:

选择"文件"|"新文件",如图 2-4 所示。在弹出的对话框中选择"设计",如图 2-5 所示,则弹出如图 2-3 所示的对话框。在对话框中选择"空白模板",然后单击"确定"按钮,同样可以进入 CAXA 实体设计的三维设计环境,如图 2-6 所示。

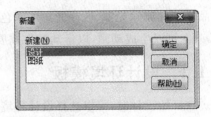

图 2-4　选择"新文件"　　　　　　　　图 2-5　选择"设计"

若在"新的设计环境"对话框中选择"空白模板",再选择"设置为缺省模板",并单击"确定"按钮,则同样显示出一个空白的三维设计环境,如图 2-6 所示。

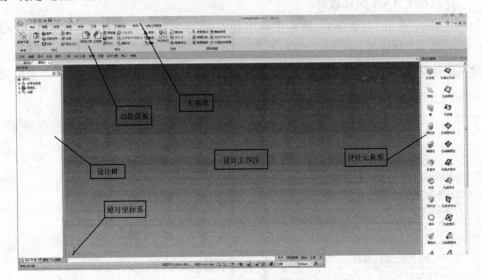

图 2-6　设计环境窗口(蓝色设计环境)

2. 切换新老界面

CAXA 实体设计 2013 界面中新添加了快捷工具条、功能面板等内容,使用户的操作更加直观快捷。但为了照顾原有用户的使用习惯,系统仍保留了以前版本的"老界面",且新老界面可以相互切换。在工具条或功能面板空白处右击,从快捷菜单中选择"切换用户界面"即可,如图 2-7(a)所示。新界面下,用户可以自己定义界面的颜色,如图 2-7(b)所示。

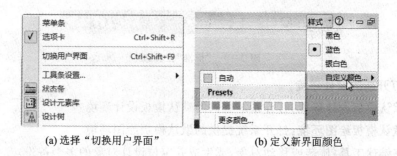

(a) 选择 "切换用户界面"　　　　　　　　(b) 定义新界面颜色

图 2 - 7　切换新老界面

3. 自定义设计环境模板

打开一个设计环境，可以根据需要对环境进行重新设置，如修改背景、是否显示栅格、是否调整测量单位等。设置完成后，选择 "文件" | "保存"，弹出 "另存为" 对话框，如图 2 - 8 所示。在该对话框中，可以对新环境命名，其文件保存类型选择 "模板文件"，保存在软件安装目录 template\scene 下的相应文件夹内即可。

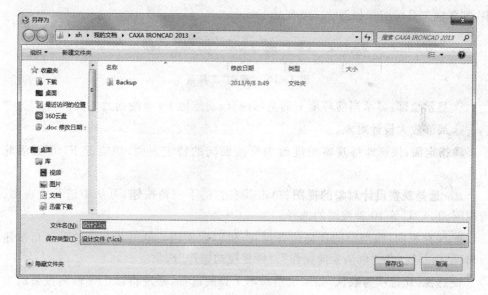

图 2 - 8　"另存为" 对话框

2.1.2　"设计环境" 工具条

1. "标准" 工具条

"标准" 工具条位于设计环境窗口的最上方，包括文件管理工具和常用的 CAXA 实体设计工具以及各项工具的图标等，如图 2 - 9 所示。

"标准" 工具条中主要工具的功能如下：

图 2-9　"标准"工具条

打开新的设计环境。

默认模板设计环境：打开系统提供的默认模板设计环境。

默认模板绘图环境：打开系统提供的默认模板绘图环境。

三维球工具：旋转或移动对象，或生成并定位设计对象的多个备份。

显示或取消设计树：以结构层次树的方式显示当前设计环境中的所有组件。

显示实体设计教程。

帮助：根据当前操作状况访问特定的相关帮助信息。单击本工具按钮，然后单击相应的帮助主题，即可显示出该主题下的简要说明。

2. "视向"工具条

"视向"工具条用于调整三维设计环境中的观察角度，以改变设计对象的显示效果，其各项工具的图标如图 2-10 所示。

图 2-10　"视向"工具条

显示全部：显示当前环境下的全部内容，功能键 F8 可激活此工具。

局部放大设计对象。

指定面：快速地将观察角度改为直接面向的特定表面，功能键 F7 可激活此工具。

选择观察设计对象的视图：单击其右方的下三角按钮，可从中进行主视图、俯视图、T.F.L 等 10 种视图的选择。

保存视向：将当前的视向位置保存，供以后使用。单击其右方的下三角按钮后出现"恢复视向"、"取消视向操作"、"恢复视向操作"选项。

透视：此选项为默认，如果取消对本工具的选择，系统将以正等轴测投影的方式将设计对象显示在设计环境中，功能键 F9 可激活此工具。

设计对象的显示方式：有"真实感图"、"线框"等 6 种显示方式。

创新模式零件、工程模式零件。

2.1.3　功能面板

CAXA 实体设计从 2013 版开始增加了功能面板。功能面板将实体设计的功能进行了分类，用户在使用某种功能时，可以方便地单击功能面板中的相关按钮。功能模板上安排有"特征"、"草图"、"曲面"、"装配"、"钣金"、"工具"、"显示"、"工程标注"、

"常用"及"加载应用程序"等多项内容,功能面板如图 2 - 11 所示。

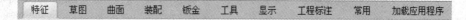

图 2 - 11　功能面板

1. 特　征

图 2 - 12 所示为"特征"操作的功能面板。此功能面板包括"参考"、"特征"、"修改"、"变换"及"直接编辑"等若干个功能项。

图 2 - 12　"特征"面板

"参考":提供设计的基准轴、基准平面等。

"特征":提供各种特征操作,如拉伸、旋转、扫描、放样、螺纹等。

"修改":对已有实体进行编辑修改的操作。

"变换":对已有实体进行阵列、镜像、缩放等变换操作。

"直接编辑":对实体表面进行移动,从而修改实体的形状。

2. 草　图

图 2 - 13 所示为"草图"的功能面板。此功能面板包括"草图"、"绘制"、"修改"、"约束"及"显示"等若干个功能项。

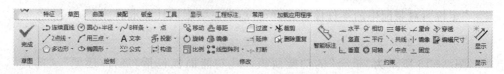

图 2 - 13　"草图"面板

"草图":可以新建草图环境。绘制草图结束后,可以确定完成草图或取消草图。

"绘制":提供各种绘制草图的工具。

"修改":对绘制的草图进行修改。

"约束":对绘制的草图自由度进行约束,使其在修改时保持一定的尺寸或几何条件。

"显示":控制草图上对各种尺寸、约束等是否显示。

3. 曲　面

图 2 - 14 所示为"曲面"的功能面板。此功能面板包括"三维曲线"、"三维曲线编辑"、"曲面"及"曲面编辑"等若干功能项。

图 2－14　"曲面"面板

"三维曲线":绘制或求解得到各种三维曲线。在生成曲面时一般需要三维曲线作为骨架。

"三维曲线编辑":对生成的三维曲线进行编辑修改。

"曲面":提供通过三维曲线生成曲面的工具。

"曲面编辑":对生成的曲面进行编辑修改。

4. 装　配

图 2－15 所示为"装配"的功能面板。此功能面板有"生成"、"操作"和"定位"三项功能。

图 2－15　"装配"面板

"生成":通过选择零件、输入零件方法等生成装配或解除装配。

"操作":对生成的装配进行各种形式的存储操作。

"定位":对装配中的零件位置进行定位,满足装配设计要求。

5. 钣　金

图 2－16 所示为"钣金"的功能面板。此功能面板包括"展开/还原"、"操作"、"角"以及"实体/曲面"四项功能。

图 2－16　"钣金"面板

CAXA 实体设计 2013 版增加了"放样钣金"、"成形工具"和"实体展开"等新的功能。

"放样钣金":通过放样操作生成钣金件。

"成形工具":可用于冲压件。

"实体展开"：可以选择几个相连的实体表面，然后像钣金展开操作一样将它们展开成一个平面。

6. 工　具

图 2-17 所示为"工具"的功能面板。此面板包括"定位"、"检查"和"操作"三项内容。

"定位"：对零件的位置进行确定。

"检查"：对实体进行动态和静态检查。

"操作"：对实体进行各种特殊的操作，如压缩、附着点、体的处理等。

图 2-17　"工具"面板

7. 显　示

图 2-18 所示为"显示"的功能面板。该功能面板包括"智能渲染"、"渲染器"、"动画"三部分。

图 2-18　"显示"面板

"智能渲染"：对实体的外观进行设置。

"渲染器"：进行渲染设置和查看渲染效果。

"动画"：提供了生成编辑和查看动画的工具。

8. 工程标注

图 2-19 所示为"工程标注"的功能面板。该功能面板主要包括用于三维标注的工具。

图 2-19　"工程标注"面板

"尺寸"：用于标注三维尺寸。

"文字"：添加文字，设置文字格式。

"重心显示"(COG Display):用于显示实体的重心位置和数据。

9. 常　用

图 2 - 20 所示为"常用"功能面板。该功能面板主要为设计环境的一些常用设置。

图 2 - 20 "常用"面板

"编辑":可以"剪切"、"拷贝"并"粘贴"实体。

"显示":用于设置"设计树"、"设计元素库"等内容是否显示在设计环境中。

"格式":设置设计环境中的"单位"、"坐标系"等内容。

"设计元素":设计元素库的"新建"、打开未显示的设计元素库、设计元素库的自动隐藏等。

"窗口":设置设计环境窗口。

10. 加载应用程序

图 2 - 21 所示为"加载应用程序"的功能面板。该功能面板中有加载应用程序的接口、变型设计及保存发送压缩包等内容。

图 2 - 21 "加载应用程序"面板

2.1.4　快速启动栏

在用户界面的左上方,有一条始终显示的工具条,用于显示用户最常用的工具。该工具条称为"快速启动"工具栏,如图 2 - 22 所示。

图 2 - 22 "快速启动"工具栏

当用户希望改变"快速启动"工具栏中项目时,可以单击其最右边的下三角按钮,也可以在工具栏上空白处右击,在快捷菜单中选择"自定义快速启动工具栏"选项,如图 2 - 23 所示。

在如图 2 - 24 所示的"自定义"对话框中,可以从左侧的各种工具列表中选择要

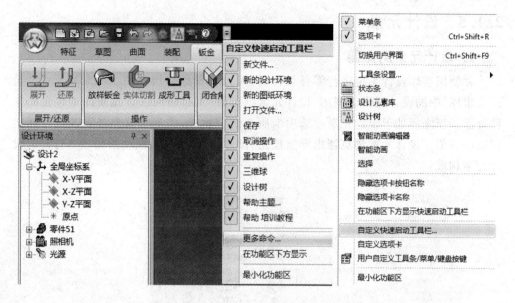

图 2 - 23 "自定义快速启动工具栏"选项

添加到快速启动栏的项目，也可以从右边的默认快速启动栏项目中删除不需要的项目。

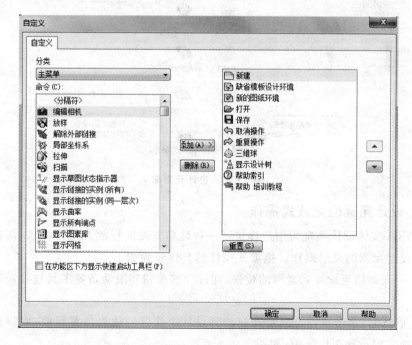

图 2 - 24 "自定义"快速启动工具栏

2.1.5　设计元素

1. 设计元素浏览器

在使用实体设计系统进行零件设计时,可以大量地使用如图 2-25 所示的"设计元素库"中的设计元素。利用"设计元素浏览器"工具访问设计元素库中包含的各种资源。当光标处于设计元素库选项卡所在的位置时,该工具就会显示在设计环境窗口的右侧。设计元素浏览器由导航按钮、设计元素选项卡、滚动条和一些打开的设计元素构成。

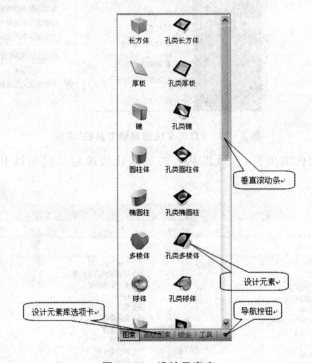

图 2-25　设计元素库

2. 设计元素的拖放式操作

CAXA 实体设计系统为用户提供了一种简单方便的拖放式操作方法,用以实现对各种设计元素的灵活操作。拖放式操作的具体步骤如下:

① 将光标移至设计元素库的位置,通过导航按钮和滚动条等工具查找所需设计元素。

② 确认后,单击该设计元素并拖动到设计工作区的适当位置释放,则该设计元素即被拖放到设计工作区中,如图 2-26 所示。

被拖放到设计环境中的设计元素还可添加颜色或纹理等渲染内容。图 2-27 所示为从设计元素库中拖出一个未进行渲染的圆环模型。为了给圆环添加纹理,可从

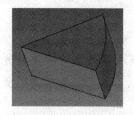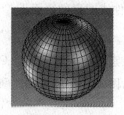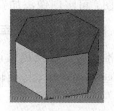

图 2 - 26　拖放式操作的实例

"纹理"设计元素属性表中拖出一个"阿拉伯"图案,并将其释放到圆环模型上,如图 2 - 28 所示。

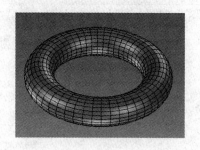

图 2 - 27　未做渲染的圆环　　　　图 2 - 28　添加"阿拉伯"图案纹理

小技巧:可将自定义的造型拖放到设计元素库中后取名,并通过菜单上设计元素的保存功能,将该造型保存在设计元素库中。

3. 标准设计元素库

放入设计元素库中的所有设计元素统称为标准设计元素,简称标准元素。存放标准元素的设计元素库又称为标准设计元素库。标准元素的默认状态为打开,标准元素包括以下内容:

图素:包含基本的三维实体,如长方体、圆柱体、球体等,或由实体去除部分材料以后形成的孔洞等。

高级图素:包含更多形态复杂的图素,如工字梁、星型孔等。

钣金:包含钣金设计中所用的图素,如板料、弯曲板料、各类冲孔和凸起等。

工具:包含诸如自定义孔、齿轮、紧固件等。

动画:为零件或部件添加标准的动画。

表面光泽:为设计成果添加反光颜色或金属涂层。

材质:应用于零件表面或设计环境背景材质设计。

纹理:提供选择扫描和绘图纹理的标准图素。用于在零件表面润饰纹理或润饰设计环境背景。

颜色:将颜色添加到零件造型或图素表面或设计环境背景。

贴图:可将图像添加到零件或图素的表面上。

4. 附加设计元素库

标准元素库仅仅是设计元素库的开始部分。CAXA 实体设计的安装光盘中还包含一些附加元素库,如抽象图案、背景、织物、颜色、石头、纹理、文本、金属及木头等。

在 CAXA 实体设计的"完全"安装中,这些附加设计元素库都将装入到软件安装目录下的 Catalogs 中。附加设计元素库如图 2-29 所示。

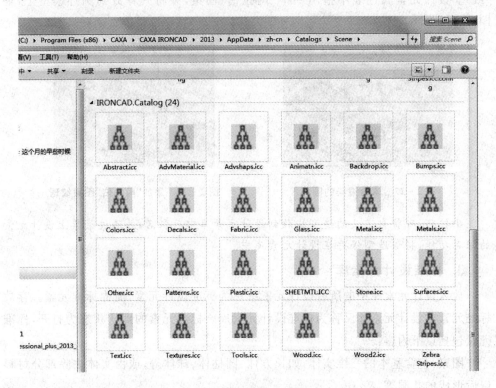

图 2-29 附加设计元素库

如果选用"自定义"安装,这些附加元素就不会安装到硬盘上,但可以在需要时从光盘中调入。所有的 CAXA 实体设计元素库文件都有一个.icc 扩展名。

2.1.6 设计树和属性查看栏

设计树,又称设计状态树。它以树状图表的形式显示当前设计环境中的所有内容,包括设计环境本身到其中的产品/装配/组件、零件、零件内的智能图素、群组、约束条件、相机和光源等。设计环境中的各个对象可通过不同的图标识别,部分图标的示例如表 2-1 所列。

表 2-1　设计树图标

图　标	设计环境参考	图　标	设计环境参考
	设计环境		过渡
	装配件		倒角
	隐藏的装配件		抽壳
	工程模式零件		二维图素
	隐藏的工程模式零件		文字
	创新模式零件		约束
	隐藏的创新模式零件		锁定类别
	体		未锁定类别
	拉伸图素		照相机
	旋转图素		光源
	孔图素		平行光源
	钣金件		点光源
	隐藏的钣金件		聚光源
	折弯设计		区域光源
	冲压模变形设计		阵列设计

在通常情况下,可以利用"设计树"快速查看零件中的图素数量和设计环境中的视向数、光源数,并可编辑设计环境中的对象属性。

因为"设计树"属性结构从上到下表示的是对象的生成顺序,所以在理解零件或装配件的生成过程中,它是一种非常有用的工具。而且,在实际设计中,还可以利用"设计树"改变零件或装配件的生成顺序和历史记录。

1. 打开设计树

选择菜单"显示"|"设计树"或在"标准"工具条中选择"设计树"工具按钮，则设计树展开在设计环境的左侧,如图 2-30 所示。同样的操作可以关闭"设计树"。设计树也可以在设计环境中浮动,可将它拖动到适当的位置。

如果设计树的某个项目左边出现"+"或"-"号,单击该符号可显示设计环境中更多/更少的内容。例如,单击某个零件左边的"+"号,可显示该零件的图素配置和历史信息。

"设计树"为已打开的设计环境中任何组件的选择提供一种简便的方法。例如,

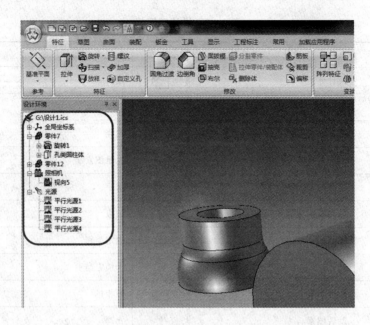

图 2-30　设计树

它可用于在一个大而复杂的零件中选择其中一个形体的图素,或者在零件中选择一个孔的图素等。

2. 通过"设计树"选择设计环境中的对象

在"设计树"中单击某对象的名称或图标。被选择对象的名称以适当的颜色在"设计树"中加亮显示,而对象本身则在设计环境中加亮显示。例如,如果激活了默认颜色,零件就呈蓝绿色加亮显示,而设计环境中的图素则呈黄色加亮显示。

如果要选择"设计树"中连续列出的多个对象,则首先选择第一个对象,然后按住 Shift 键并单击最后一个对象。此时,被选中的两个对象之间的所有对象都被选中。如果要选择的对象在"设计树"中列举顺序不连续,则可按下 Ctrl 键并单击每一个对象,如图 2-31 所示。选择完成后,可以在设计环境中或直接从"设计树"中编辑该"设计树"中的对象。

3. 利用"设计树"编辑设计环境中的一个对象

在"设计树"中,右击某对象的名称,并从快捷菜单中选择一个选项,例如,在"设计树"中右击零件的名称所弹出的快捷菜单,与在零件状态右击设计环境中的零件时弹出的快捷菜单是一样的,如图 2-32 所示。还可以利用"设计树"为设计环境中的特殊对象重新命名。方法是:在"设计树"中单击该对象的默认名称,过一会儿后再次单击。在文本框中输入新名称,按下回车键,如图 2-33 所示。

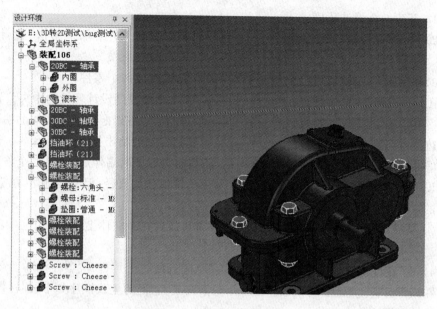

图 2 - 31 在设计树上选择对象

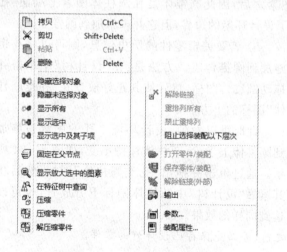

图 2 - 32 装配的快捷菜单

图 2 - 33 重命名

4. 利用"设计树"改变零件历史信息

零件历史信息是按照零件生成过程中设计元素的添加顺序排序的。利用"设计树",可以快速地编辑该历史信息。编辑零件历史信息最常见的用途是显示将一个孔的图素应用到零件的新截面上。

注意:只能在"设计树"结构的同一状态内修改零件的历史信息。例如,只能在图素的父零件树中移动图素图标。

下面通过创建一个简单的零件来说明这一特征。

1) 新建一个设计环境。

2) 如果"设计树"未显示在屏幕上,则可以在"显示"主菜单中单击"设计树"选项。

3) 按照以下步骤从设计元素库中拖放 3 个图素生成一个零件:

① 从设计元素库中拖出一个"圆柱"图素,并将其释放到设计环境的中央位置。

② 从设计元素库再拖出一个"孔类圆柱体"图素,并将其拖放到圆柱体上端面的中心位置。当图素到达该中心位置时,绿色智能捕捉点会给出指示。

③ 拖动孔类圆柱体的上/下尺寸手柄,使其向圆柱体两端伸展,并沿各个方向延伸到设计环境的边沿。同样,利用侧面尺寸手柄增加孔的直径,但不能到达"挖空"圆柱体的点。

④ 从设计元素库拖出一个"圆锥体",并将其放置在圆柱体上端面的中心。当图素到达该中心时,绿色智能捕捉点仍然会发出指示。

4) 在"设计树"中,通过单击红色零件图标附近的"+"号打开"零件树"。

在该零件树上,显示出该零件由三个图素构成,它们的生成顺序如下:圆柱体、孔类圆柱体和圆锥体。

由于圆锥体的添加顺序在孔图素之后,因此圆锥体是在圆柱体图素上端面"插入"孔中的。尽管圆柱体孔延伸到了设计环境的边界,但它并未施加到圆锥体上。

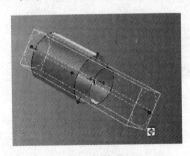

图 2-34　编辑零件历史信息

5) 若要编辑零件的历史信息,则可以将孔也施加到圆锥体上。方法是:在"设计树"中单击并拖动圆锥体图标,然后使其正好放置在"孔类圆柱体"图标的上方。

此时可以看到,设计环境中孔的图素被施加到圆锥体上了,而圆柱体保持不变,如图 2-34 所示。通过单击并拖出"孔类圆柱体"图标,然后将其紧靠"设计树"中圆锥体图标下方放置,也可以达到同样的效果。

注意:在改变零件的历史信息之前,务必先保存已设计好的零件。

5. 回滚条

在 CAXA 实体设计 2013 版中,新加入了"回滚条"功能。通过回滚条回溯到某个操作下,可暂时撤销回滚条下方的操作。需要时,还可以通过调整回滚条恢复被暂时撤销的操作。

在默认条件下,每个零件最下方都有一个"回滚状态",拖动它到需要的位置,即可暂时撤销或者回复某些操作。如图 2-35 所示,回滚条都位于每个零件的最末端。现分别在两个零件中选中回滚条,第一个零件向上拖动一步,最底端的特征孔类圆柱体消失了,第二个零件向上拖动两步,它的孔类键和圆锥体消失了,结果如图 2-36 所示。

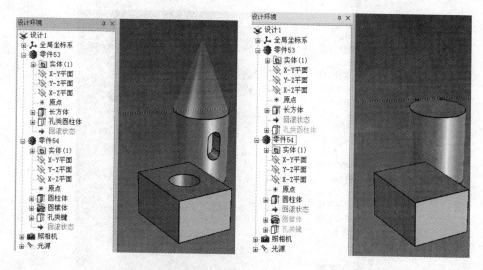

图 2-35 回滚条在零件的最末端   图 2-36 回滚条回退一步

在回滚条上右击,出现如图 2-37 所示的回滚条快捷菜单。若回滚条处在零件的最末端,可能只有"退回一步"为有效状态。该菜单的功能介绍如下:

"退回到尾" 选择此选项后,回滚条下面的所有特征都被恢复,图 2-38 所示为图 2-36 所示状态下零件 54 退回到尾的结果,孔类键和圆锥体都恢复了。

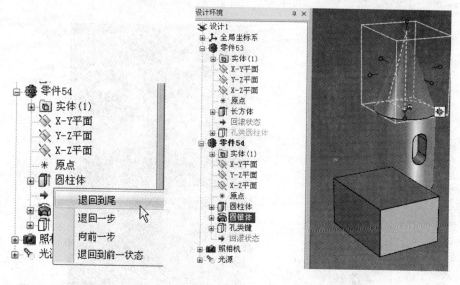

图 2-37 回滚条快捷菜单   图 2-38 退回到尾

"退回一步" 选择此选项后,回滚条向上退回一步,前面的一个特征被暂时撤销,图 2-39 所示为图 2-36 所示状态下零件 54 退回一步的结果,圆柱体也消失了。

"向前一步" 选择此选项后,回滚条向下恢复一步,前面一个被暂时撤销的特征

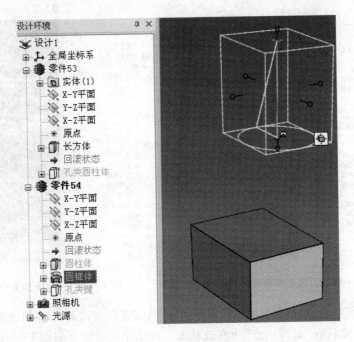

图 2-39　退回一步

被恢复。图 2-40 所示为图 2-36 所示状态下零件 54 向前一步的结果,圆锥体被恢复了。

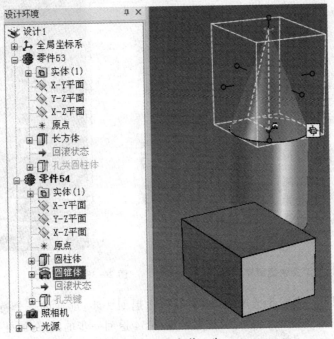

图 2-40　向前一步

"退回到前一状态"　这个选项会将滚动条恢复到滚动条最后一次移动前的位置。

6. 属性查看栏和命令管理栏

打开设计树后,在设计树底部可以打开"属性"标签,进入"属性"查看栏。"属性"查看栏为用户提供当前选择状态的常用操作和属性,如图 2-41 所示。在设计环境和工程图环境中都可以打开属性查看栏。

选择执行某项命令后,在设计树底部会出现另外一个标签,显示命令管理栏。它取代了以前版本中的命令条。图 2-42 所示为"面拔模"的命令管理栏。

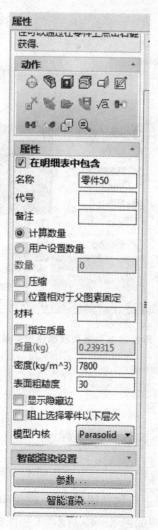

图 2-41　"属性"查看栏

图 2-42　命令管理栏

2.1.7　快捷菜单

在实体设计系统中,各个层次一般都有快捷菜单。图 2-43 所示为设计环境的快捷菜单,图 2-44 所示为零件状态的快捷菜单和表面状态的快捷菜单。

通过快捷菜单,可以快速找到能够对该对象进行的相关操作。

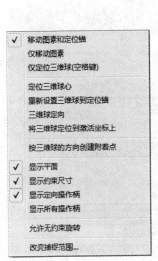

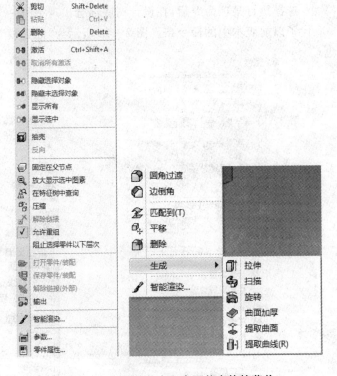

图 2-43　设计环境快捷菜单　　　　图 2-44　零件状态和表面状态快捷菜单

2.2　电子图板工程图环境

CAXA 电子图板可以读入实体设计的 *.ics 文件生成工程图。

2.2.1　工程图模板

在生成工程图时,可以按照期望的设计结果进行包括图幅大小、比例和测量单位等内容的选择;然后选择新建一个工程图,则出现如图 2-45 所示"工程图模板"对话框,从中选择一个合适的模板,单击"确定"按钮,进入工程图环境。

图 2-46 所示为工程图的界面。

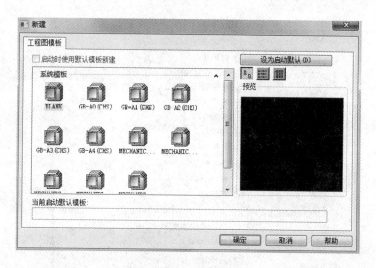

图 2 - 45　模板选择

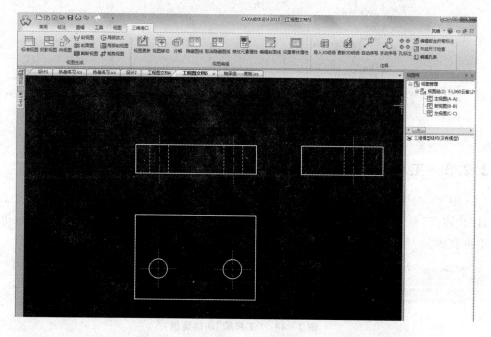

图 2 - 46　工程图界面

2.2.2　工程图菜单

图 2-47 所示为电子图板工程图的主菜单。电子图板的所有功能,都可以通过它的主菜单进行访问。主菜单内容包括"文件"、"编辑"、"视图"、"格式"、"幅面"、"绘图"、"标注"、"修改"、"工具"、"窗口"和"帮助"等。

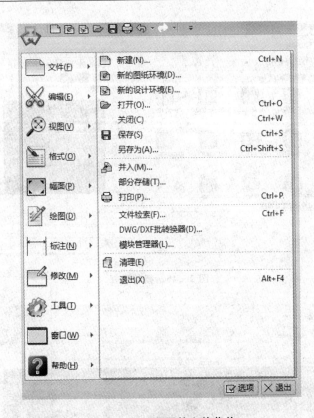

图 2-47　工程图的文件菜单

2.2.3　工程图功能面板

图 2-48 所示为工程图的功能面板。面板上包括"常用"、"标注"、"图幅"、"工具"、"视图"和"三维接口"等内容。有关电子图板的内容请参考电子图板手册,这里不再叙述。

图 2-48　"工程图"功能面板

2.2.4　工程图工具条

在电子图板中可以打开如图 2-49 所示的所有工具条,以便快速地使用相关命令。

右击功能面板的空白处,在弹出的快捷菜单中,用光标指向"工具条"位置,显示工具条菜单。单击工具条中的工具名称,即可打开该工具。

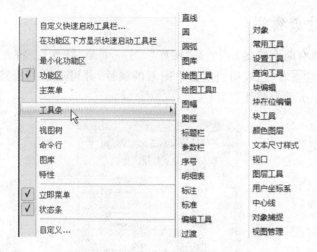

图 2 - 49　工具条菜单

2.2.5　视图树

右击功能面板的空白处,在弹出的快捷菜单中单击"视图树",使其处于选择状态,则可以打开"视图树"菜单,如图 2 - 50 所示。

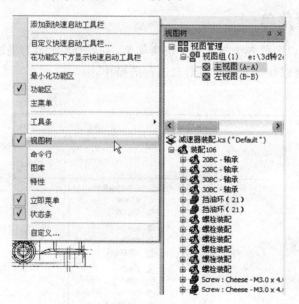

图 2 - 50　"视图树"菜单

视图管理中列出图纸上投影的视图组。选择其中某个视图,则在"视图树"下方窗口中显示该视图中包含的装配、零件等内容;还可以在"视图树"上对视图和视图中的图素进行选择。

2.2.6　属性查看栏

在界面左侧有两个标签:一个是"图库",另一个是"特性"。将光标移到该标签上,可以看到属性查看栏,表明当前选中图素的属性;并可通过单击其中某项属性修改它。图 2-51 所示为属性查看栏。

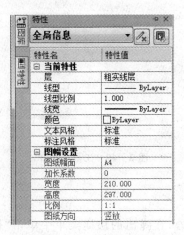

图 2-51　属性查看栏

2.2.7　快捷菜单

电子图板工程图的各个层次都有快捷菜单,图 2-52 所示为主视图的快捷菜单。通过快捷菜单,可以快速找到对该对象进行的操作。

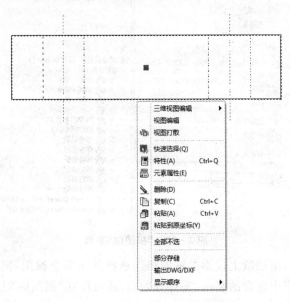

图 2-52　主视图的快捷菜单

思考题

1. 熟悉 CAXA 实体设计 2013 的新用户界面,并打开各个功能面板进行操作练习。

2. 三维设计环境中有哪些设计工具条? 它们的功能如何?

3. 功能键 F9、F8 的作用各是什么?

4. 设计元素库中有哪些类型的图素? 如何选用? 如何将其调入到设计环境中?

5. 试说明设计树的功能及作用。

第 3 章　标准智能图素与设计模式

在第 2 章用户界面中向读者简单介绍了设计元素库中的标准设计元素和附加设计元素的有关内容。为了更好地利用设计元素进行创新设计,本章将集中介绍与造型有关的设计元素,即标准智能图素。同时,简单地介绍实体设计系统的设计模式和操作方法。

3.1　标准智能图素及其定位

3.1.1　标准智能图素

标准智能图素是指生成三维造型形态的标准设计元素。标准智能图素简称智能图素或标准图素,它包括图素、高级图素、工具图素和钣金图素等。标准智能图素是设计零件和构造产品的基础,它们有很多共同的属性和特征。

标准智能图素分为增料图素和减料(或除料)图素两大类。

增料图素是指采用增加材料的方法生成的一些基本几何体,如正方体、球体、圆柱体及圆环体等。增料图素也可以是通过对基本几何体的演变而形成的一些基本图素,如肋板、椭圆柱等。增料图素是构造实体模型的基本条件。

减料图素是指在原有实体上通过剪除材料生成的孔、洞、槽等具有某种特定含义的图素。另外,减料图素还能够切除已有图素的某一部分材料而形成新的实体。减料图素是设计、构造复杂零件不可缺少的重要工具。图 3-1 所示为部分增料图素和减料图素的图例。

图 3-1　标准智能图素

3.1.2　标准智能图素的定位

一般情况下,图素之间的定位有两个要求:其一是将某个图素定位在另一个图素指定点的位置上;其二是保证图素之间的边、面对齐。实体设计系统提供的智能捕捉定位方法能简单方便地满足这两个需求。具体操作方法如下:

　　① 在拖动一个新图素并按指定要求与已有图素进行定位时,系统会进入智能捕捉状态。

　　② 拖动新图素接近已有图素时,系统会自动捕捉已有图素的棱边、面、顶点、圆心或面的中心点等几何元素。

　　③ 被捕捉到的棱边、面、顶点等几何元素会呈绿色的加亮显示状态。

　　操作者根据加亮提示选择所需的定位点或需要对齐的边和面,并释放,此时新图素即被定位到已有图素的位置。图 3-2、图 3-3 分别为"中心"定位和"面对齐"的定位实例。

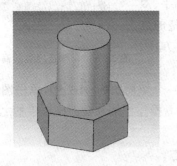
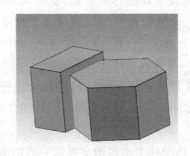

图 3-2　中心定位　　　　　　　　图 3-3　面对齐定位

3.2　标准智能图素的编辑

　　拖入设计环境的标准智能图素在形状或尺寸方面往往不能满足设计要求,需要对其进行形状或大小的编辑。本节将向读者介绍标准智能图素的编辑方法。

3.2.1　包围盒、操作手柄与定位锚

　　将新图素拖放到设计工作区时,该图素呈蓝色显示。若单击该图素,则该图素进入"智能编辑状态"。如果对已有图素单击一次,待图素呈蓝色显示后再单击一次,也可以使该图素进入"智能编辑状态"。进入编辑状态的图素周围会显示出黄色的矩形包围盒、红色的操作手柄和绿色的定位锚,如图 3-4 所示。

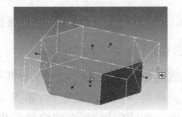

图 3-4　圆环和长方体上的包围盒、操作手柄和定位锚

1. 包围盒

包围盒是一个能包容某个图素的最小六面体,它定义了智能图素的尺寸。通过改变包围盒的尺寸可以改变该图素的大小。

2. 操作手柄

默认设置状态下,包围盒六面体的 6 个表面上分别有与之垂直的 6 个红色操作手柄,这些操作手柄称为包围盒操作手柄,利用它们可以编辑图素的尺寸。若将光标放置在操作手柄处,就会出现一只小手、双箭头和一个字母的标记。字母表示此手柄调整的方向:L 为长度方向,W 为宽度方向,H 为高度方向。图 3-5 所示为调整高度方向手柄的图例。

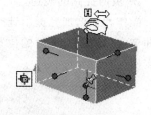

图 3-5　调整包围盒的高度方向

在智能图素编辑状态下,包围盒上还显示一个切换图标 或 ,单击图标可实现二者之间的切换。切换图标的作用是在包围盒操作手柄和截面操作手柄之间进行转换。

：该图标表示包围盒操作手柄的编辑状态。

：该图标表示截面操作手柄的编辑状态。

根据选择图素的类型不同,截面操作手柄可以显示出一种或多种形式。其中:红色的三角形为拉伸操作手柄,位于拉伸设计的起始截面和终止截面上;红色的菱形为截面操作手柄,位于图素截面的边界上;红色的方形为旋转操作手柄,位于旋转设计的起始截面上。图 3-6 所示为圆环和长方体的截面操作手柄。

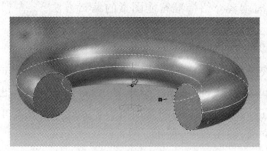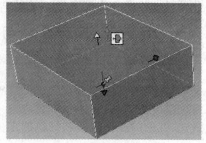

图 3-6　圆环和长方体的截面操作手柄

3. 定位锚

被拖放到设计工作区的每一个智能图素上都有一个"定位锚",它由一个蓝色的点和一长一短两条蓝色线段组成,如图 3-7 所示。当一个图素被放进设计工作区中而成为一个独立的零件时,在定位锚的位置还会显示一个如图 3-7 所示的"图钉"形标志 。

4. 定位锚的定位功能

定位锚上的绿色圆点称为锚点,是图素定位的参考点。定位锚位于智能图素底端的对称中心。当图素与图素或图素与零件之间要求定位时,可依据锚点来确定图素与图素或图素与零件之间的相对关系。

图素的默认拖放定位方式是"固定位置"。在这种方式下,如果操作者试图拖动图素,系统就会出现一个"禁止"符号,表示不允许拖动。如果希望改变图素的现有位置,则应先使图素进入智能编辑状态,然后单击定位锚的锚点。当定位锚呈黄色状态时,右击弹出"重新定位"快捷菜单,如图 3-8 所示。选择"在空间自由拖动"选项后,即可拖动该图素并进行重新定位了。

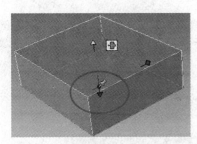

图 3-7　定位锚及其"图钉"形标志

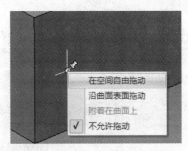

图 3-8　定位锚的快捷菜单

3.2.2　图素尺寸的编辑

图素的尺寸大小可以通过包围盒操作手柄进行可视化编辑,利用截面操作手柄进行截面可视化编辑,利用包围盒操作手柄输入具体数值可以进行精确的尺寸编辑。

1. 利用包围盒操作手柄可视化地编辑图素尺寸

利用包围盒操作手柄进行可视化编辑图素尺寸的操作步骤如下:

① 单击智能图素使其进入智能编辑状态,此时出现包围盒及包围盒操作手柄。

② 将光标移到包围盒的红色手柄直至出现一个带双箭头的小手形状,如图 3-5 所示。

③ 单击并拖动手柄,此时还会出现正在调整的尺寸值,拖放图素至满意的尺寸,释放即可。

2. 利用截面操作手柄可视化地编辑图素尺寸

利用截面操作手柄可视化地编辑图素截面尺寸的操作步骤如下:

① 双击图素或零件,使其进入智能图素编辑状态。

② 单击"切换"图标,转入截面操作手柄编辑状态。

③ 单击并拖动红色三角形操作手柄,修改拉伸方向的尺寸。

④ 单击并拖动红色菱形操作手柄修改截面的尺寸大小。

3. 利用包围盒操作手柄精确地输入图素尺寸

利用包围盒操作手柄可以重新输入图素尺寸的精确数值，以满足实际设计的需要：

① 双击图素或零件，使其进入智能图素编辑状态。

② 将光标移到包围盒的红色手柄直至出现一个带双箭头的小手形状。

③ 单击并拖动手柄，此时还会出现正在调整的尺寸值，释放后图素的尺寸处于输入数值状态。

④ 按需要输入包围盒的新尺寸数值，按回车键结束。

3.3　标准智能图素形状的编辑

实体设计系统提供了修改图素形状的编辑方法，包括"圆角过渡"、"边倒角"和"抽壳"等。单击设计环境上方的"特征"功能面板，这些编辑方法被安排在"修改"选项组中，如图 3-9 所示。

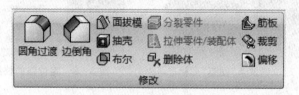

图 3-9　"修改"选项组

下面仅介绍"修改"选项组中的"圆角过渡"、"边倒角"、"抽壳"以及"面拔模"等工具的编辑方法，其余内容将在后续章节中予以说明。

3.3.1　边过渡——圆角过渡

"边过渡"是指在图素或零件的面与面之间进行边或面的圆角过渡。该功能既可实现"等半径"过渡，也可以实现"变半径"过渡。在进行等半径过渡操作时，可同时拾取几条边，一次完成过渡；也可一条边一条边地依次实现过渡。

1. 等半径圆角过渡

欲将图 3-10(a)所示的长方体图素的某一边或某一面进行圆角过渡，可按下述步骤进行：

① 单击"圆角过渡"工具按钮 。

② 在命令管理栏显示的过渡类型中选择"等半径"选项。

③ 输入半径值，如 5。

④ 拾取待过渡的边或面。

⑤ 按下回车键或单击命令管理栏中的 按钮，结果如图 3-10(b)和图 3-10(c)所示。

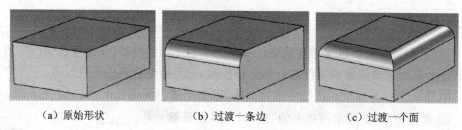

（a）原始形状　　　　　（b）过渡一条边　　　　　（c）过渡一个面

图 3 - 10　等半径圆角过渡

2. 变半径圆角过渡——两点圆角过渡

变半径圆角过渡只适用于棱边的圆角过渡,不适于表面的圆角过渡。

欲将图 3 - 11(a)所示长方体图素的某一边进行两点圆角过渡,可按下述步骤进行:

① 单击"圆角过渡"工具按钮🔲。

② 在命令管理栏显示的过渡类型中选择"两个点"选项。

③ 输入起始半径值和终止半径值,如 2 和 10。

④ 拾取待过渡的边。

⑤ 按下回车键或单击命令管理栏中的✔按钮,结果如图 3 - 11(b)所示。

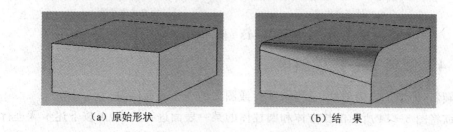

（a）原始形状　　　　　　　　　　（b）结　果

图 3 - 11　两点圆角过渡

3.3.2　边倒角——倒角过渡

边倒角,即倒角过渡,是指在图素或零件的面与面之间进行倒角过渡。倒角过渡可以通过"距离"、"两边距离"、"距离-角度"三种方式进行等边倒角或不等边倒角。其操作步骤与边过渡大致相同,这里不再重复。图 3 - 12 所示为等边倒角和不等边倒角的实例。

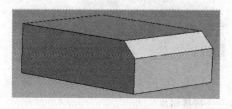

（a）等边倒角过渡　　　　　　　　（b）不等边倒角过渡

图 3 - 12　倒角过渡

3.3.3 抽　壳

抽壳,即将一个图素或零件挖空。抽壳工具对于制作容器、管道等内空的零件或产品十分有用。对图素或零件进行抽壳操作时,应当给出合理的壳壁厚度。

欲将图 3-13(a)所示圆柱体进行抽壳,可按下述步骤进行:

① 单击图 3-9 所示面板上的"抽壳"工具按钮 🔲 抽壳 。

② 拾取需要抽壳的面(此例为上表面)。

③ 输入抽壳后的壁厚数值,如 5。

④ 按下回车键或单击命令管理栏中的 ✅ 按钮,其结果如图 3-13(b)所示。

　　　　(a)抽壳操作前　　　　　　　　　　(b)抽壳操作结果

图 3-13　抽　壳

3.3.4 倾斜——拔模斜度

倾斜,即增加拔模斜度,是指将零件或图素的一个表面倾斜。

欲将图 3-14 所示的长方体和圆柱体的某一表面进行拔模,可按下述步骤进行:

① 单击图 3-9 所示面板上的"面拔模"工具按钮 🔧 面拔模 。

② 选择"中性面"选项,在本软件中该面以棕红色显示。

③ 选择需要进行拔模的面,在本软件中以棕蓝色显示。

④ 输入倾斜角度值,如 20。

⑤ 按下回车键或单击命令管理栏中的 ✅ 按钮,其结果如图 3-14(b)所示。

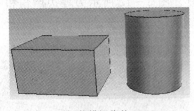 

　　　　(a)拔模操作前　　　　　　　　　　(b)拔模操作结果

图 3-14　倾斜——拔模斜度

倾斜,即拔模斜度的操作也可以通过"表面重构"中的倾斜属性进行,详细内容请参阅后续相关章节。

3.3.5　图素的删除

如果设计工作区的某一图素不再需要，可把它从设计环境中删除。具体方法如下：

①　移动光标，选定待删除的图素。

②　右击图素，并从弹出的快捷菜单中单击"删除"按钮，或直接按下 Delete 键，即可将该图素删除。

3.4　独特灵活的三维球工具

"三维球"是 CAXA 实体设计系统所独有的三维空间定位工具，为设计零件、组装产品提供了灵活、方便的定位操作方法。三维球工具功能很多，本节仅就三维球的基本内容和一般的定位方法作简要说明，相关的应用实例将在后面的章节中予以介绍。

3.4.1　三维球组成及其功能

三维球工具可以提供图素、零件、装配件和栅格等多种项目的定位功能，还可以利用三维球工具复制和链接图素、零件、群组、装配件或附着点；可以用它生成图素样式；还可以使这些项目绕着 3 个坐标轴进行旋转。在图素与其他图素进行定位时，三维球是非常理想的定位工具。

三维球由一个圆周、3 个二维平面及通过球心的中心手柄、定向控制手柄和外控制手柄组成，如图 3 - 15(a)所示。在默认状态下，圆周和 3 个二维平面呈蓝色显示，3 个坐标轴方向的定向控制柄和外控制柄呈红色显示，如图 3 - 15(b)所示。

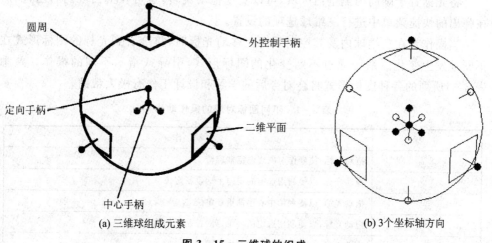

(a) 三维球组成元素　　　　　　　　　(b) 3个坐标轴方向

图 3 - 15　三维球的组成

1．圆　周

"圆周"组成了三维球的基本轮廓。拖动圆周可以使其围绕从视点延伸到三维球球心的一条虚拟轴旋转。

2．外控制手柄

在圆周的 3 个坐标轴方向与圆周相交分布着 3 个红色外控制手柄,它们的作用是用来进行沿轴线方向上的线性平移,或用来指定旋转轴线;还可以在使用三维球的其他功能前,对轴线进行暂时的约束。

3．定向控制手柄

定向控制手柄位于圆周内侧,是与外控制手柄类似的 3 个蓝色手柄。定向控制手柄的功能是将三维球的中心作为一个固定支点,为设计对象进行定向。它有两种使用方法:

① 拖动控制手柄,使轴线对准另一位置。

② 右击,然后从弹出的快捷菜单中选择一个项目。

4．中心控制手柄

中心控制手柄位于三维球的中心位置,与球心重合。其作用是进行点的平移。使用的方法是将它直接拖至另一个目标位置,或右击,然后从弹出的快捷菜单中选择一个选项。它还能与约束的轴线配合使用来完成定位操作。

5．二维平面

在三维球的圆周上,分布着与外控制手柄分别垂直的 3 个二维平面。拖动二维平面的边框可以在虚拟平面内自由移动。

6．圆周内侧空白区

将光标置于圆周内侧空白区域,可以实现拖动旋转,也可在空白区内右击,然后在弹出的快捷菜单中进行三维球选项的设置。

当操作者在三维球内及其控制手柄上移动光标时,将会看到光标的图标形式在不断地发生变化。系统通过不断变化的图标形式,引导或指示不同的操作。熟悉表 3-1 所列的各种图标形式将会对今后的学习和设计工作有极大帮助。

表 3-1　不同图标对应的操作动作

图　标	动　作
	拖动光标,使操作对象绕选定轴旋转
	拖动光标,以便利用选定的定向手柄重新定位
	拖动光标,以便利用中心手柄重新定位
	拖动光标,以便利用选定的一维(外)控制手柄重新定位
	拖动光标,以便利用选定的二维平面重新定位

图　标	动　作
↻	沿着三维球圆周拖动光标,以使操作对象绕着三维球中心点旋转
✤	拖动光标,以便绕着任意方向自由旋转

3.4.2　三维球选项设置

分别将一个圆柱体和一个长方体拖入到设计工作区中,单击三维球工具按钮 ⊕ (或按功能键 F10),则一个三维球被定位在长方体定位锚的位置上,如图 3 - 16(a)所示。当三维球定位在某个操作对象上时,如果想修改三维球的配置选项,可以在设计工作区的任意位置右击,将弹出一个快捷菜单,如图 3 - 16(b)所示。

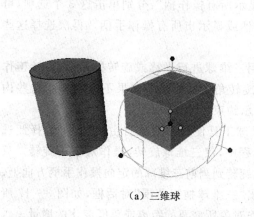

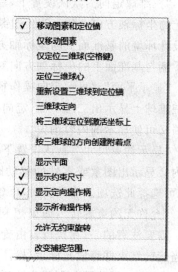

（a）三维球　　　　　　　　　　　　　（b）快捷菜单

图 3 - 16　三维球与快捷菜单

下面简要介绍快捷菜单中的几个选项的功能。

"移动图素和定位锚":如果操作者希望同时移动图素和定位锚,则可以选择此选项。此时三维球的各项操作将会影响到被选定的图素及其定位锚。此选项为默认选项。

"仅移动图素":如果仅希望移动图素,而不希望影响定位锚,则可以选择此选项。这样,三维球的各项操作仅对选定的图素起作用,而定位锚的位置不会受到影响。

"仅定位三维球(空格键)":如果仅希望重新定位三维球的位置而不涉及图素本身,则可以选择此选项。具体的操作方法是:按下空格键或在菜单上单击"仅定位三维球"选项。此时,三维球与图素分离。操作者可根据需要将三维球拖动到任何位置或新的图素上,而图素的位置不受影响。若恢复三维球与图素之间的锁定状态,可再次按下空格键或在菜单上选择"仅定位三维球"选项。

　　"定位三维球心"：其功能与定位三维球功能相同。选择此选项也可使三维球与图素分离，然后按需要将三维球的中心重新定位在操作对象的指定点上。但是，移动三维球中心时，三维球本身也一起移动。按下空格键可以恢复三维球与图素之间的锁定状态。

　　"重新设置三维球到定位锚"：经过上述的某种操作后，三维球虽然与图素处于"锁定状态"，但三维球的中心未必与图素的定位锚的锚点重合。为了使三维球中心与图素的定位锚的锚点重合，应当选择此选项。当三维球中心与图素的定位锚不重合时，只须在快捷菜单中选择"重新设置三维球到定位锚"选项，即可达到二者重合的要求。

　　"三维球定向"：默认设置下，三维球的 3 个定向控制手柄的方向与设计环境基准面上的坐标轴方向一致。当经过某些操作，发现三维球的 3 个定向控制手柄的方向与设计环境的基准面上的坐标轴方向不一致时，可以选择此选项，使三维球的定向控制手柄与基准面上的坐标轴方向对齐。

　　"显示平面"、"显示定向操作柄"或"显示所有操作柄"：分别单击这 3 个选项，可在三维球上显示出二维平面、定向操作手柄或显示出所有操作手柄。再次选择这些选项又可使显示的内容消失。

　　"显示约束尺寸"：默认设置下，在使用三维球进行平移或旋转操作时，设计工作区内会显示出图素或零件的移动距离或旋转角度的数值。如果不希望显示这些内容，可选择此选项。当需要时，再单击"显示约束尺寸"选项即可。

　　"允许无约束旋转"：如果想利用三维球工具使操作对象自由旋转，可选择此选项。需要注意的是，在执行自由旋转的过程中，仅三维球旋转，操作对象不旋转。只有当旋转结束并释放光标后，操作对象才旋转到当前三维球的定向操作手柄方向上。

　　"改变捕捉范围"：利用此选项，可弹出"三维球捕捉范围"对话框，如图 3 - 17 所示。通过该对话框可以重新设置定位操作对象所需的距离或角度变化的增量。

　　注意：增量设置后，在操作三维球时，必须按下 Ctrl 键来激活此选项，方能达到改变捕捉范围的目的。

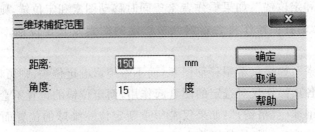

图 3 - 17　"三维球捕捉范围"对话框

3.4.3 三维球移动操作

平移和旋转是三维球的基本操作。为此,在介绍使用三维球定位图素或零件之前,应当首先了解有关三维球移动和旋转操作的知识,以便为进行复杂的定位操作打卜良好的基础。

如上所述,三维球上分布着可用于沿着或绕着它的任何一根轴进行移动的 3 个外控制手柄和 3 个二维平面,它们的功能就是控制移动操作。图 3 - 18 所示为显示三维球所有手柄的图例。

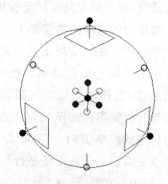

图 3 - 18 "显示所有操作柄"的三维球

1. 一维移动(直线平移运动)

单击某一个外控制手柄,在该外控制手柄上会出现一条通过球心并与外控制手柄相连的黄色线段。拖动该手柄,即可实现使操作对象沿着黄色线段平移的操作。在拖动手柄时,手柄旁边还会出现一个距离的数值,该数值表示的是操作对象离开其原位置的距离。拖动结束后,数值即处于可编辑状态,可直接输入所需的平移距离。

2. 二维移动(平面内运动)

若将光标放在三维球的某个二维平面内侧,光标就显示出 4 个箭头的形式,表示图素可沿着该二维平面进行上下、左右的平移拖动。

3. 三维转动(旋转)

单击某一个外控制手柄,则该外控制手柄上会出现一条过球心并与外控制手柄相连的黄色线段。该线段即为旋转轴,并呈加亮显示状态。若想绕着该旋转轴旋转一个操作对象,可在三维球内移动光标。当光标变为小手加曲线箭头形状时,单击并拖动可达到操作对象绕该旋转轴旋转的要求。释放后旋转数值会被显示,并呈编辑状态。此时,输入相应角度数值可实现精确的角度旋转。

如果操作对象不需要相对于某旋转轴进行旋转,则可按下述方式进行:

① 绕中心旋转 要沿三维球中心旋转对象,应先将光标移动到三维球的圆周上。当光标颜色变为黄色而形状变为一个圆形箭头时,单击并拖动三维球的圆周即可旋转。

② 沿三个轴同时旋转 此选项在默认状态下为禁止。若需激活,应在三维球圆周内右击,从弹出的快捷菜单中选择"允许无约束旋转"选项。在三维球内侧移动光标,直至光标变为 4 个弯箭头,然后通过单击和拖拉就可沿任意方向自由旋转操作对象。若要选择其他手柄或轴,应首先在三维球外侧单击,以取消对当前手柄或轴的选定。

4．三维球定位控制

除了使用外控制手柄进行移动操作外，三维球上还有 3 个与其中心相连接的定位控制手柄。选定某个控制手柄并右击，弹出如图 3－19 所示快捷菜单。然后从菜单中选择所需的选项，即可确定特定的定位操作。

图 3－19　三维球的快捷菜单

菜单中各选项的功能如下：

"到点"　在三维球上选定某定位控制手柄，则该手柄呈黄色加亮显示。此时"智能捕捉"功能被激活，当移动光标时可捕捉到相应的边、面和点等几何元素。选择"到点"选项，可使被选定的定位手柄控制方向与三维球中心延伸到被捕捉的点之间的一条虚拟线平行对齐。

"到中心点"　选择"到中心点"选项，可使三维球上选定的定位控制手柄方向与从三维球中心延伸到圆柱体（或旋转特征形成的实体）操作对象的一端或侧面中心位置的一条虚拟线平行对齐。

"点到点"　选择"点到点"选项，可使三维球上选定的定位控制手柄方向与在第二个操作对象上选定的两个点之间的一条虚拟线平行对齐。

"与边平行"　选择"与边平行"选项，可使三维球上选定的定位控制手柄方向与在第二个操作对象上选定的一条边平行对齐。

"与面垂直"　选择"与面垂直"选项，可使三维球上选定的定位控制手柄方向与在第二个操作对象上选定的某个平面垂直对齐。

"与轴平行"　选择"与轴平行"选项，可使三维球上选定的定位控制手柄方向与圆柱体（或旋转特征形成的实体）操作对象的轴线平行对齐。

"反转"　选择"反转"选项，可使三维球连同操作对象与选定的定位控制手柄的垂直位置为基准，从当前位置逆时针反转 90°。

"镜像"　选择该选项，可以实现下述"镜像"操作：

● **"平移"**　使操作对象以三维球上选定的定位控制手柄的垂直直线作对称轴线，实现镜像的平移操作。镜像后，原位置上的操作对象消失。

● **"拷贝"**　使操作对象以三维球上选定的定位控制手柄的垂直直线作对称轴线，实现镜像复制操作。镜像后，原位置上的操作对象保留。

● **"链接"**　此选项不仅可以实现镜像复制功能，而且可以使生成的操作对象与原操作对象的链接。

3.5　设计模式

　　CAXA 实体设计系统为了满足用户的设计需求,开发了创新设计、工程设计和草图设计三种设计模式,为用户开展创新设计摒供了多种选择,给设计工作带来极大方便。

3.5.1　创新设计模式

　　创新设计模式是 CAXA 实体设计特有的设计模式,具有灵活、简单、直接、快速的特点。它可以自由地创建零件和装配件,其创建过程被设计树计入历史。但是,系统允许用户动态地改变历史顺序,并且不打乱与特征相关的规则及约束,所以设计工作如同搭积木一样简单而充满乐趣。

　　CAXA 实体设计拥有丰富的设计元素库、简单灵活的拖放式造型方法及编辑方法。它既可以进行可视化设计,也可以进行精确化设计。这些独特快速的设计方法,使得设计工作简单而快捷。设计图素被拖入设计环境中,可以通过尺寸编辑、截面编辑、表面操作等方法进行变形修改,其过程如同捏橡皮泥一样直观、便捷。当设计元素库中没有所需要的智能图素时,可以通过二维草图的特征操作方法进行创建。

　　CAXA 实体设计所独有的设计元素库可以为用户提供多种现成的设计元素,且可以直接拖入设计环境中加以利用。设计元素库犹如提供了若干不同形状的积木块,可以信手拈来,拼装组合,从而方便地构建用户需要的产品模型。实体设计系统可以直接进行三维构形设计,而不需要先考虑产品模型的二维草图。这种设计方法可以使设计人员集中精力开展创新设计构思,生成产品模型,从而极大地提高了设计效率,缩短设计周期。

图 3-20　小轴零件

　　例如,如果要生成如图 3-20 所示的小轴零件,只须从设计元素库的“图素”中拖出相应的图素即可。构建图 3-20 所示的小轴零件的创新设计过程如下:

　　① 从设计元素库“图素”中拖出圆柱体　零件的创建采用了最简单的拖放技术,即从设计元素库的“图素”选项中单击需要的图素,并拖放到设计环境的适当位置。然后释放,则生成了如图 3-21 所示的小轴零件的基本体。

　　② 拖放一个孔类键到圆柱体上　从“图素”中选择“孔类键”选项,将其拖放到圆柱体表面上,如图 3-22 所示。

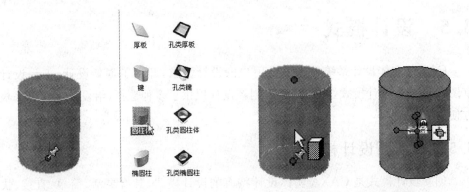

图 3-21　生成圆柱体　　　　图 3-22　拖放孔类键

③ 编辑孔类键的位置　在孔类键为智能图素状态的情况下,单击工具条上的三维球图标,或按功能键 F10,激活三维球。

④ 单击三维球沿圆柱体径向的外操作柄,然后以该手柄为轴,使其绕该轴旋转 90°,如图 3-23 所示。

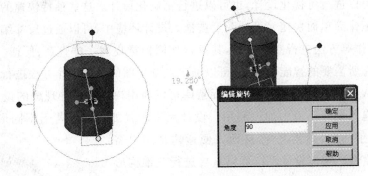

图 3-23　旋转 90°

⑤ 在孔类键上右击,在"包围盒"选项卡中将"形状锁定"下设置为"所有"状态,如图 3-24 所示。然后通过拖放编辑孔类键的尺寸到合适大小,如图 3-25 所示。

图 3-24　选项卡设置

⑥ 再拖放一个圆柱体到原来圆柱体的上面,定位在原圆柱体的中心,如图 3 - 26 所示。单击圆柱体的操作手柄,调整其半径和高度,生成图 3 - 20 所示的小轴零件。

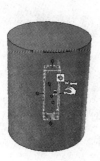

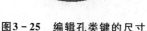
图 3 - 25　编辑孔类键的尺寸　　　　图 3 - 26　拖放并编辑另一个圆柱体

3.5.2　工程设计模式

在 CAXA 实体设计 2013 中,新增加了工程设计模式。工程模式建模是基于全参数化设计的设计模式。在产品设计过程中,模型的编辑、修改更为方便。

工程设计模式是基于特征历史结构的设计,设计将遵循一个严格的顺序,从而可以按照用户意图可预见地进行改变。在设计过程中,用户可以使用回滚条返回到设计的任何一个步骤去编辑该阶段所创建的特征的定义。修改后,原有的特征将相应地被更新。

1. 激　活

在工程设计模式下,零件的状态分为激活状态和非激活状态。先选择零件,然后从快捷菜单中选择"激活"选项,则该零件处于激活状态。此时,该零件会显示一个局部坐标系。而在设计树上零件的名称会呈蓝色显示,如图 3 - 27 所示。

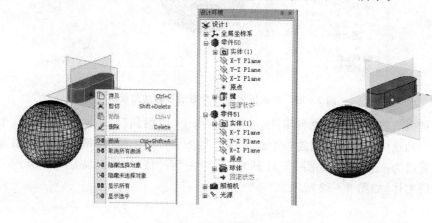

图 3 - 27　激活零件及其显示

　　如果在"装配"功能面板中单击"创建零件"工具按钮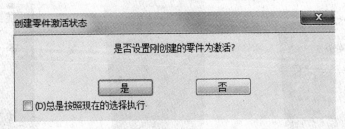，会弹出如图 3－28 所示的对话框，并询问是否激活新创建的零件。单击"是"按钮，则新创建的零件会处于激活状态，而原来设计环境中激活的零件会变成非激活状态。

图 3－28　"创建零件激活状态"对话框

2．拖放操作

　　CAXA 实体设计所独有的设计元素库仍可在工程设计模式下发挥作用，其使用方法与创新设计模式基本相同。但在工程设计模式下，从设计元素库中拖出的图素都直接作为激活零件的一个特征，而无须进行激活操作，如图 3－29 所示圆柱体处于激活状态。

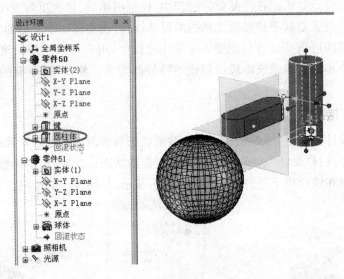

图 3－29　拖入图素会成为激活零件的特征

　　右键拖放智能图素到现有零件上，会弹出一个"应用到"对话框，并询问"这个特征是应用到选中的体还是创建一个新的体？"见图 3－30。单击"是"按钮，新图素与原有图素成为一个实体，如图 3－31 所示；若单击"否"按钮，则新特征与原有图素成为不同的实体，如图 3－32 所示。

图 3-30　"应用到"对话框

图 3-31　成为一个实体

图 3-32　新特征与原有图素成为不同的体

3.5.3　二维草图与特征生成设计模式

除了上述的创新设计模式和工程设计模式以外,实体设计系统还提供了利用二维草图,通过特征生成的方式进行产品设计。当设计元素库中的标准智能图素不能满足要求,没有作为基础图素创建新零件时,可以利用"二维草图",结合某个特征生成工具生成新的图素,然后进行后续设计。特征生成工具有拉伸、旋转、扫描和放样等。

有关二维草图和特征生成的内容将在本书第 4 章和第 5 章中介绍。

思考题

1. 标准智能图素可分为哪两大类? 它们分别用于什么样的零件设计?

2. 标准智能图素编辑状态下的包围盒、操作手柄和定位锚各有什么作用?

3. 从设计元素库中将一个"长方体"图素拖入设计环境中,利用包围盒将其尺寸修改为长 120 mm、宽 60 mm、高 80 mm。

4. 从设计元素库中将一个"长方体"图素拖入设计环境中,并对其进行圆角过渡、边倒角过渡及抽壳等操作练习。

5. 试说明三维球的组成及其功能,并举例练习。

第4章　二维草图

第3章介绍了标准智能图素的概念和使用实体设计系统进行创新设计的方法。尽管标准智能图素提供了包括图素、高级图素、工具图素和钣金图素等在内的相当数量的造型图素类型，但在名目繁多的现代化工业产品面前，这些标准智能图素的数量仍然无法满足创新设计的实际需求。为此，本章向读者介绍二维草图的功能，用户可以利用二维草图生成各种各样的三维模型，同样可以实现方便快捷的创新设计。

4.1　二维草图概述

4.1.1　创建二维草图

进入二维草图工作环境的操作步骤如下：

① 启动实体系统以后，在设计环境中打开"草图"功能面板，如图4-1所示。

图4-1　"草图"功能面板

单击"二维草图"工具按钮，弹出二维草图"属性"命令管理栏，见图4-2。

按照命令管理栏中的提示，选择合适的方式定位草图平面。单击"完成"按钮，即可进入草图环境。单击"二维草图"工具按钮下方的下三角按钮，会出现如图4-3所示的基准面选择选项。此时，还可以直接选择在 *XOY*、*YOZ* 或 *ZOX* 平面内新建草图平面。

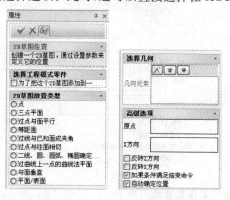

图4-2　草图"属性"命令管理栏

图4-3　坐标平面内建立草图

② 完成步骤①后,进入草图工作平面,以后可直接在草图工作平面上绘制所需的草图轮廓,如图 4-4 所示。

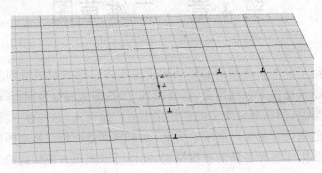

图 4-4　进入草图工作平面

③ 单击草图图标旁的下三角按钮,从中单击"完成"按钮 ,生成一个二维草图环境。

4.1.2　草图基准面

在二维草图环境中显示出的二维绘图栅格,通常叫做"基准面"。它确定了草图平面所在的位置和方向。

1. 生成基准面

CAXA 实体设计在设计环境中提供了 10 种草图基准面的生成方式,如图 4-5 所示。下面重点介绍其中的 5 种,其余生成方式请见参考文献[1]。

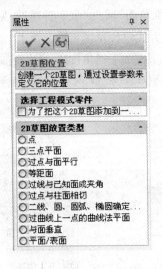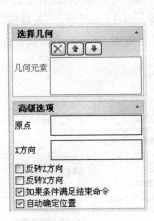

图 4-5　草图基准面

（1）点

当设计环境的工作区为空时，在设计环境中选取一点，就会生成一个默认的与 XY 平面平行的草图基准面。若设计环境中存在实体，则在生成基准面时系统会提示"选择一个点确定 2D 草图的定位点"，若拾取面上的一点，会在该面上生成基准面。当在设计环境中拾取 3D 曲线上的点时，在相应的拾取位置处生成基准面，且生成的基准面与曲线垂直。当在设计环境中拾取 2D 曲线时，生成的基准面为过这个 2D 曲线端点的 XY 平面。

（2）三点平面

拾取三点建立基准面，生成的基准面的原点在拾取的第一个点上。这三个点可以是实体上的点或三维曲线上的点。如果拾取的是二维曲线，则可以利用鼠标右键功能中的"生成三维曲线"来实现二维曲线到三维曲线的转换。

（3）过点与面平行

生成的基准面与已知平面平行并且过已知点。该平面可以是实体的表面或曲面，拾取的点可以是实体上的点和 3D 曲线上的点。

（4）等距面

生成的基准面由已知平面法向平移给定的距离而得到。生成基准面的方向由输入距离的正、负符号来确定。平面可以是实体上的面或曲面。

（5）过点与面垂直

选择一点，再选择一个表面，得到通过此点与表面垂直的基准面。

2. 快速生成基准面

在设计树中单击"全局坐标系"前的加号，如图 4-6 所示。选择一个平面，右击，弹出如图 4-7 所示的基准面操作快捷菜单。

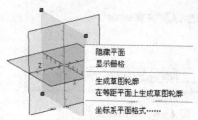

图 4-6 局部坐标系   图 4-7 基准面操作快捷菜单

通过该菜单可以对基准面进行如下操作：

"隐藏平面" 对所选定的基准平面是否隐藏。

"显示栅格" 对所选定基准平面上的栅格是否显示进行控制。

"生成草图轮廓" 在所选择的基准平面上绘制二维草图轮廓。

"在等距平面上生成草图轮廓"　在所选择的基准平面的等距面上绘制二维草图轮廓。等距的方向由所对应的坐标轴和输入的正、负数值来确定。

"坐标系平面格式"　对基准面的各项默认参数进行设置，内容包括：栅格间距（分为主刻度和副刻度）、对栅格是否进行捕捉、基准面尺寸（分为固定尺寸和自动尺寸）。

3. 基准面重新定向和定位

基准面重新定向和定位的操作方法如下：

① 利用草图的定位锚可以对草图进行拖动，重新定位。

② 利用三维球工具可以快速地对基准面进行定向和定位：打开已经生成的基准面的三维球，利用它的旋转、平移等功能对其所附着的基准面进行定向和定位操作。

4.1.3　草图检查

由二维草图生成三维造型时，系统会进行草图轮廓检查。若轮廓敞开或为任何形式的无效草图，则在将该草图拉伸成三维造型时，屏幕上就会出现一条如图 4-8 所示的信息。提示无法将二维草图轮廓生成三维造型，原因在对话框的"细节"中显示，并最终生成包含草图轮廓的长方体，如图 4-9 所示。

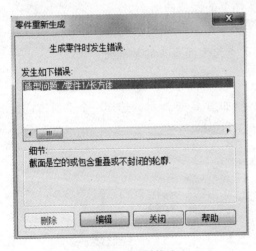

图 4-8　草图检查

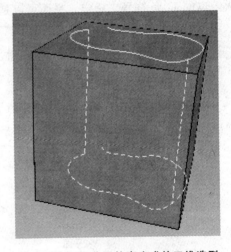

图 4-9　开环草图轮廓生成的三维造型

从 CAXA 实体设计 2013 开始，增加了"删除重线"的功能。框选需要检查重线的草图，然后从菜单中选择"工具"|"编辑草图"|"删除重线"即可，如图 4-10 所示。

如果此时有重线，则会自动删除该重线，然后在如图 4-11 所示的对话框中提示删除了哪些曲线。

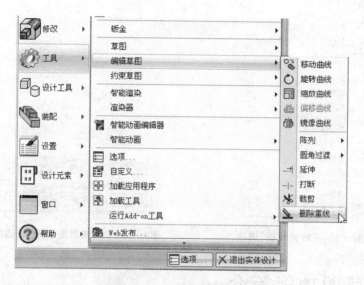

图 4-10　"删除重线"选项

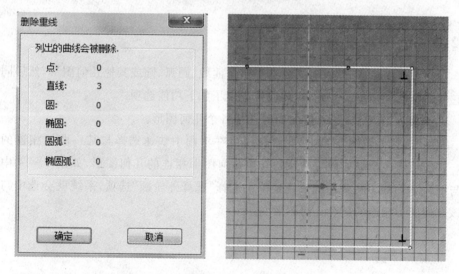

图 4-11　"删除重线"对话框和加亮显示

4.1.4　退出草图

实体设计系统退出草图环境有两种方法：

① 单击草图图标旁的下三角按钮，从中选择"完成"按钮 ✔，即可退出。

② 使用鼠标右键。在草图平面的空白区域，右击，出现如图 4-12 所示的快捷菜单，选择"结束绘图"或者"取消绘图"选项，即可退出草图环境。

注意：在旧版本的界面中，可直接单击如图 4-13 所示"编辑草图截面"对话框，单击"完成特征"或者"取消"按钮，即可退出草图环境。

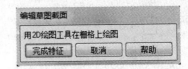

图4-12　"结束绘图"选项　　　　　图4-13　"编辑草图截面"对话框

4.2　草图功能简介

4.2.1　选择对象

在绘制草图轮廓时，有时需要选择多条曲线、圆弧、圆或其他几何图形，然后同时对它们实施同一操作。为此，实体设计提供了如下功能选项：

Shift 键　在按住 Shift 键的同时选择各个几何图形。

利用"选择外轮廓"工具　此工具可以在草图中快速选择与某一曲线相连的曲线。右击任何一个单独但与一系列其他几何图形相连的几何图形，如图 4-14 中直线与 B 样条曲线。从弹出的快捷菜单中选择"选择外轮廓"选项，系统就会选中与所选该几何图形相连的所有几何图形。

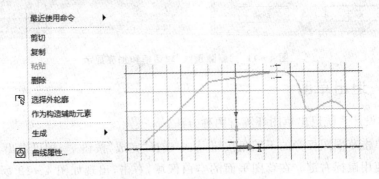

图 4-14　选择外轮廓工具

全部选中所需要的几何图形后，可以将它们作为一个群组进行快速操作。例如，可以将这些被选中的几何图形作为一个整体进行移动、旋转或缩放；或将它们拖动到一个目录中;或将它们剪切、复制并粘贴到一个新的位置;或者将它们删除,等等。

4.2.2　草图功能

草图的功能分为 4 类,即草图轮廓的绘制、修改、约束和显示,如图 4 - 15 所示。

图 4 - 15　"草图"功能面板

右击任意工具条,在弹出的快捷菜单中选择"工具条设置",如图 4 - 16 所示,然后选择相关选项,也可进行草图功能的相关操作。

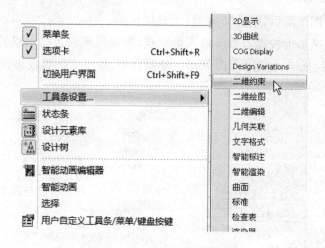

图 4 - 16　"工具条设置"级联菜单

4.3　草图绘制

在草图平面上,可以方便地绘制直线、圆、切线和其他几何图形。图 4 - 17 所示为草图绘制功能面板和工具条。

在草图平面上进行图形的绘制,既可单击可视化地绘制,也可以通过右键来精确地绘制,还可以在左侧的命令管理栏中输入精确数值来绘制。

4.3.1　直　线

此功能可以绘制直线,包括绘制"2 点线"、"切线"、"法线"3 种方式。图 4 - 18 所示为直线的功能面板。

图 4 - 17   草图绘制功能面板和工具条

1. 2 点线

使用"2 点线"工具可以在草图平面的任意方向上画一条直线或一系列相交的直线。实体设计系统提供两种绘制"2 点线"的方法。

(1) 左键绘制法

① 进入草图平面后,单击"2 点线"工具按钮 。

② 在草图平面上按提示单击输入第一点,再按提示输入第二点,或者在命令管理栏中输入点的坐标,如图 4 - 19 所示。绘制完毕,按下 Esc 键或再次单击"2 点线"工具结束操作。

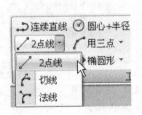

图 4 - 18   直线功能面板   **图 4 - 19   直线坐标**

(2) 右键绘制法

① 进入草图平面后,单击"2 点线"工具按钮 。

② 将光标移动到待绘直线的开始点位置,单击(左右键均可)确定起始点位置。

③ 将光标移动到待绘直线的另一个端点位置,右击,出现如图 4 - 20 所示对话框,在对话框中输入直线长度和与 X 轴夹角的度数,单击"确定"按钮完成直线绘制。

图 4 - 20   "直线绘制"对话框

利用"2 点线"工具,可以按用户需要任意绘制水平线、垂直线和斜线。在这种情况下,可以看到一些表明直线与坐标轴之间平行/垂直关系的深蓝色符号。

2. 切　线

利用"切线"工具可以绘制与圆、圆弧或圆角曲线上一点相切的直线。

下面以圆形为例,介绍绘制圆的切线的步骤:

① 首先在草图平面上绘制一个圆,作为切线的参考图素。

② 单击"切线"工具按钮 ![]。

③ 单击该圆周上的任意点,此时,草图平面上会出现一条切线。将光标移动到圆外的不同位置时,直线和圆的切点就沿着该圆的圆周移动,此时深蓝色的相切符号也随之移动。

④ 在合适的切点及长度处单击,以确定切线的第二个端点。

⑤ 切线绘制完毕后释放,或者按下 Esc 键结束操作,如图 4-21 所示。

此外,还可以使用"右键绘制法"绘制切线。右击并在随之出现的如图 4-22 所示对话框中输入切线精确的长度和倾斜角度,并单击"确定"按钮。也可以右击"切线"工具按钮,在弹出的快捷菜单中选择"曲线属性"选项,通过修改参数得到所需要的切线,如图 4-23 所示。

图 4-21　绘制切线　　　　**图 4-22　切线绘制对话框**

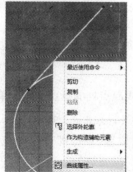

图 4-23　切线的曲线属性

3. 法 线

利用"法线"工具可以绘制与其他直线或曲线垂直(正交)的直线。

下面以圆形为例,介绍绘制其法线的步骤:

① 首先在草图平面上绘制一个圆,作为绘制法线的参考图素。

② 单击"法线"工具按钮 。

③ 单击该圆周上一点,草图平面上会出现一条法线。将光标移动到圆外的不同位置时,直线和圆的垂足点就沿着该圆的圆周移动,此时会看到深蓝色的垂直符号也随之移动。

④ 在合适的切点及长度处单击以确定法线的第二个端点。

⑤ 法线绘制完毕时,再次选择"法线"工具结束操作,如图 4-24 所示。

此外,还可以使用"右键绘制法"绘制法线。右击并在随之出现的图 4-25 所示对话框中输入法线精确的长度和倾斜角度,然后单击"确定"按钮。也可右击"法线"工具按钮,在弹出的快捷菜单中选择"曲线属性"选项,通过修改参数得到所需要的法线。

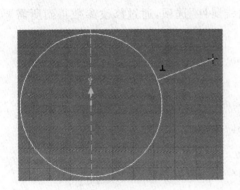

图 4-24   绘制法线

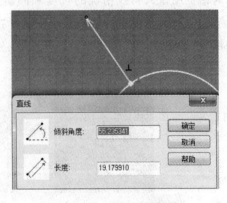

图 4-25   法线绘制对话框

4.3.2 连续直线

在草图平面上可用"连续直线"工具绘制多条首尾相连的直线,其步骤如下:

① 单击"连续直线"工具按钮 。

② 开始绘制一系列互连的直线时,在连续直线起点处的草图平面上单击并放开。

③ 将光标移动到第一直线段的起点,单击选择并设置第一直线段的第二个端点。

④ 将光标移动到第二个直线段合适的端点位置,单击即可定义该直线段的第二个端点和下一条直线段的第一个端点。

⑤ 继续绘制直线,生成所需的轮廓。单击"连续直线"工具按钮 结束绘制。

此外,可以使用鼠标右键精确绘制连续直线,在步骤②后右击,从弹出的对话框中指定精确的长度和倾斜角度,并单击"确定"按钮,即可确定第二个端点及以后的各个端点。

在 CAXA 实体设计中,也可利用"切换直线/圆弧"选项,通过切换操作来实现绘制"圆弧"或"直线"。

4.3.3　多边形

此功能可以绘制矩形、三点矩形、多边形和中心矩形 4 种形式的多边形。图 4-26 所示为多边形的功能面板。

1. 矩　　形

利用"矩形"工具可以快速地生成矩形,其步骤如下:

① 单击"矩形"工具按钮 □。

② 在草图平面上移动光标,选定矩形起始角点的位置并单击,确定矩形的开始点。

③ 将光标移动到该角对角线另一端点位置单击,完成矩形的绘制。

图 4-26　多边形功能面板

④ 单击"矩形"工具按钮 □,结束操作。

也可以在命令管理栏中输入点的坐标来确定矩形的两个角点,如图 4-27 所示。

同样,可以使用"右键绘制法"绘制矩形:在步骤③后右击,出现如图 4-28 所示的对话框,在对话框中输入矩形的长度和宽度,然后单击"确定"按钮即可。

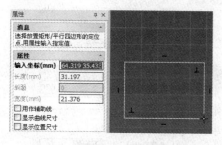

图 4-27　绘制矩形命令管理栏

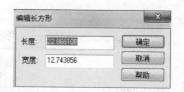

图 4-28　精确绘制长方形对话框

2. 三点矩形

利用"三点矩形"工具,可以快速地生成各种倾斜位置的矩形,步骤如下:

① 单击"三点矩形"工具按钮 ◇。

② 在草图平面上移动光标,选定矩形起始直角的位置并单击,确定矩形的开始点。

③ 移动光标到某一位置后右击,在弹出的如图 4-29 所示的对话框中,设定矩形第一条边的长度和倾斜角度。

④ 接着移动光标到某一位置后右击,在弹出的如图 4-30 所示的对话框中,设置矩形的宽度。最后单击"确定"按钮,完成绘图,如图 4-31 所示。

图 4-29　"编辑矩形的第一条边"对话框

图 4-30　"编辑矩形的宽度"对话框

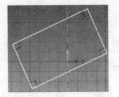

图 4-31　绘制结果

3. 多边形

利用"多边形"工具,可以快速地生成任意边数的多边形,步骤如下:

① 单击"多边形"工具按钮⬠。

② 在草图上确定一点,设为多边形的中心点。

③ 通过单击实现"内切/外接"圆的切换。

也可以在执行步骤②后,在草图空白区域右击。在弹出的如图 4-32 所示的对话框中设定多边形的参数来精确绘制。也可以在命令管理栏中设置所有参数,如图 4-33 所示。

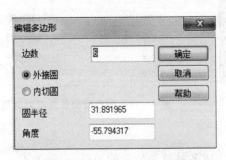

图 4-32　"编辑多边形"对话框

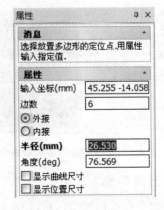

图 4-33　绘制多边形命令

4.3.4　圆　形

此功能可绘制"圆心+半径"、"三点圆"和"切线圆"等各种圆的图形。图 4-34

所示为绘制圆的功能面板。

下面重点介绍"圆心＋半径"和"三点圆"的绘制方法，其余画圆的方法请读者参考软件手册。

1．圆心＋半径

根据指定的圆心和半径绘制圆，其步骤如下：

① 进入草图平面后，单击"圆心＋半径"工具按钮⊙。

② 在草图平面上单击一点作为圆心，或在命令管理栏中输入圆心坐标，如图 4 - 35 所示。

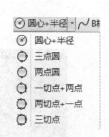

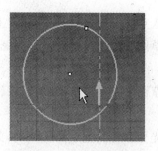

图 4 - 34　绘制圆的功能面板　　　　图 4 - 35　确定圆心

③ 移动光标，在适当位置单击确定圆上一点（用以确定半径），或在命令管理栏"输入坐标"和"半径"文本框中输入圆上另一点的坐标或者圆的半径值，如图 4 - 36 所示。若此时选定该圆并右击，则可得到"椭圆"对话框，如图 4 - 37 所示。此时输入不同的长、短轴半径，可以绘制椭圆。

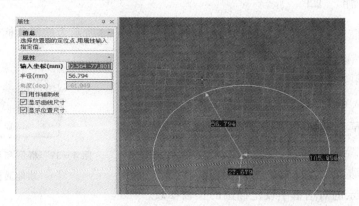

图 4 - 36　输入坐标和半径

④ 单击"确定"按钮，结束操作。

2．三点圆

用指定圆周上三个点的方法画圆，其操作步骤如下：

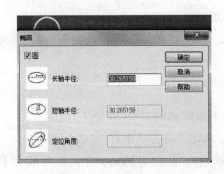

图 4 - 37 "椭圆"对话框

① 进入草图平面,单击"三点圆"工具按钮○。

② 在草图平面上单击一点作为圆的第一点,或者输入点的坐标值。

③ 在草图平面上单击第二点,或输入点的坐标值。

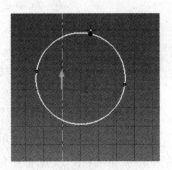

④ 将光标移动到生成圆的圆周,此时圆周将包含第三个点(移动光标时,将拉出一个包含前两个点和光标当前位置所在点的圆周)。

⑤ 在适当位置单击,第三点即被确定,所绘制的图形如图 4 - 38 所示。

图 4 - 38　三点绘制圆

4.3.5　椭　圆

使用"椭圆"工具可以绘制椭圆和椭圆弧。图 4 - 39 所示为椭圆和椭圆弧的功能面板。

绘制椭圆的步骤如下:

① 进入草图平面,单击"椭圆"工具按钮⊙。

② 在草图平面上单击确定一点作为椭圆的中心。

图 4 - 39　椭圆和椭圆弧的
功能面板

③ 移动光标到合适位置右击,在弹出的如图 4 - 40 所示的对话框中设定椭圆的长轴参数。

④ 移动光标,右击后弹出如图 4 - 41 所示的对话框,设定椭圆的短轴参数。

⑤ 单击"确定"按钮,结束操作。(输入倾斜角度可以绘制倾斜的椭圆)

图 4 - 40 编辑椭圆长轴

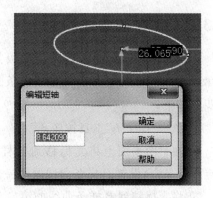

图 4 - 41 编辑椭圆短轴

4.3.6 圆 弧

圆弧的生成方法有"用三点"、"圆心＋端点"和"两端点"3 种方式,见图 4 - 42。下面仅介绍"用三点"和"两端点"绘制圆弧的方法。

1. 用三点

根据指定的三个点生成圆弧,步骤如下:

① 单击"用三点"工具按钮 。

② 在任意位置单击,为新圆弧指定起始点的位置。

③ 将光标移动到第二个点,单击以确定新圆弧的终点位置。

④ 将光标移动到第三个点,确定新圆弧的半径,或用右键精确设定圆弧半径。

图 4 - 42 圆弧生成方法

⑤ 单击"用三点"工具按钮 ,结束操作。

2. 两端点

本功能可生成半圆形的圆弧,其步骤如下:

① 单击"两端点"工具按钮 。

② 在草图平面上将光标移动到圆弧起点位置单击,设定圆弧的第一端点。

③ 将光标移到圆弧终点位置,再次单击。

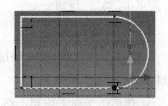

④ 单击"两端点"工具按钮 ,结束操作,生成半圆形的圆弧如图 4 - 43 所示。

图 4 - 43 绘制半圆形圆弧

4.3.7　B 样条曲线

B 样条和 Bezier 曲线的功能面板如图 4 - 44
所示。本工具可以生成连续的 B 样条曲线,其绘
制步骤如下:

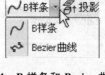

① 单击"B 样条"工具按钮。

② 在草图平面上将光标移到 B 样条曲线的
图 4 - 44　B 样条和 Bezier 曲线面板
起点位置单击,设置 B 样条曲线的第一个端点。

③ 将光标移到 B 样条曲线的第二个端点,单击设定该点。

④ 继续拾取其他的点,生成一条连续的 B 样条曲线。

⑤ 单击"B 样条"工具按钮,结束操作。

注意:在拾取了几个控制点后,在屏幕上右击,则在此点处开始绘制一条 B 样条
曲线。绘制 Bezier 曲线的方法与绘制 B 样条曲线的方法基本相同,此处不再赘述。

4.3.8　圆角过渡

圆角过渡分为顶点过渡和交叉线过渡两种方式,图 4 - 45 所示为"过渡"的功能
面板。使用本功能可以将相连曲线形成的尖角进行圆角过渡。

1. 顶点过渡

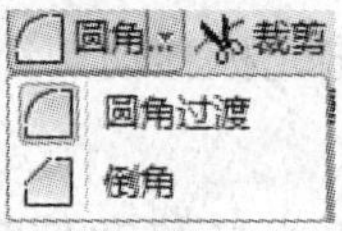

① 在草图平面上绘制一个多边形。

② 单击"圆角过渡"工具按钮。

③ 将光标定位到多边形需要进行圆角过渡的
图 4 - 45　圆弧过渡和倒角
角的顶点上(或选择两条边),单击顶点并将其拖向多边形的中心,然后释放。

④ 单击"圆角过渡"工具按钮,结束操作。

此外,还可以右击选择顶点后拖动,放开右键后在弹出的对话框中指定精确的半
径,并单击"确定"按钮。

2. 交叉线过渡

CAXA 实体设计 2013 的过渡功能在原有基础上有所增强,并支持交叉线/断开
线过渡,其操作步骤如下:

① 在草图平面上绘制一组交叉直线,如图 4 - 46 所示。

② 选择"圆角过渡"命令,分别选择两段直线要保留的部分右击,在弹出的"编辑
半径"对话框中精确设定过渡圆角的半径。

③ 单击"确定"按钮,结束操作。结果如图 4 - 47 所示。

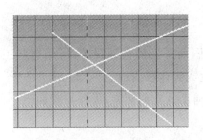

图 4-46 相交直线

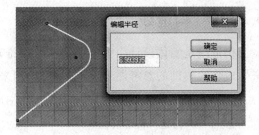

图 4-47 圆弧过渡

4.3.9 倒角过渡

倒角过渡功能提供了交叉线/断开线倒角及一次多个倒角过渡的功能。操作步骤如下：

① 绘制一个长方形。

② 单击"倒角"工具按钮◻。

③ 在设计环境左下方的信息栏中提示"指定两条直线共享的一个顶点,或者第一条直线",如图 4-48 所示。

④ 选择两条直线共享的顶点(光标经过时顶点呈绿色并放大),倒角完成,见图 4-49。

⑤ 单击"倒角"工具按钮,结束操作。也可依次选择两条边进行倒角,见图 4-50 和图 4-51。

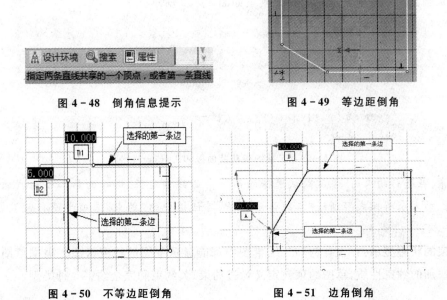

图 4-48 倒角信息提示

图 4-49 等边距倒角

图 4-50 不等边距倒角

图 4-51 边角倒角

4.3.10　构造线

构造线是实体设计中为生成复杂的二维草图而开发的辅助线工具,用这些工具来生成作为辅助的参考图形,但它不可以用来生成实体或曲面。

本工具可用任何一种"二维草图"工具生成辅助的几何元素,操作步骤如下:

① 单击"构造"工具按钮🔛。

② 任意选择一个绘图工具,例如"圆"。在草图平面的任意区域内画一个圆,当绘制完成时,该圆就会立即以深蓝色加亮点画线显示,以表明其为一条辅助线。

实体设计允许把已经绘制好的图形作为构造辅助线,其方法是:选择已有的几何图形,右击,弹出其快捷菜单,见图 4-52。然后选择"作为构造辅助元素"选项,即可将已有的几何图形转换成构造辅助线。

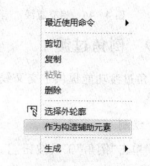

图 4-52　构造辅助元素菜单

4.4　草图约束

"约束"工具可对画出图形的长度、角度、平行、垂直和相切等条件加以限制,并以图形方式标示在草图平面上,便于浏览有关信息。约束条件可以编辑、删除或恢复原有关系状态。二维约束功能面板和工具条如图 4-53 所示。

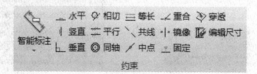

图 4-53　二维约束功能面板和工具条

注意:在进行约束时,系统默认选择的第一条曲线重定位,选择的第二条曲线保持固定。约束求解模式可通过"二维草图选择"对话框中的"约束"选项卡进行设置,见图 4-54。

约束的状态显示:在设计树和二维草图中都能显示草图的约束状态。根据草图元素上添加的约束性质,草图约束被定义为过约束、欠约束和完全约束 3 种类型。

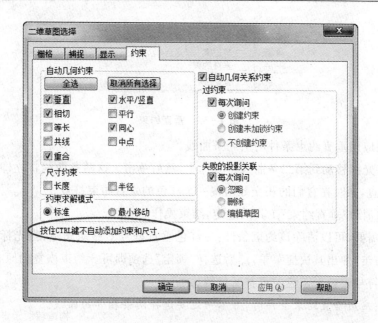

图 4 - 54　"二维草图选择"对话框

在设计树中显示该草图的约束状态时,草图名称后面的"+"号为过约束,"一"号为欠约束,没有加减号则为完全约束。

二维草图中通过颜色显示区分约束状态。默认设置下,过约束为红色;欠约束为白色;完全约束为绿色。若用户添加一个过约束,将弹出对话框要求用户选择是否将该约束作为参考约束。由图 4 - 53 可知,"约束"的项目很多,下面仅就"垂直"、"相切"、"平行"、"同轴"及"编辑尺寸"等几个约束进行介绍,其余"约束"请参考 CAXA 软件手册。

4.4.1　垂直约束

在草图平面中的两条已知曲线之间生成垂直约束。

1. 已经存在垂直关系

如果两条曲线之间已经存在垂直关系,则只须将光标移到其深蓝色垂直关系符上。当光标变成小手形状时,右击,然后从弹出的快捷菜单中选择"锁定"选项。此时,蓝色关系符就变成红色的约束条件符。

2. 不存在垂直关系

若已有的两条曲线不存在垂直关系,则按以下步骤操作:

① 单击"垂直"约束工具按钮 ，选择"垂直约束",见图 4 - 55。

图 4-55　垂直约束

② 选择要应用垂直约束条件的第一条曲线。

③ 将光标移动到第二条曲线将其选中,然后单击。这两条曲线将立即重新定位到相互垂直,同时在它们的相交处出现一个红色的垂直约束符号。

④ 取消对"垂直约束"工具的选定,结束操作。

根据需要,可以清除该约束条件:在红色垂直符号上移动光标,当光标变成小手形状时,右击,弹出其快捷菜单,然后选择"锁定"选项即可。约束恢复到原有状态后,红色约束符号则被深蓝色关系符所代替。

注意:应用垂直约束条件时,并不一定要选择两条相邻的曲线。

4.4.2　相切约束

在已有的两条曲线之间生成一个相切的约束条件。

1. 已经存在相切关系

如果两条曲线之间已经存在相切关系,则其后续操作同"垂直约束"操作。

2. 不存在相切关系

当两条曲线不存在相切关系时,按以下步骤操作:

① 单击"相切"约束工具按钮 ,选择"相切约束"选项,如图 4-56 所示。

② 选择要应用相切约束条件的曲线之一。

③ 将光标移到第二条曲线,然后单击将其选中。这两条曲线将立即重新定位相切于选定点,同时在

图 4-56　相切约束

切点位置将出现一个红色的相切约束符号。

④ 取消对"相切"约束工具的选定,结束操作。

4.4.3　平行约束

在已有的两条曲线之间生成一个平行约束条件,操作步骤如下:

① 单击"平行"约束工具按钮 ,选择"平行约束"选项,如图 4-57 所示。

② 选择平行约束中将包含的曲线中的一条曲线。

③ 将光标移到被包含的第二条曲线,然后单击选定该曲线。这两条曲线将立即重新定位为相互平行。此时,每条曲线上都将出现一个红色的平行约束符。

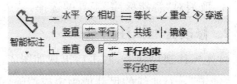

图 4 - 57　平行约束

④ 取消对"平行约束"工具的选择,结束操作。

清除该约束条件的操作方法与"垂直约束"类似。

4.4.4　同轴约束

在草图平面的两个已知圆上生成一个同轴约束,其操作步骤如下:

① 在草图平面上绘制两个圆。

② 单击"同轴"约束工具按钮◎,选择"同心约束"选项,见图 4 - 58。

③ 在将应用同轴约束的两个圆中选择一个圆。选定圆的圆周上将出现一个浅蓝色的标记。

图 4 - 58　同心约束

④ 将光标移到第二个圆,单击将其选中。系统将立即对这两个圆进行重新定位,以满足同轴约束条件。此时,在两圆外侧位置均会出现一个红色的同轴约束符号。

⑤ 取消对"同轴约束"工具的选择,结束操作。

4.4.5　智能标注

在"草图"功能面板中,"智能标注"有 4 个选项,分别为"智能标注"、"角度约束"、"弧长约束"和"弧度角约束"。这 4 种约束可以采用类似的添加和修改方法。

智能标注可以在一条曲线上生成圆的半径、直线长度等尺寸的约束条件。

1. 建立智能标注约束

① 在"约束"工具条上单击"智能标注"工具按钮，如图 4 - 59 所示。

② 将光标移到将要应用智能标注条件的曲线上,然后单击。

③ 从该曲线上移开光标,然后将光标移到希望显示尺寸的位置,单击"确定"按钮。此时,将显示出一个红色智能标注约束符号和尺寸值。

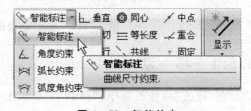

图 4 - 59　智能约束

④ 取消对"智能标注"工具的选择,结束约束操作。

2. 修改智能标注约束

将光标移到尺寸上,右击后出现如图 4 - 60 所示的快捷菜单。该菜单内容如下:

"锁定" 对曲线的尺寸值锁定或清除(关系仍保留)。

"编辑" 对曲线的约束尺寸值进行编辑,精确地确定尺寸。

"删除" 清除智能标注和该约束关系。

"输出到工程图" 将图形投影到工程图时,实现约束的尺寸值的自动标注。

3. 多尺寸约束编辑

CAXA 实体设计 2013 提供了多尺寸编辑功能,可对施加约束后的草图轮廓统一编辑来

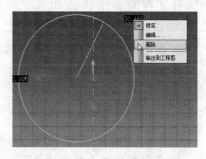

图 4 - 60 修改约束尺寸

驱动图形。约束好尺寸之后,在草图的空白区域右击,在弹出的快捷菜单中选择"参数"选项。使用参数表即可对多尺寸约束进行编辑。

4.5 草图变换

CAXA 实体设计 2013 可以对草图中的图形进行平移、缩放、旋转、镜像、偏置、投影等操作。这些变换的功能和结果与 CAXA 电子图板相同。区别在于这些变换操作是在实体设计的草图环境中进行的,请读者予以注意。

草图变换功能的图标在"草图"功能面板的"修改"选项中。图 4 - 61 所示为"修改"功能面板和"编辑"工具条。下面将介绍几个常用的变换工具。

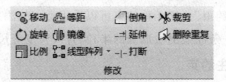

图 4 - 61 "修改"功能面板和"编辑"工具条

4.5.1 移 动

在"修改"功能面板中,"移动"工具如图 4 - 62 所示。

"移动"工具可移动草图中的图形,可对单独的一条直线或曲线移动,也可同时对多条直线或曲线移动。

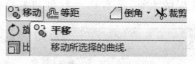

移动 等距 倒角 裁剪 平移 移动所选择的曲线.

图 4-62 "移动"工具

1. 移动曲线

① 选择要移动的几何图形。当选择多个几何图形时,应按住 Shift 键对几何图形一一进行选择;若要选择全部图形,应在"编辑"菜单中选择"全选",或按 Ctrl ＋ A 组合键。

② 单击"移动"工具按钮 ,选择"平移"选项。

③ 在选定的几何图形上单击,将其拖动到新位置后放开。拖动时,实体设计会自动提供有关几何图形离开原位置的距离的反馈信息,如图 4-63 所示。

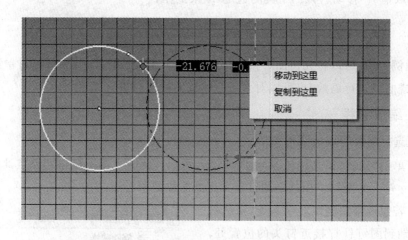

图 4-63 移动反馈信息和快捷菜单

④ 取消对"移动"工具的选定,结束操作。

2. 精确移动/复制

① 选择要移动的几何图形。

② 单击"移动"工具按钮 。

③ 在选定的几何图形上右击,将其拖动到新位置后放开。拖动时,实体设计会自动提供有关几何图形离开原位置的距离的反馈信息。

④ 此时右击,在快捷菜单中选择"移动到这里"或"复制到这里"选项。

⑤ 如果选择"移动到这里"选项,则应输入选定几何图形相对于原位置的水平、竖直移动数值和矢量距离,见图 4-64(a)。

⑥ 如果选择"复制到这里"选项,还应输入选定几何图形的复制数量及其相对于

原位置的水平、竖直移动数目和矢量距离,见图 4 - 64(b)。复制结果见图 4 - 64(c)。

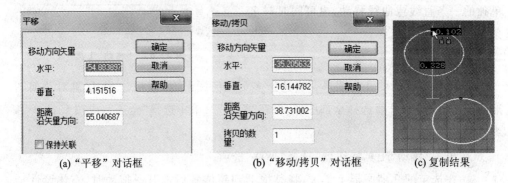

(a) "平移" 对话框　　　　　(b) "移动/拷贝" 对话框　　　　(c) 复制结果

图 4 - 64　复制对话框

⑦ 取消对"移动/拷贝"工具的选定,结束操作。

4.5.2　缩　放

"比例"工具可以将几何图形按比例缩放。与"移动"工具一样,可以对单独的一条直线或曲线进行缩放,也可以对多条直线或曲线同时进行缩放。

1. 缩放曲线

① 选择需要缩放的几何图形。

② 单击"比例"工具按钮，如图 4 - 65 所示。此时在草图栅格的原点处会出现一个尺寸较大的图钉。用这个图钉定义比例缩放的中心点。

③ 若想调整比例缩放中心点,则应将光标移动到图钉针杆接近钉头的位置处,单击并拖到需要的位置后放开。也可以将图钉重新定位到草图栅格上的任意位置,甚至移动到其他的几何图形上。

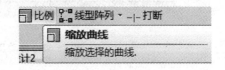

图 4 - 65　缩放工具

④ 单击并拖动选定的几何图形,缩放到适当的比例后放开。拖动时,系统会自动提供有关几何图形离开原位置的距离的反馈信息。

⑤ 取消对"比例"工具的选定,结束操作。

2. 精确缩放/复制

① 选择需要缩放的几何图形。

② 单击"比例"工具按钮。

③ 在选定的几何图形上右击,弹出如图 4 - 66 所示的"比例"快捷菜单。

④ 在该菜单中选择"移动到这里"或"复制到这里"选项。

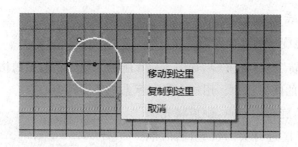

图 4 - 66　"比例"快捷菜单

⑤ 若选择"移动到这里"选项,则应输入该几何图形的缩放比例因子(如 1.5),见图 4 - 67。

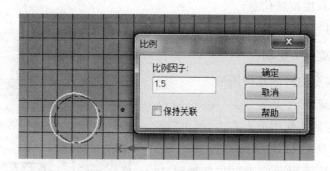

图 4 - 67　"移动到这里"选项

⑥ 若选择"复制到这里"选项,则应输入复制份数和缩放比例因子,本例复制份数为 1,比例因子为 2,见图 4 - 68。缩放结果见图 4 - 69。

⑦ 取消对"比例"工具的选定,结束操作。

图 4 - 68　"复制到这里"选项

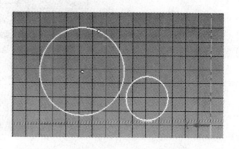

图 4 - 69　缩放结果

4.5.3　旋　转

"旋转"工具可用于几何图形的旋转。与前面介绍的两种工具一样,可对单条直线/曲线单独使用本工具,也可以对一组几何图形使用本工具。

1. 旋转曲线

① 选择需要旋转的几何图形。

② 单击"旋转"工具按钮 ，如图 4－70 所示。此时在草图栅格的原点位置会出现一个尺寸较大的图钉标志。用这个图钉标志定义旋转中心点。

③ 若想调整旋转中心点，则应将光标移动到图钉针杆接近钉头的位置，然后单击并拖动到需要的位置后放开。

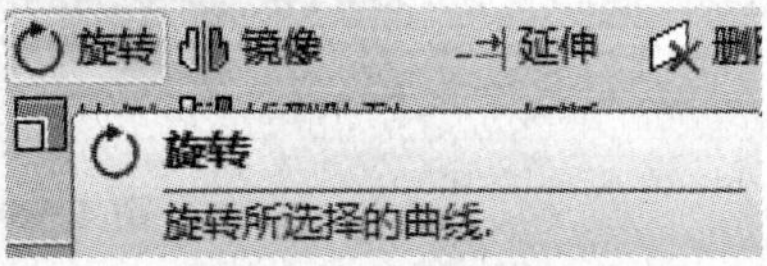

图 4－70　旋转曲线

④ 单击并拖动选定的几何图形，以确定旋转角度。实体设计会在拖动几何图形时显示出旋转角度反馈信息。

⑤ 取消对"旋转"工具的选定，结束操作。

2. 精确旋转/复制

① 选择需要旋转的几何图形。

② 单击"旋转"工具按钮。

③ 在选定的几何图形上右击，弹出"旋转"快捷菜单，见图 4－71。

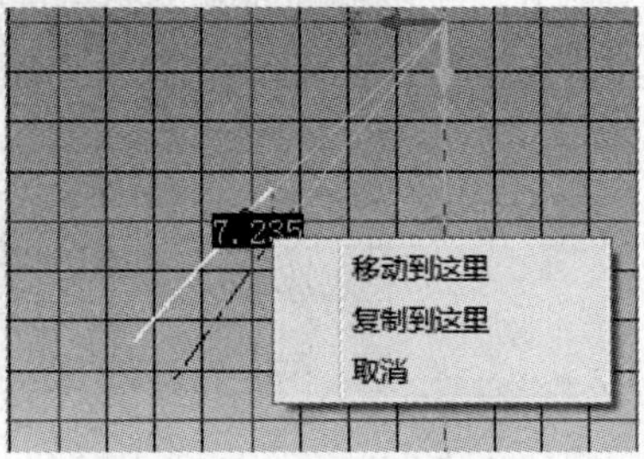

④ 选择"移动到此位置"或"复制到这里"选项，弹出对话框。

图 4－71　"旋转"快捷菜单

⑤ 如果选择"移动到这里"选项，则应输入该几何图形要旋转的角度值，见图 4－72。

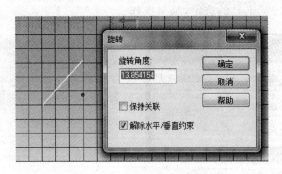

图 4－72　"移动到这里"选项

⑥ 如果选择"复制到这里"，则应输入复制份数和该几何图形旋转的角度值，见图 4－73。旋转结果如图 4－74 所示，其中（a）为直线旋转，（b）为图形旋转。

⑦ 取消对"旋转"工具的选定，结束操作。

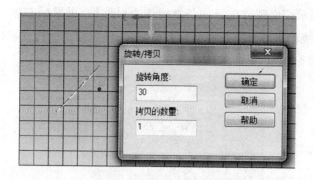

图 4 - 73　"复制到这里"选项

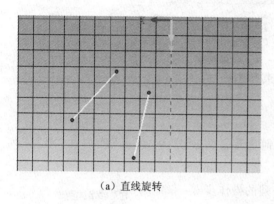

（a）直线旋转　　　　　　　　　　　　（b）图形旋转

图 4 - 74　旋转结果

4.5.4　镜　像

"镜像"工具可以在草图中将图形进行对称复制，图 4 - 75 所示为"镜像"功能面板。

"镜像"工具的操作步骤如下：

① 在"草图"功能面板的绘制选项中选择"连续直线"工具，并在草图栅格上绘制一个三角形。

图 4 - 75　"镜像"功能面板

② 选择"2 点线"工具，然后在三角形的一侧画出一条直线作为镜像对称轴。

③ 取消对"2 点线"工具的选定。

④ 单击"镜像"按钮。

⑤ 根据提示"选择曲线"，按住 Shift 键选择三角形的三条边（不要选择作为镜像对称轴的直线）。

⑥ 右击（提示行出现："选择一条直线作为对称轴,用鼠标右键点取创建对称约束"）,然后单击镜像对称轴直线上的任意位置,实体设计系统将在对称轴的另一侧复制该三角形的对称图形,见图 4－76。

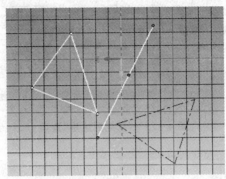

图 4－76　镜像结果

⑦ 取消对"镜像"工具的选定,结束操作。

4.5.5　阵　列

"阵列"工具可以阵列选定的几何图形。阵列分为"线形"阵列和"圆"阵列。图 4－77 为"线型阵列"功能面板。

下面以"圆"阵列为例简要说明阵列的操作步骤：

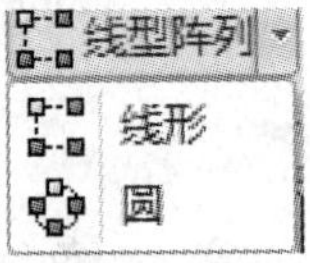

① 选择需要阵列的几何图形。

② 选择"圆"形阵列工具按钮 ✜。

③ 此时命令控制栏中会显示默认的阵列选项,同时二维草图上也有相关的阵列结果预显,如图 4－78 所示。在阵列选项中按照实际需要设置相关参数。

图 4－77　"线型阵列"功能面板

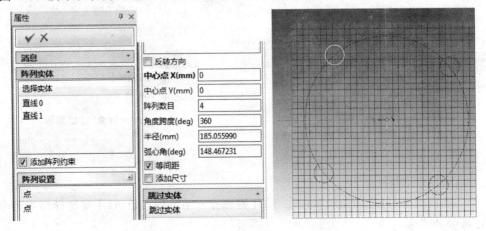

图 4－78　阵列参数修改

④ 设置完成以后,单击"完成"按钮 ✔,完成阵列操作。

4.6 草图编辑

CAXA 实体设计提供了多种对二维草图截面图形(即草图轮廓)进行编辑的方法,如打断、延伸、裁剪等。也可以使草图上的图形重新定位。二维草图的编辑功能和结果与电子图板的编辑功能类似,只是操作环境不同,请读者予以注意。

4.6.1 对图形元素的编辑

1. 打 断

如果需要对某条直线或曲线的某一段单独进行操作,可利用"打断"工具将它们分割成单独的线段。其操作步骤如下:

① 在草图平面上绘制一条曲线。

② 单击"打断"工具按钮 ﹣﹣,并指定要打断的曲线。一个墨绿色的点会随着光标在曲线上移动。曲线一侧的线段呈绿色加亮显示状态,而另一端则为蓝色,表明其已经成为基于光标位置而生成的两个独立线段。

③ 在曲线上若单击待分割的打断点,则已知曲线就被分割成两个独立的线段。两个线段的连接点是分割点。

④ 取消对"打断"工具的选定,结束操作。

2. 延 伸

"延伸"工具可将一条曲线延伸到一系列与它存在交点的曲线上,它也支持延伸到曲线的延长线上。其操作步骤如下:

① 单击"延伸"工具按钮 ﹣∣。

② 将光标移动到曲线靠近目标曲线的端点上。此时会出现一条绿线和箭头,它们指明了直线的拉伸方向和在第一相交曲线上的延伸终点。如果要将曲线沿着相反的方向延伸,可将工具移动到相反的一端,直到显示出相反的绿线和箭头。

③ 通过 Tab 键切换的方式可观察要延伸到的与它相交的一系列曲线。最终需用光标指定要延伸到的那条曲线,如图 4 - 79 所示。

④ 单击,即可延伸选定的曲线。指定的曲线将立即沿着延伸方向上延伸到与它

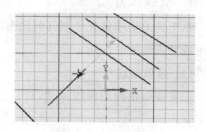

图 4 - 79 延伸曲线

相交曲线的交点处。

⑤ 取消对"延伸"工具的选定,结束操作。

3. 裁 剪

"裁剪"工具可以裁剪掉一条或多条曲线段。

(1) 裁剪曲线

① 单击"裁剪"工具按钮 ✷ 。

② 将光标向需要修剪的曲线段移动,直到该曲线段呈现绿色加亮状态。

③ 单击曲线段,实体设计将修剪掉指定的曲线段。

④ 取消对"裁剪"工具的选定,结束操作。

(2) 强力裁剪

① 单击"裁剪"工具按钮 ✷ 。

② 拖动光标后放开,划过的区域被裁剪掉。如图 4 - 80 所示的线条为光标划过的区域。

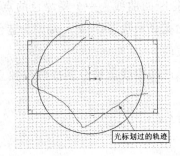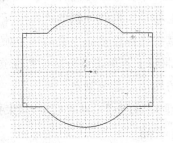

光标划过的轨迹

图 4 - 80 强力裁剪曲线

③ 取消对"裁剪"工具的选定,结束操作。

注意:裁剪不会影响曲线的关联关系。

4.6.2 显示曲线尺寸和端点位置

1. 曲线尺寸

本工具的功能是在绘制几何图形时,系统自动显示尺寸值,这些尺寸值可供直观绘图或精确绘图时使用。

(1) 显示曲线尺寸

如果需要精确的曲线尺寸,可以选择在生成几何图形时显示其尺寸,操作方法如下:

① 单击"显示曲线尺寸"工具按钮 ✐ 。

② 绘制两点直线,则在绘制过程中会显示直线的长度及倾斜角度数值。

（2）编辑曲线尺寸

当"显示曲线尺寸"功能处于激活状态时,可通过尺寸操作编辑曲线。在激活显示曲线的尺寸功能后,可通过以下两种方法编辑曲线的尺寸值:

① 直观编辑 单击并拖动蓝色曲线尺寸编辑点之一,或单击并拖动选定曲线的终点/中点,直至显示出相应的曲线尺寸值,然后放开。系统将随着拖动操作不断地自动改变曲线的尺寸,如图 4 - 81 所示。

② 精确编辑 右击需要编辑的曲线尺寸值,在弹出的快捷菜单上选择"编辑数值"选项,并在随后出现的对话框中编辑相关的值。单击"确定"按钮,关闭该对话框并应用新设定的尺寸值,如图 4 - 82 所示。

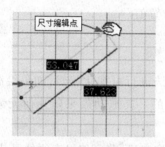 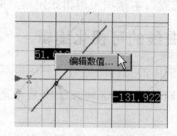

图 4 - 81 直观编辑尺寸　　　　图 4 - 82 精确编辑尺寸

2. 显示端点位置

激活"显示端点位置"功能后,可显示曲线准确的端点位置。还可以利用这一工具显示选定端点到指定基准线的位置。

① 单击"显示端点位置"工具按钮 。

② 单击并选择需编辑曲线上靠近要重新定位的一端点处。此时,在草图平面上绘制或编辑曲线时,系统将显示以栅格轴为基准点的端点的坐标值,如图 4 - 83 所示。

图 4 - 83 终点尺寸法重定位曲线

4.6.3　端点右键编辑

所有的草图几何图形的端点都有"端点属性",可通过右击相应的点,然后从弹出的快捷菜单上(见图 4-84),选择功能选项访问并使用这些属性。

"连接":将前次操作中断开的两个端点重新连接起来(两个端点必须在一条曲线上)。

"断开":将曲线断开,在断开处得到两个端点。

"锁定位置":本选项可锁定端点的当前位置。被锁定的端点将在当前位置用较大的红色圆点指示。

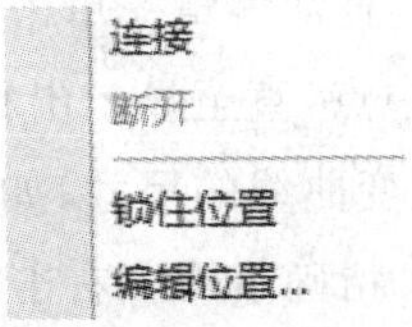

图 4-84　端点快捷菜单

若要解除对某个端点位置的锁定,只需取消选择"锁定位置"选项即可。

"编辑位置":本选项可编辑选定端点的位置值。

4.6.4　曲线的可视化编辑

二维草图中的几何图形可以利用拖动方法进行可视化编辑,如果绘制的草图对尺寸没有精确要求,则这种方法将是最适合的。其拖动效果随几何元素的不同而不同。

直线:若要重新定位直线,可选定并拖动该直线;若要编辑直线的尺寸,可拖动其中的一个端点。

圆:若要重新定位一个圆,可选择并拖动其圆周,或者拖动其圆心处的手柄;若要重新设定圆的尺寸,可选定并拖动其圆周上的手柄。

圆弧:若要重定位一个圆弧,可选择并拖动其圆周,或者选择并拖动其圆心;若要重新设定该圆弧的尺寸,可拖动其终点或其圆周上的手柄。

B 样条曲线:若要重定位一条 B 样条曲线,可选定并拖动该曲线;若要重设其尺寸,可拖动其终点手柄;若要编辑曲线切线的倾角,可拖动任何一个白色的编辑手柄。

在编辑草图中的几何图形时,系统的智能捕捉反馈信息是非常有用的"帮助"信息。如果要激活智能捕捉,可在设计环境中右击,从"捕捉"属性选项选定。

此外,系统的深蓝色关系符自动显示几何图形的位置关系,并指明已有图形之间的正交垂直、相切、水平、竖直和同心等几何关系。草图关系符在系统中通常处于激活状态。

4.6.5　曲线属性(精确)编辑

1. 曲线属性编辑

此功能可以精确地设定直线的倾角和长度,方法如下:

① 在草图平面上绘制一条直线。

② 取消绘制直线模式,然后在直线上靠近重定位端点处的某一点处右击。

③ 在弹出的快捷菜单上选择"曲线属性"选项。

④ 此时屏幕上会出现一个"直线"对话框。在"倾斜角度"文本框中输入新的角度值,在"长度"文本框中输入新的尺寸值来编辑直线的倾角和长度,如图 4 - 85 所示。

⑤ 单击"确定"按钮关闭对话框后,直线即被更新。

2. 命令控制栏

也可以在直线的命令控制栏中修改曲线的长度、角度、起点和终点等数值,以精确编辑该曲线,如图 4 - 86 所示。

图 4 - 85　直线属性编辑菜单　　　　　　图 4 - 86　直线命令控制栏

4.6.6　草图操作

1. 草图的剪切、复制与粘贴

在草图栅格上右击选定的几何图形,系统弹出的快捷菜单将提供剪切、复制及粘贴功能选项。利用这些选项可不必多次重复地生成相同的二维草图轮廓;利用这些选项还可以在实体设计环境中转移各种几何图形;或者在其他应用程序之间转移几何图形。

(1) 在 CAXA 实体设计的草图之间或草图内部对草图操作

具休操作方法如下:

① 在设计坏境中进入草图工作平面,绘制任意草图轮廓。

② 选择需要剪切或复制的几何图形。

③ 右击几何图形,然后从弹出的快捷菜单中选择"剪切"或"复制"选项。

利用"复制"命令复制几何图形,用"粘贴"命令将其转移到系统的其他文件或目录中。

注意:在草图之间复制或剪切几何图形,必须先在"编辑草图截面"对话框中单击

"完成"按钮,然后才能切换到对其实施"粘贴"操作的文件。

(2) 把几何图形粘贴到三维模型的草图截面中

具体操作方法如下:

① 在"智能图素"编辑状态右击该三维模型,从弹出的快捷菜单中选择"编辑草图截面"选项。

② 在出现草图栅格时,右击该栅格空白区域,从弹出的快捷菜单中选择"粘贴"选项。之后,可按需要修改该截面,以生成一个新的三维模型。

(3) 把几何图形粘贴到 CAXA 实体设计中的某个新位置

如果希望以后再次使用已有草图,可将其保存在设计元素库中。具体方法如下:

① 剪切或复制几何需要操作的几何图形。

② 在新建的设计元素库底部空白处右击,从弹出的快捷菜单中选择"粘贴"选项即可。

在需要时可用下述方法使用该草图:单击选中来自设计元素库的草图,并将其拖放到设计环境中的栅格上的适当位置。

(4) 在不同应用程序间对草图进行操作

系统允许利用"剪切"、"复制"、"粘贴"选项在实体设计中与其他应用程序(如 AutoCAD)之间转移截面几何图形。例如,可以从其他应用程序中复制二维几何图形,并将其粘贴到 CAXA 实体设计中。复制方法如下:

① 选择需要剪切或复制的几何图形。

② 在其他应用程序中选择"剪切"或"复制"选项。(注意:不同应用程序的"剪切"和"复制"选项可能在名称上存在细微的不同。)

③ 将几何图形粘贴到 CAXA 实体设计中。

注意:利用剪贴板从其他应用程序导入几何图形可能会导致缩放比例问题,也可能使曲线元素被转换成折线线段。

2. 草图的删除

如果需要从草图平面中删除一条直线或曲线,可选中该线,再按下 Del 键即可。也可以右击该几何图形,然后从弹出的快捷菜单中选择"删除"选项来删除该图形。

4.7　输入二维图形

实体设计支持把 .exb 和 .dwg/dxf 文件输入到草图平面中,实现从二维到三维的转换。在输入这些文件之前,需要对实体设计的输入单位进行设定,其方法如下:

在设计环境中的下拉菜单中选择"工具"|"选项",在选项卡中选择"AutoCAD 输入"选项,在"缺省长度单位"下拉列表中选择为"毫米"选项,如图 4-87 所示。

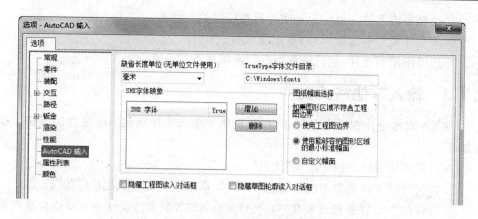

图 4 - 87　设置"缺省长度单位"

4.7.1　输入 EXB 格式文件

1. 使用输入工具

CAXA 实体设计 2013 版新增了直接输入.exb 格式文件的功能,使用方法如下:

① 进入草图工作平面。

② 从文件下拉菜单中选择"输入"选项或者在草图栅格的空白区域右击,在弹出的快捷菜单中选择"输入"选项。

③ 选择要输入的.exb 文件所在位置的文件夹。

④ 从文件类型中选择.exb 文件。

⑤ 选择所需的文件,然后选择"打开"选项或者双击文件名。

2. CAXA 电子图板文件输出

将.exb 文件读入到实体设计中,应先在 CAXA 电子图板中将文件输出,步骤如下:

① 在电子图板的下拉菜单选择"文件" | "实体设计数据接口" | "输出草图"选项。

② 选择要输出的轮廓线。

③ 选择输出的定位点,即在实体设计草图平面的原点位置。

4.7.2　输入 DXF/DWG 格式文件

CAXA 实体设计支持在创建 2D/3D 设计时直接将 2D 图纸文件输入到二维草图栅格上。输入文件与 AutoCAD 版本 R13 和 R14 的规范相符。方法如下:

① 进入草图工作平面。

② 从文件下拉菜单中选择"输入"选项或者在草图栅格的空白区域右击,并在弹出的快捷菜单中选择"输入"选项。

③ 选择要输入的.dxf/.dwg 文件所在位置的文件夹。

④ 从文件类型中选择.dxf 或.dwg 文件。

⑤ 选择所需的文件,然后选择"打开"选项或者双击文件名。

4.7.3　输入其他格式文件

CAXA 实体设计在插入 B 样条时,还提供了输入坐标点的.txt 文件的方法。步骤如下:

① 打开实体设计,选择"草图"工具。

② 在"文件"下拉菜单中选择"输入"|"2D 草图输入"|"输入 B 样条"选项。

③ 选择包含 B 样条拟合点文本(.txt)文件,CAXA 实体设计会自动拟合这些点位数据生成样条曲线。

注意:在.txt 文件中将第一个点位数据复制粘贴到最后一个点位之后,会生成一个封闭的 B 样条曲线。

4.8　草图参数化

在创新设计过程中,有时可能需要通过参数来把握设计意图。在对二维草图上的两个约束尺寸之间添加参数化关系时,可采用下述方法:

① 在草图平面绘制几何图形。

② 对所绘制的图形进行尺寸约束。

③ 在草图平面的空白区域右击,在弹出的快捷菜单中选择"参数"选项。

④ 在参数表对话框中编辑参数,如图 4-88 所示。这些参数是在尺寸约束生成时系统自动生成的系统定义参数。

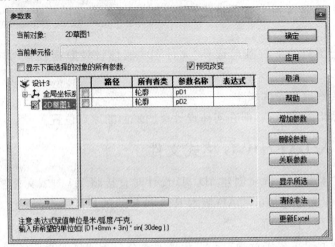

图 4-88　"参数表"对话框

在"参数表"对话框中,选择"预览改变"复选项,则表示每次修改一个尺寸约束时,图形将改变;若不选择"预览改变"复选项,则表示同时修改多个尺寸约束,单击"确定"按钮后图形改变。

4.9　草图环境设置

4.9.1　二维草图选择的选项

CAXA 实体设计的"二维草图选择"选项提供"栅格"、"捕捉"、"显示"及"约束"4 个选项卡,用以准确地生成二维草图轮廓。

1. 激活二维草图选项

在草图栅格的空白区域右击,然后在弹出的快捷菜单中选择"栅格"、"捕捉"、"显示"或"约束"的任何一个选项都可以显示出 4 个选项的标签,然后即可对"二维草图选择"对话框中的这些选项卡进行访问使用。

2. 栅　格

利用"栅格"选项卡可显示草图绘图平面、二维草图栅格和坐标轴方向,设置水平和垂直栅格线间距,并指定是否将定义的设置值设定为默认值,如图 4 - 89 所示。

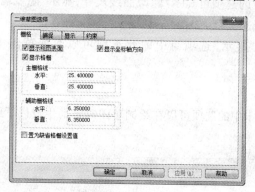

图 4 - 89　"栅格"选项卡

3. 捕　捉

利用"捕捉"选项卡可以定义光标相对于栅格和栅格中绘图元素的捕捉行为。图 4 - 90 所示为"捕捉"选项卡。该选项卡中各项内容的含义如下:

"栅格"　选择此复选项可使光标捕捉栅格中的交点。

"引用三选择此维图素"　选择此复选项可参考捕捉设计环境中的三维图素。

"草图"　选择此复选项可捕捉草图中的特殊点。

"构造几何"　选择此复选项可使光标捕捉二维草图中相应的几何特征点。本选项还提供必要的返回信息为闭合几何图形提供保证。

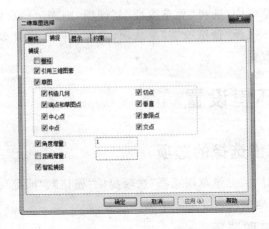

图 4 - 90 "捕捉"选项卡

"角度增量" 在"角度增量"文本框中输入需要的增量值。当拖动角度线时,它就会按照"角度增量"文本框中的增量值移动一个角度。

"距离增量" 在"距离增量"文本框中输入增量值。

"智能捕捉" 光标自动捕捉现有几何图形与栅格上直线与点的共享平面上的位置。

4. 显 示

"显示"选项卡中的选项可显示/隐藏曲线尺寸、显示/隐藏端点位置、轮廓条件指示器及改变草图的线条宽度,如图 4 - 91 所示。

"几何厚度":在"显示"选项组中的此选项可以改变草图中的线条宽度(仅在 OpenGL 时使用)。

5. 约 束

利用"约束"选项卡中的选项可以在绘制草图时自动生成以下约束关系,如图 4 - 92 所示。

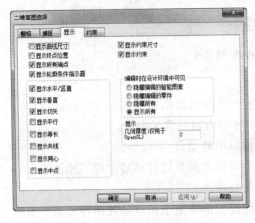

图 4 - 91 "显示"选项卡

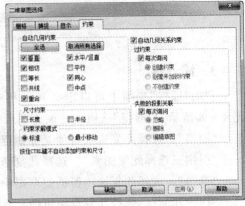

图 4 - 92 "约束"选项卡

　　"自动几何约束"选项组:"垂直"、"相切"、"等长"、"共线"、"重合"、"水平/竖直"、"平行"、"同心"和"中点"。

　　"尺寸约束"选项组:"长度"、"半径"。

　　"约束求解模式"选项组:"标准"单选项一般是第一选择改变位置,与第二选择组成合乎约束条件的几何形状;"最小移动"单选项视图形需要的移动情况,选择该选项来满足约束条件。

　　"过约束"选项组:指定过约束时是否询问。

　　"失败的投影关联"选项组:指定投影关联失败时如何处理。

4.9.2　二维草图栅格反馈信息

　　为了更快地绘制二维草图,实体设计在进行绘图操作时提供详细的反馈提示。

1. 激活后的反馈信息

　　在二维草图栅格上绘图时,若选择"捕捉"操作,则系统可提供下述反馈信息:

　　① 光标显示形态变为带深绿色小点的十字准线。

　　② 当光标定位到已有曲线端点时,光标变成一个较大的绿色"智能捕捉"点。该点可以帮助生成相连曲线的连续二维截面。开始绘制新曲线时,可单击前一曲线的端点。如果不利用这个绿色的点,所生成的曲线就无法相连,系统就不能将绘制的轮廓拉伸成三维图形。

　　③ 当光标定位到某条曲线的端点或两条曲线的交点时,光标就变成一个较大的绿色"智能捕捉"点。

　　④ 当光标移动到曲线上的任意点时,光标的表现形式就变成一个较小的深绿色"智能捕捉"点。该点比端点、中点或交点时的光标点更小、颜色更深。

　　⑤ 如果光标定位在现有几何图形或栅格上线、点共享面上,光标就变成绿色的"智能捕捉"虚线。

　　⑥ 如果正在处理的曲线与已有曲线齐平、垂直、正交或相切,屏幕上就会显示出深蓝色剖面条件指示符。

　　⑦ 如果"显示曲线尺寸"选项被激活,系统就会在绘制二维草图时显示直线和曲线的精确测量尺寸。

　　⑧ 默认状态下,CAXA 实体设计会对与现有几何图形相切的曲线应用锁定的约束条件,并在该曲线绘制完成后用红色的约束符号指明它们的锁定状态。

　　注意:若要取消对默认约束条件的选定或者想选择备用/附加默认约束条件,则可在栅格的空白区域右击,并在弹出的快捷菜单中选择"约束条件"选项。在对话框中选择/取消选择所需要的约束条件。

2. 未激活时的反馈信息

　　在二维草图绘制时,如果未激活任何捕捉工具,就会显示出下述反馈信息:

① 光标显示为一个十字光标。

② 以红点指示断开的终点,白色的点表示已定义曲线的交点。

③ 屏幕上显示的深蓝色关系符用于指明曲线之间或曲线与栅格轴之间的相互关系。红色约束符表示的是约束性关联关系。

④ 如果激活了"显示端点位置"功能选项,那么在选定关联几何图形时,系统就会显示端点位置和选定端点到当前基准点的距离。

4.9.3　草图正视

通常情况下,在建构三维模型的过程中经常要旋转模型,即将模型旋转到一个便于观察和操作的位置上。这时,可能会利用实体的某个面建立草图平面。但这个面可能并不正视屏幕,此时需要调整。使用正视功能使草图平面正视。进行正视的方法如下:

① 在下拉菜单中选择"工具"|"选项"。

② 选择"常规"选项。

③ 在"视向"选项组中选择"编辑草图时正视"和"退出草图时恢复原来的视向"选项,如图 4-93 中矩形框所圈的两项。图 4-94~图 4-96 所示为未激活、使用和退出正视的示例。

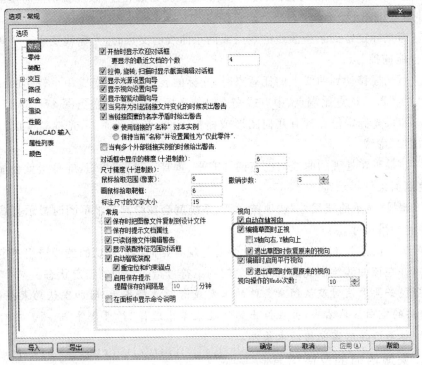

图 4-93　"选项-常规"对话框

　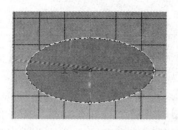　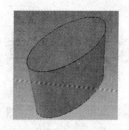

图 4 - 94　未激活自动正视　　　图 4 - 95　使用自动正视　　　图 4 - 96　退出草图恢复

到原来视向

思考题

1. 试说明如何创建和退出二维草图状态？

2. 什么叫做基准面？试说明生成基准面的方法有哪几种？

3. 用构造等距基准面的方法，构造一个与 XZ 面相距 40 mm 的基准面。

4. 试在草图中绘制圆、直线、连续直线，然后建立同轴约束、平行约束和垂直约束的练习。

5. 试练习对二维草图进行移动、缩放、旋转、镜像和阵列等操作。

第5章 自定义智能图素的生成

第4章介绍了二维草图的各项工具和在二维草图平面上绘制二维截面的各种方法。本章将介绍由二维草图截面生成三维造型的方法以及将生成的三维造型作为自定义智能图素保存的方法，以便为后续设计工作中调用这些自定义智能图素做好准备。

5.1 生成自定义图素的方法

CAXA实体设计系统开发了实体特征的构建功能，为二维草图轮廓延伸到三维实体提供了方便。实体特征的构建方法主要包括以下几种：

① 由二维草图轮廓延伸为三维实体，如"拉伸"、"旋转"、"扫描"和"放样"等。

② 对实体特征中的零件、面和边的编辑功能，如"圆角过渡"、"边倒角"、"面拔模"、"抽壳"、"布尔"运算以及修改零件的表面等。

③ 对实体特征的变换功能，如"拷贝/链接"、"镜像"、"阵列"等。

本章重点介绍由二维草图轮廓构建三维实体的方法以及由实体特征的变换构建新实体的方法。对实体特征中的零件、面和边的编辑功能，如圆角过渡、倒角、拔模和抽壳等已在第3章进行了介绍。有关"修改零件表面"的内容，将在第7章介绍，布尔运算构建造型的方法将在第9章介绍。

5.2 用特征生成的方法生成自定义图素

实体设计提供了4种由二维草图轮廓构建三维实体的方法，它们是拉伸、旋转、扫描和放样。这4种方法既可生成实体特征，也可生成曲面。图5-1所示为"特征"功能面板和工具条。

图5-1 "特征"功能面板和工具条

5.2.1　拉　伸

"拉伸"特征可以沿第三个坐标轴拉伸二维草图截面并添加一个高度生成三维特征。用这种方法可以把正方形拉伸成为长方体,或把圆拉伸为圆柱。拉伸特征操作有"拉伸"和"拉伸向导"两种方法,下面分别予以介绍。

1. "拉伸"特征

"拉伸"特征的操作步骤如下:

① 单击"特征"功能面板上的"拉伸"按钮下方的下三角按钮,并选择"拉伸"选项,弹出如图 5-2 所示的"属性"命令管理栏。

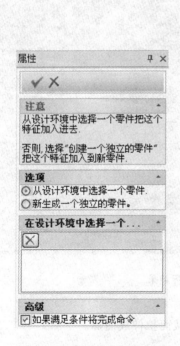

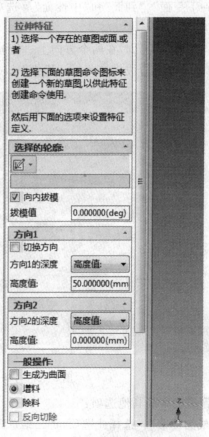

图 5-2　"属性"命令管理栏　　　　图 5-3　"拉伸特征"管理栏

② 在管理栏中,可选择"从设计环境中选择一个零件"选项,在其上添加拉伸特征;也可选择"新生成一个独立的零件"选项。然后单击"完成"按钮 ✔,进入如图 5-3所示的下一个"拉伸特征"界面。

③ 此时若设计环境中存在拉伸需要的二维草图,则单击该草图,它的名称出现

在"选择的轮廓"选项下方。若不存在草图，则可单击"创建草图"工具按钮，创建一个新草图。草图绘制完成后选择该草图，则设计环境中出现拉伸预显。

④ 在管理栏中，可以选择"向内拔模"复选项，然后在"拔模值"文本框中输入相应数值，此功能是在拉伸的同时进行拔模，生成一个带有拔模斜度的拉伸造型。

⑤ 在管理栏中选择拉伸方向。

反向：进行与当前预显结果反方向的拉伸造型。

方向深度：拉伸方向上的拉伸深度，可用"高度值"表示。也可以选择拉伸到某特征，如"贯穿"、"到顶点"、"到曲面"、"到下一面"、"到面"和"中性面"等选项，如图 5-4 所示。

图 5-4　方向深度选项

图 5-5 所示为同时在两个方向上进行拉伸后得到的预显结果。当设置两个方向的拉伸时不能进行拔模。此时，"拔模"选项自动成为灰色无效状态。

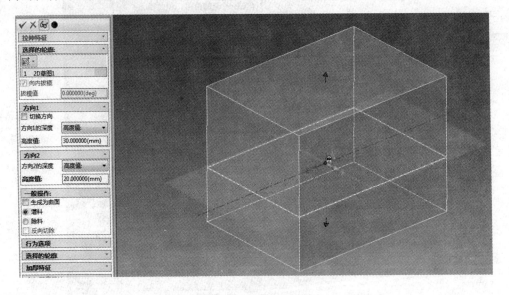

图 5-5　拉伸预显结果

⑥ 管理栏中的其他选项：

"生成为曲面"　选择此选项，将二维草图截面拉伸成曲面。

"增料"　进行拉伸增料操作。

"减料"　对已存在零件，进行拉伸减料操作。

2. 工程设计模式下生成拉伸特征

如果是在工程设计模式下，选择新建一个零件，则该零件自动被激活，如图 5-6 所示。其余步骤与"1. 拉伸"中介绍的方法相同。

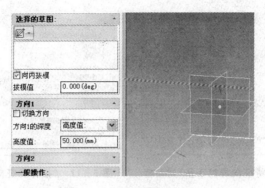

图 5-6　创建和激活零件

3. 拉伸向导

"拉伸向导"操作步骤如下：

① 单击"特征"功能面板中的"拉伸"按钮下方的下三角按钮，出现如图 5-7 所示的拉伸选项，从中选择"拉伸向导"选项，弹出如图 5-8 所示的"拉伸平面定位"管理工具。

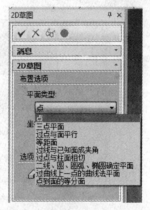

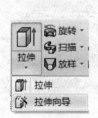

图 5-7　拉伸选项工具　　　　图 5-8　"拉伸平面定位"管理工具

② 在图 5-8 所示的"2D 草图"|"平面类型"中选择基准"点"，则设计环境中将出现"拉伸特征"向导。该向导共有 4 步，如图 5-9～图 5-12 所示。

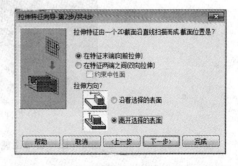

图 5-9　"拉伸特征向导第 1 步"对话框　　　图 5-10　"拉伸特征向导第 2 步"对话框

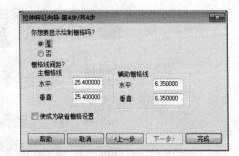

图 5 – 11　"拉伸特征向导第 3 步"对话框　　图 5 – 12　"拉伸特征向导第 4 步"对话框

　　在各对话框中,设置拉伸特征的各种参数。设定后,单击"完成"按钮退出向导。此时,实体设计显示二维草图栅格。利用二维草图所提供的功能绘制所需草图截面,见图 5 – 13(a)。在工具条左上角单击"完成"按钮✔,可把二维草图截面拉伸成三维实体造型,如图 5 – 13(b)所示。

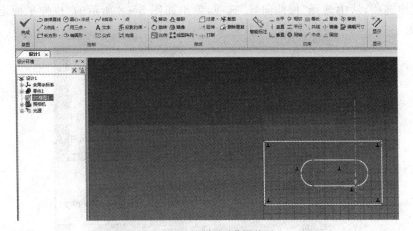

(a) 绘制所需草图截面

(b) 拉伸成三维实体造型

图 5 – 13　由草图轮廓拉伸生成的三维造型

4. 对已存在的草图截面拉伸

实体设计也提供对已存在的草图截面进行右键拉伸的功能。选择草图中绘制的几何图形,右击,在弹出的如图 5-14 所示的快捷菜单中选择"生成"|"拉伸"选项,进入拉伸状态,并弹出"创建拉伸特征"对话框,如图 5-15 所示。可从该对话框中选择"拉伸"或"轮廓运动方式"选项卡。

同时,在设计区中以灰白色箭头显示拉伸方向,可以在"方向"选项组中选择"拉伸方向"复选项。在"拉伸"选项卡中定义拉伸的各个参数,其方法与"拉伸向导"类似,这里不再重复。

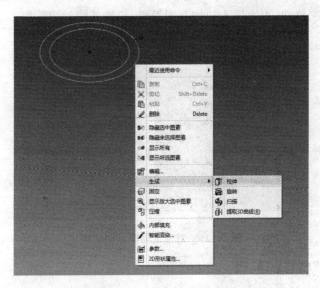

图 5-14　"拉伸"操作快捷菜单

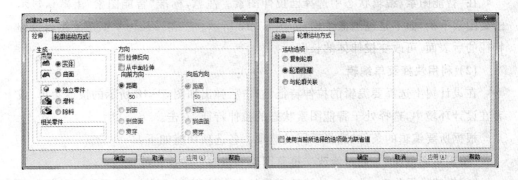

图 5-15　"创建拉伸特征"对话框

5. 对草图轮廓分别拉伸

以上两种方法都是对草图的整体拉伸。CAXA 实体设计允许将同 一视图中的多个不相交轮廓一次输入到草图中,再分别选择性地利用轮廓建构拉伸特征。用这种方法可提高设计的效率,尤其是习惯在实体设计草图环境中输入 EXB/DWG 文件,并利用输入的 EXB/DWG 文件生成的轮廓建构拉伸特征的操作者,这个功能非常实用。具体操作方法如下:

① 在草图中绘制多个封闭不相交的草图轮廓。

② 选择某一个封闭轮廓,右击,选择"生成"|"拉伸"选项,如图 5 - 16 所示。

③ 完成一次拉伸,再次进入拉伸草图编辑,拉伸其他封闭轮廓。

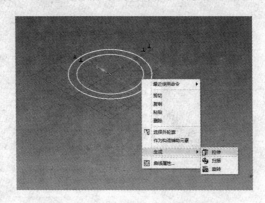

图 5 - 16　对草图轮廓分别拉伸

6. "拉伸"特征的编辑

二维草图拉伸成三维造型以后,可以重新编辑它的草图轮廓或其他属性。

(1) 利用图素手柄编辑

在"智能图素"编辑状态中选择已拉伸图素。注意,标准"智能图素"上默认显示的是图素手柄,而不是包围盒手柄,如图 5 - 17 所示。三角形拉伸手柄用于编辑拉伸特征的后表面,可改变拉伸体的长度。

(2) 利用快捷菜单编辑

在设计树上选择要编辑的拉伸特征,右击后弹出如图 5 - 18 所示的快捷菜单;或者在设计环境中,选择处于智能图素状态的拉伸特征,右击。

根据所要编辑的条件,选择不同的选项。各选项功能如下:

"编辑草图截面"　通过修改二维草图轮廓修改三维拉伸特征。

"编辑特征操作"　进入拉伸特征操作的命令控制栏,可修改生成特征时的各项设置。

"编辑前端条件"　在弹出的级联菜单中提供了"拉伸距离"、"拉伸到下一个"、

"拉伸到面"、"拉伸到曲面"或"拉伸贯穿零件"选项。

"编辑后端条件"　级联菜单内容与"编辑前端条件"相同。

"切换拉伸方向"　使拉伸方向反向。

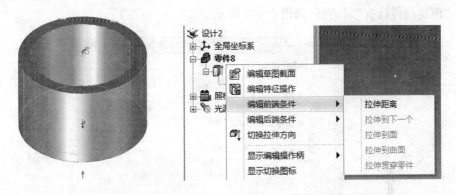

　图 5 - 17　使用图素手柄编辑拉伸体　　　　　图 5 - 18　编辑拉伸特征

(3) 利用"智能图素属性"进行编辑

利用"智能图素属性表"可以编辑被拉伸的草图和拉伸长度。具体操作方法如下：

① 拉伸特征在图素状态下，右击，在弹出的快捷菜单中选择"智能图素属性"选项。

② 选择"拉伸"选项，出现如图 5 - 19 所示的"拉伸特征"对话框。

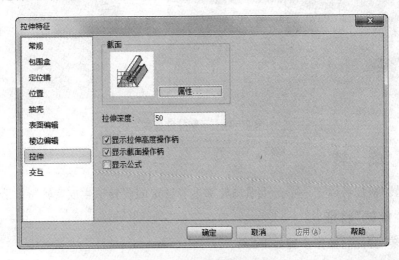

图 5 - 19　"拉伸特征"对话框

③ 选择"属性"选项，在轮廓列表中修改草图轮廓。

④ 在"拉伸深度"文本框中输入拉伸高度。

⑤ 还可以设定显示/隐藏拉伸高度操作手柄和截面操作手柄。

【例】 由二维草图轮廓生成拉伸特征造型。

利用草图功能绘制二维截面后,生成拉伸造型的操作步骤如下:

① 右击二维草图截面,并在弹出的快捷菜单中选择"生成"|"拉伸"选项,出现"创建拉伸特征"对话框,如图5-20所示。

图5-20 "创建拉伸特征"对话框

② 输入拉伸距离或选择合适的选项,最后单击"确定"按钮,生成如图5-21所示的三维拉伸造型。

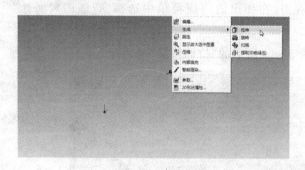

图5-21 三维拉伸造型

5.2.2 旋 转

"旋转"特征可以把一个二维草图轮廓沿着选定的旋转轴生成旋转特征造型。

1."旋转"特征

"旋转"特征的操作步骤如下:

① 单击"特征"功能面板上的"旋转"按钮右方的下三角按钮,从选项中选择"旋转"工具按钮,出现如图5-22所示的"属性"管理栏,并询问"从设计环境中选择一个零件"还是"新生成一个独立的零件"。

② 选择一个选项,然后单击"完成"按钮 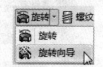,"属性"管理栏变为如图 5 - 23 所示的形式。

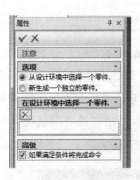

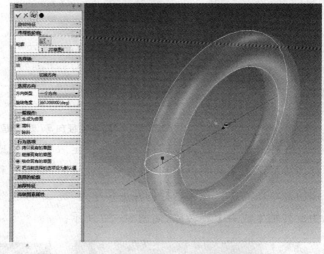

图 5 - 22　"属性"管理栏　　　　　　　图 5 - 23　"属性"对话框及预显的旋转结果

③ 单击"创建草图"工具按钮 ▨,按照创建草图的过程绘制一个草图轮廓,然后选择一根线作为旋转轴。如果选择合理,则会在设计环境中显示预显的旋转结果,如图 5 - 23 所示。

④ 单击"完成"按钮 ✓,生成预显中的旋转体。

2. 旋转向导

单击"特征"功能面板上的"旋转"按钮右侧的下三角按钮,从选项中选择"旋转向导"工具按钮 ,如图 5 - 24 所示。

图 5 - 24　"旋转向导"工具

选择基准点以后,设计环境中将出现"旋转特征向导"对话框,如图 5 - 25 所示,向导共 3 步。

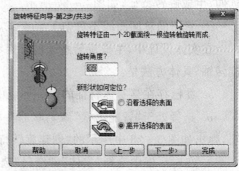

图 5 - 25　"旋转特征向导"对话框

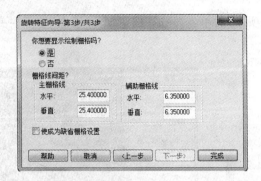

图 5 - 25　"旋转特征向导"对话框(续)

在各对话框中设置旋转特征参数,设定后单击"完成"按钮退出向导。此时,设计环境中显示二维草图栅格和"编辑草图截面"对话框。利用二维草图所提供的功能绘制所需草图轮廓。在管理栏的左上角单击"完成"按钮 ✔,可把二维草图截面以 Y 轴为旋转轴生成一个旋转体,如图 5 - 26 所示。

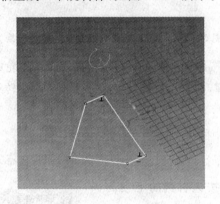

图 5 - 26　生成旋转体

在生成旋转特征时,二维草图轮廓需要满足以下条件:

① 草图轮廓可以为非封闭轮廓。此时,在轮廓开口处,轮廓端点会自动做水平延伸,生成旋转特征,如图 5 - 27 所示。

② 草图的轮廓曲线不可与 Y 轴交叉,但是轮廓端点可在 Y 轴上。

在实体设计中,生成旋转特征时可以将一个已存在的实体特征的一条边设置为旋转轴,具体方法是:

a. 在已存在某实体特征的设计环境中,绘制一个几何轮廓。

b. 选择处于"智能图素"编辑状态中的几何轮廓,右击,选择"生成"|"旋转"选项,弹出如图 5 - 28 中所示的"创建旋转特征"对话框。

c. 在对话框中选择"实体"、"增料"选项,并单击已存在的实体特征,将其设置为相关零件,单击"确定"按钮。

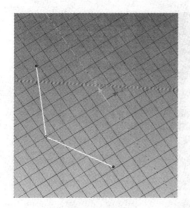

图 5 - 27   旋转前的草图和旋转后生成的特征

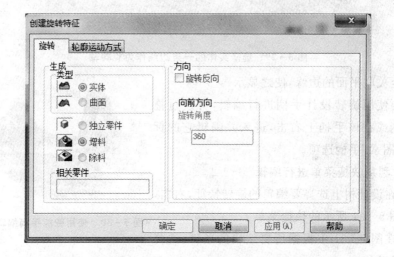

图 5 - 28   "创建旋转特征"对话框

d. 右击生成的旋转特征,在弹出的快捷菜单中选择"选择实体作为旋转轴"选项,如图 5 - 29 所示,并单击已存在实体特征的一条边线作为旋转轴。

3. "旋转"特征的编辑

若对所生成的三维旋转造型不满意,可以重新编辑它的草图轮廓或其他属性。

(1) 使用智能图素手柄编辑

在"智能图素"编辑状态中选中已旋转的图素。与拉伸操作类似,注意:标准"智能图素"上默认显示的是图素手柄,而不是包围盒手柄,如图 5 - 30 所示。

"旋转设计手柄":编辑旋转特征的旋转角度。

"轮廓设计手柄":重新定位旋转特征的各个表面,修改旋转特征的截面轮廓。

旋转设计四方形轮廓手柄并不总出现在"智能图素"编辑状态中,但可以通过把

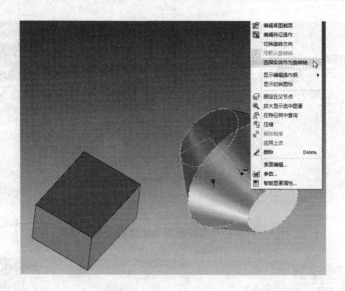

图 5 - 29　选择实体的一条边线作为旋转轴

光标移至关联平面的边缘,使之显示。

若要使用旋转设计手柄进行编辑,可通过拖动该手柄或在该手柄上右击,进入并编辑它的标准"智能图素"手柄选项。

(2)利用快捷菜单进行编辑

① 在设计树上选择要编辑的旋转特征,右击,弹出如图 5 - 31 所示的快捷菜单。

② 在图 5 - 31 中根据所要编辑的条件,选择不同的选项。

图 5 - 30　使用智能手柄编辑旋转体

"编辑草图截面":修改生成旋转造型的二维草图截面。

"编辑特征操作":进入旋转特征操作的命令管理栏进行重新设置。

"切换旋转方向":切换旋转特征的转动方向。

(3)使用"智能图素属性"进行编辑

在智能图素状态下右击旋转特征,或者在设计树

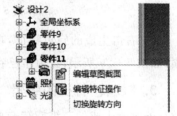

图 5 - 31　编辑旋转特征菜单

上的旋转造型上右击,弹出如图 5 - 32(a)所示的"旋转特征"对话框。选择"旋转"|"属性"选项,弹出如图 5 - 32(b)所示的"截面智能因素"对话框。在对话框中编辑旋转特征。

(a) 使用"智能图素属性"编辑

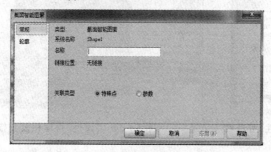

(b) "截面智能图素"对话框

图 5 - 32　"旋转特征"对话框

5.2.3　扫　描

在生成扫描特征时,除了需要二维草图轮廓外,还需要指定一条扫描曲线(也称为导动曲线)。扫描曲线可以是直线、曲线、B 样条曲线或者一条三维曲线。扫描特征生成的三维造型结果的两个端面形状完全相同。

1. "扫描"特征

"扫描"操作步骤如下:

① 单击"特征"功能面板上"扫描"按钮右侧的下三角按钮,从选项中选择"扫描"工具按钮 🦐 ,则出现如图 5 - 33 所示的"属性"管理栏,询问是新建一个零件还是在原有零件上添加特征。

② 选择其中一个选项,单击"完成"按钮 ✔ ,"属性"管理栏变为如图 5 - 34 所示的左侧形式。

③ 单击"轮廓"选项中的"创建草图"工具按钮 ▨ ,按照创建草图的过程绘制一个草图轮廓,或者单击"轮廓"选项中的文本框,选择已有草图作为截面。

④ 单击"轨迹"选项中的"创建草图"工具按钮 ▨ ,按照创建草图的过程绘制一条轨迹线。或者单击"轨迹"选项中的文本框,选择已有草图作为轨迹线。如果选择合理,则会在设计环境中预显扫描结果。

⑤ 若预显结果满意,则单击"完成"按钮 ✔,生成预显中的扫描体。

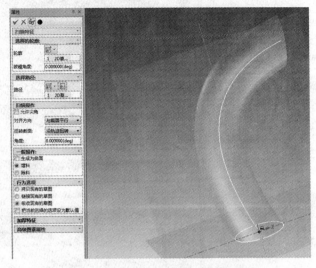

图 5-33 "属性"管理栏　　　图 5-34 "属性"管理栏及扫描预显结果

2. 扫描向导

单击"特征"功能面板上"扫描"右侧的下三角按钮,从选项中选择"扫描向导"工具按钮 🐾,弹出如图 5-35 所示的"扫描向导"工具。

图 5-35 "扫描向导"工具

选择基准点后,设计环境中将出现"扫描特征向导"对话框。向导共有 4 步,如图 5-36 所示。

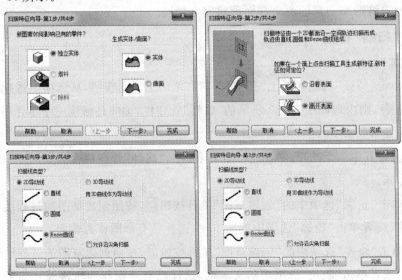

图 5-36 "扫描特征向导"对话框

在各个对话框中设置扫描特征的参数。设定后单击"完成"按钮退出向导。此时,设计环境中将显示二维草图栅格和"编辑轨迹曲线"对话框,如图 5 - 37(a)所示。利用二维草图所提供的功能绘制所需轨迹曲线。

在管理栏的左上角单击"完成"按钮 ✔,可进入"编辑草图截面"状态,如图 5 - 37(b)所示,利用二维草图所提供的功能绘制所需草图截面。

在管理栏的左上角单击"完成"按钮 ✔,则按照轨迹线和草图截面生成扫描实体。

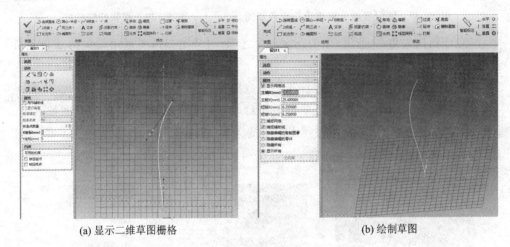

(a) 显示二维草图栅格　　　　　　　　　　(b) 绘制草图

图 5 - 37　绘制轨迹和截面

3. "扫描"特征编辑

(1) 利用智能图素手柄进行编辑

在"智能图素"编辑状态中选中扫描图素。虽然图素手柄并不总是呈现在视图上,但可以把光标移向导动设计图素的边缘显示图素手柄,如图 5 - 38 所示。

四方形轮廓手柄:用于加大/减小扫描特征的圆柱端面的半径,重新确定圆柱端面尺寸。

若要用扫描特征手柄进行编辑,可通过拖动或右击该手柄,进入并编辑它的标准"智能图素"手柄选项。

(2)利用快捷菜单进行编辑

可以在"智能图素"编辑状态下右击扫描图素,弹出编辑扫描特征选项菜单。除了标准"智能图素"弹出菜单的选项,还有下述"扫描智能图素"选项可供选择,如图 5 - 39所示。

"编辑草图截面":修改扫描特征的二维草图。

"编辑轨迹曲线":修改扫描特征的导动曲线。

"切换扫描方向":切换生成扫描特征所用的导动方向。

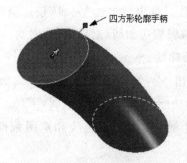

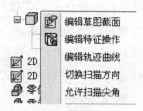

图 5-38 使用智能手柄编辑扫描特征图　　　　图 5-39 编辑扫描特征

"允许扫描尖角":选定/撤消选定这个选项,可规定扫描图素角是尖的还是光滑过渡的。

【例】 由二维草图生成三维扫描特征造型。

绘制如图 5-40 所示的二维草图截面后,生成三维扫描造型的操作步骤如下:

① 右击二维草图截面,并在弹出的快捷菜单(见图 5-41)上选择"生成"|"扫描"选项,弹出"创建扫描特征"对话框,如图 5-42 所示。

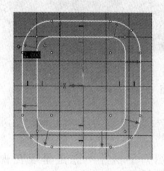

图 5-40 二维草图

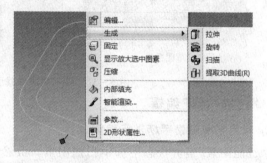

图 5-41 快捷菜单

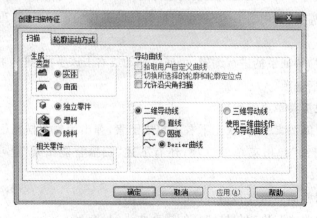

图 5-42 "创建扫描特征"对话框

② 在对话框的"生成"选项组中,选中"实体"、"独立零件"选项,在"二维导动线"选项组中选择"Bezier 曲线"选项,然后单击"确定"按钮。

③ 此时将出现默认的导动线,可根据造型生成的需要调节导动线的长度及弧度。调节完成后,单击"完成"按钮,则显示出如图 5 - 43 所示的三维扫描造型。

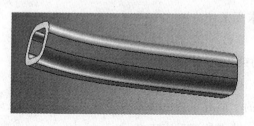

图 5 - 43   三维扫描造型

5.2.4 放 样

放样设计的对象是多重草图截面。实体设计可以把这些草图截面沿着定义的轮廓定位曲线生成一个放样三维造型。

1. "放样"特征

"放样"特征的操作步骤如下:

① 单击"特征"功能面板上"放样"按钮右侧的下三角按钮,从选项中选择"放样"工具按钮 ,出现如图 5 - 44 所示的"属性"管理栏,并询问是新建一个零件还是在原有零件上添加特征。

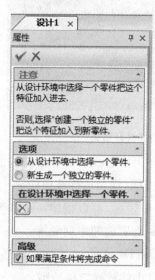

图 5 - 44   "属性"管理栏 1

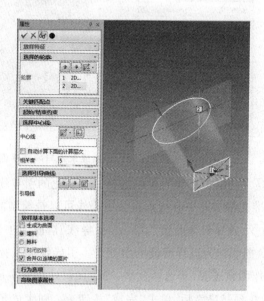

图 5 - 45   "属性"管理栏 2

②　选择一个选项，然后单击"完成"按钮 ✔，属性管理栏变为图 5-45 所示形式。

③　单击图 5-45 中"轮廓"的"创建草图"工具按钮▣，按照创建草图的过程绘制一个草图。或者单击"轮廓"的文本框，选择已有草图或平面作为截面。生成放样特征可以选择多个截面草图。

④　设置起始及末端条件。

设置起始端条件指无、正交于轮廓、与邻接面相切。

设置末端轮廓约束指无、正交于轮廓、与邻接面相切。

两个条件中三个选项的含义如下：

"无"：放样特征的生成处于自由状态。

"正交于轮廓"：与草图轮廓垂直正交。

"与邻接面相切"：当选择的截面为同一个零件的两个平面时，生成的放样特征起始或末端与所选平面的邻接面相切，如图 5-46 所示。

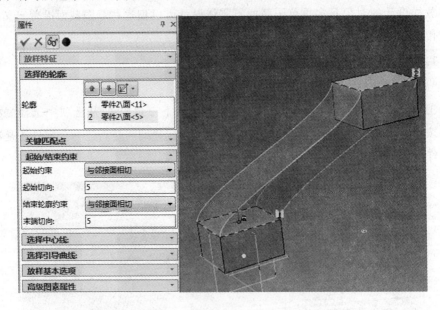

图 5-46　起始或末端与所选平面的邻接面相切

⑤　"选择中心线"：可以选择一条变化的引导线作为中心线。所有中间截面的草图基准面都与此中心线垂直。中心线可以是绘制的曲线、模型边线或曲线。

⑥　"选择引导曲线"：单击"引导线"后面的工具按钮▣，可以创建一个草图或一条 3D 曲线作为放样特征的引导线。引导线可以控制所生成的中间轮廓。选择已有草图作为轨迹时，若选择合理，则会在设计环境中预显扫描结果。

⑦　预显满意后，单击"完成"按钮 ✔，则生成预显中的放样三维造型。

2. 放样特征向导

单击"特征"功能面板上"放样"按钮右侧的下三角按钮,从图 5 - 47 所示的选项中选择"放样向导"工具按钮。然后按下述步骤进行放样特征生成操作:

图 5 - 47 "放样向导"工具

① 工作区左下角提示"选择一个点作为指定 2D 轮廓的定位点"选项。此时可在工作区内的适当位置单击输入一点,弹出如图 5 - 48 所示的"放样造型向导第 1 步"对话框。

② 在第 1 页上选择"独立实体"和"实体"单选项,然后单击"下一步"按钮,弹出"放样造型向导第 2 步"对话框,如图 5 - 49 所示。

图 5 - 48 "放样造型导向第 1 步"对话框　　图 5 - 49 "放样造型导向第 2 步"对话框

③ 在第 2 页输入截面个数,然后单击"下一步"按钮,则弹出"放样造型向导第 3 步"对话框,如图 5 - 50 所示。

④ 在第 3 页上选择截面类型和轮廓定位线类型(如直线),然后单击"下一步"按钮,则弹出"放样造型向导第 4 步"对话框,如图 5 - 51 所示。

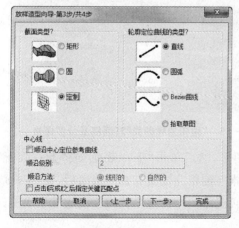
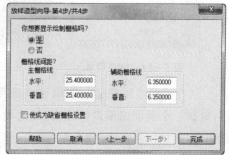

图 5 - 50 "放样造型导向第 3 步"对话框　　图 5 - 51 "放样造型导向第 4 步"对话框

⑤ 在第 4 页上选择栅格间距，然后单击"完成"按钮，弹出如图 5 - 52 所示的绘图栅格及"编辑轮廓定位曲线"对话框。

⑥ 可以在二维绘图栅格上对轮廓定位曲线进行编辑修改，然后单击"完成造型"按钮。此时显示默认的放样三维造型，并依此标出各截面的序号，如图 5 - 53 所示。

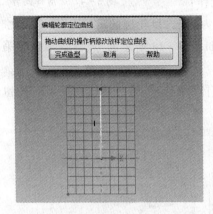

图 5 - 52　栅格及"编辑轮廓定位曲线"对话框　　　图 5 - 53　放样三维造型

⑦ 移动光标至截面的序号处，如图 5 - 53 所示。右击，则弹出如图 5 - 54 所示的快捷菜单。选择"编辑截面"选项，则弹出"编辑放样截面"对话框及包含该截面的绘图栅格，如图 5 - 55 所示。

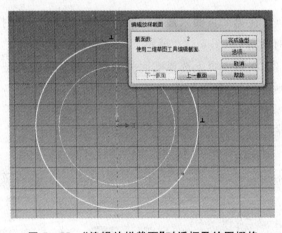

图 5 - 54　快捷菜单　　　图 5 - 55　"编辑放样截面"对话框及绘图栅格

⑧ 在二维绘图栅格上编辑该截面图形，然后单击"下一截面"或"上一截面"按钮，对新一个截面图形进行编辑，以此类推。编辑完成所有二维截面后，在"编辑放样截面"对话框中单击"完成造型"按钮，即可显示一个由多个二维截面放样生成的三维造型，如图 5 - 56 所示。

图 5 - 56 放样结果

3. 编辑已生成的放样特征

(1) 编辑截面轮廓

① 利用智能图素操作手柄 双击放样图素,特征草图轮廓截面上显示编号按钮,单击编号按钮,出现四方形轮廓截面操作手柄。拖动手柄,重新定义截面形状和大小。

② 利用快捷菜单编辑 双击放样图素,特征草图轮廓截面上显示编号按钮,右击编号按钮,弹出"编辑放样特征"快捷菜单,如图 5 - 57 所示。

下面介绍快捷菜单中的各项功能:

"编辑截面" 修改二维草图轮廓截面,单击"完成造型"按钮可退出编辑。

图 5 - 57 "编辑放样特征"
快捷菜单

"和一面相关联" 该选项仅适用于编辑被选草图截面与轮廓定位曲线起点之间的距离。

"在定位曲线上放置轮廓" 编辑各被选草图截面与轮廓定位曲线起点之间的距离。

"插入新的" 给放样特征添加一个或多个截面。选中该选项,在出现的"插入截面"对话框中指定新截面的数目与被选截面的相对位置。此选项对放样特征末端截面不适用。

"删除" 用于删除被选中的草图截面。

"参数" 用于显示参数表。

"截面属性" 设定与定位曲线起点的相对距离和轨迹曲线的方向角,并在轮廓列表中修改草图轮廓。

(2) 编辑匹配点

编辑放样截面的连接点。这些匹配点显现在轮廓定位曲线和每个截面交点的最高点处。

(3) 编辑轮廓定位曲线及导动曲线

双击放样图素,特征草图轮廓截面上显示编号按钮,右击放样特征弹出图 5 - 58

所示的菜单。菜单中各选项的主要功能如下：

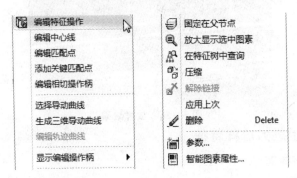

图 5-58　放样特征快捷菜单

"编辑特征操作"　进入放样特征的设置命令栏,可以重新定义截面、导动线等。

"编辑中心线"　选择该选项,可在二维草图上编辑放样用的中心线。

"编辑匹配点"　编辑放样设计截面的连接点。这些匹配点显现在轮廓定位曲线和每个截面交点的最高点,颜色为红色。如果一个截面含有多重封闭轮廓,则其匹配点也只有一个,编辑匹配点就是把它放于截面上的线段或曲线的端点上。本方法可以用来绘制扭曲的图形。选择"编辑匹配点"后,放样体上将出现一条轮廓定位曲线。选择截面号将光标移动到匹配点,箭头变色时即可编辑匹配点的位置,如图 5-59 所示。

"添加关键匹配点"　添加关键匹配点。选择该选项将出现三维曲线工具,用来绘制一条与各截面相交的曲线作为轮廓定位曲线,各交点即为新添加的关键匹配点,见图 5-60。

图 5-59　编辑匹配点

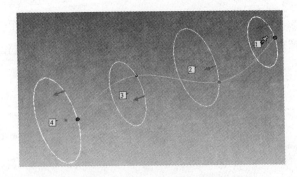

图 5-60　添加关键匹配点

"编辑相切操作柄"　在每个放样轮廓上编辑放样导动曲线的切线。每条导动曲线上都有显示编号的按钮。单击按钮,每个轮廓上便会显示切线操纵件,如图 5-61(a)所示。单击并推拉这些操纵件,即可编辑关联轮廓的切线。如若右击导动曲线按钮,则弹出如图 5-61(b)所示的快捷菜单。其各选项功能如下所述：

"编辑切矢"　用于输入精确的参数,定义切线的位置和长度。

"截面的法矢"　用于迅速重新定位关联截面切线的法线。

"设置切矢方向"　用于规定切线手柄的对齐方式,具体方式见图 5-61(b)。

"重置切向"　用于清除切线的某个被约束的值。

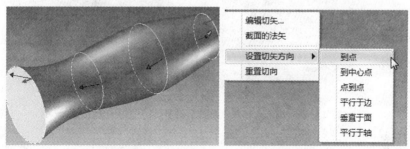

　　　　(a) 切线操纵件　　　　　　　　　(b) 快捷菜单及对齐方式

图 5-61　编辑相切操作手柄

4. 放样特征截面与相邻平面关联

实体设计有一个独特的功能,即在同一个模型上,把放样特征的起始截面或末尾截面与相邻平面相关联,并在现有图素或零件上对放样特征进行编辑。下面的实例演示了关联过程。

① 把一个"多棱柱体"从"图素"设计元素库中拖放至设计环境中。

② 在"图素"设计元素库中选中"L3 旋转体"选项,把它拖放至"多棱柱体"的上表面("L3 旋转体"是预先定义好的放样特征),如图 5-62(a)所示。当它被置于"多棱柱体"之上时,为把两个图素组成同一零件,需要把放样图素与相邻平面进行关联。

③ 在"智能图素"编辑状态下单击"多棱柱体"图素,用其包围盒编辑手柄,重新设置多棱柱体的尺寸,使其表面超出"L3 旋转体"图素底面,如图 5-62(b)所示。

④ 在"智能图素"编辑状态上单击"L3 旋转体"图素,特征草图轮廓截面上显示编号按钮。右击编号"1"的截面按钮,在弹出的快捷菜单中选择"和一面相关联"选项,见图 5-63(a)。

⑤ 单击"多棱柱体"的上表面,规定它为被关联平面。此时,多棱柱体的上表面标亮为绿色,"切矢因子"对话框显现,如图 5-63(b)所示,切线系数决定切线矢量的长度。

⑥ 输入切线系数,如 20,并单击"确定"按钮。此时放样图素的起始截面就与多棱柱体的相邻平面相匹配,生成新的零件如图 5-64 所示。

 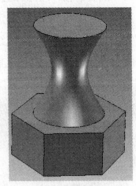

（a）将"L3旋转体"拖至多棱体表面　　　　（b）重新设置多棱体尺寸

图 5-62　"L3 旋转体"和多棱体

 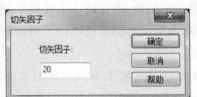 

（a）快捷菜单　　　　　　　（b）"切矢因子"对话框　　　　　　图 5-64　关联结果

图 5-63　选择关联平面和切矢因子

5.2.5　修复失败的截面

使用特征造型向导生成特征时，如果单击"完成"按钮后系统没有把二维草图轮廓拓展成三维造型，则会出现"零件重新生成"对话框，如图 5-65 所示。同时，截面上有问题的几何图素会加亮为红色。此时，对话框中会给出提示：截面中存在重叠或相交的曲线和越过旋转轴的曲线，也存在沿着旋转轴延伸后呈红色加亮显示的曲线。

操作者根据提示可从下述方式中做出选择：

编辑截面　可以重新编辑截面、修正错误，编辑结束后单击"完成"按钮即可。

生成默认图素　保存一个复杂截面上的工作内容，把截面拓展成三维造型。尽管这个三维造型仍需进一步加工。此后，可在此三维造型上右击，并从弹出的快捷菜单中选择"编辑截面"选项，重新完成该造型。

取消编辑　取消编辑截面的最后一批操作结果，不损失先前保存过的内容。

帮助　处理"失败截面"过程中提供进一步的帮助。

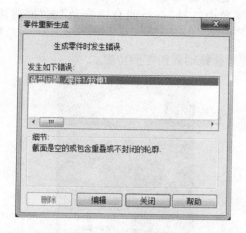

图 5 - 65 "零件重新生成"对话框

5.2.6 自定义智能图素的保存

对上述特征生成的三维造型,可以作为自定义智能图素加以保存,以便在后续的设计中使用。保存方法有下述两种:

(1)保存至设计元素库中

操作方法是将自定义智能图素从设计工作区拖放到某设计元素的目录下,使其作为扩展的图素模块,以备后用。

(2)保存至文件夹中

如果仅需在当前设计项目或同类设计项目中使用该自定义智能图素,可采用保存文件的方法,将其保存在设计文件夹中。

5.3 用特征变换生成自定义智能图素

特征变换是对实体零件进行定向定位(移动、旋转及对称)、拷贝、阵列、镜像、缩放等操作,进而修改或产生新的实体。

5.3.1 特征定向定位

1. 移 动

"移动"功能用于移动已有实体零件的位置。

(1)利用定位锚移动

操作步骤如下:

① 在零件编辑状态下,右击定位锚。

②在弹出的快捷菜单中选择"在空间自由拖动"或"沿曲面表面拖动"选项,如图 5-66 所示。

③选择定位锚,将零件拖动到指定的位置。

图 5-66　使用定位锚移动

(2) 利用三维球移动

操作步骤如下:

①打开一个设计环境,从设计元素库中拖出一个零件并放入设计环境。

②在零件编辑状态选定该零件,然后激活三维球工具。

③选择移动方向上的三维球外手柄,按住鼠标右键拖动。

④释放,在弹出的快捷菜单中选择"移动"选项。

⑤在弹出的"编辑距离"对话框的"距离"文本框中输入移动的距离,如图 5-67 所示。

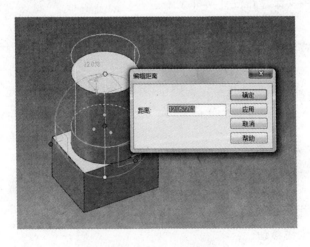

图 5-67　使用三维球移动

2. 旋　转

"旋转"功能可以使零件对某一轴进行转动,操作步骤如下:

① 打开一个设计环境,从设计元素库中拖出一个零件并放入设计环境。

② 在零件编辑状态选定该零件,然后激活三维球工具。

③ 选择三维球的一个外手柄,确定旋转轴。

④ 右键选择与它垂直的三维球内操作手柄,并按住拖动。

⑤ 释放,在弹出的菜单中选择"旋转"选项。

⑥ 在弹出的"编辑旋转"对话框的"角度"文本框中输入旋转角度,如图 5 - 68 所示。

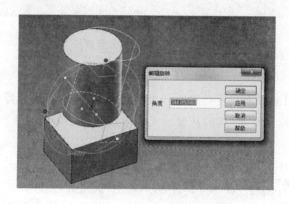

图 5 - 68　特征旋转

5.3.2　拷贝/链接

"拷贝"功能用于对生成零件或图素进行复制,且与原实体不存在链接关系。若修改其中一个,则不会影响其他。"链接"功能是被链接的零件或图素与原实体存在链接关系。若修改其中一个,则其他链接实体也随之被修改并保持一致。图 5 - 69 所示为"拷贝"命令管理栏及拷贝示例。

1. 使用 Windows 方式拷贝

实体设计提供了 Windows 风格的拷贝复制方式。这种方式可以在同一设计环境中复制,也可以在不同设计环境间复制。具体操作方法如下:

① 在设计环境中或者在设计树上选择要复制的图素。

② 右击,选择"拷贝"选项,或者在键盘上按组合键 Ctrl+C。

③ 右击,选择"粘帖"选项,或者在键盘上按组合键 Ctrl+V。

④ 完成拷贝操作。

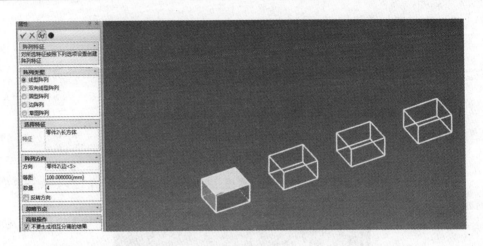

图 5 - 69 "拷贝"命令管理栏

2. 线性拷贝/链接

利用三维球可对图素或零件进行线性拷贝/链接操作。具体操作如下：

① 新建一个设计环境，然后从设计元素库中选一个多棱柱体并放开到设计环境的左侧。

② 选择三维球工具。

③ 在三维球右侧的一个水平外手柄上单击，选定其轴。

④ 在这个外手柄上右击，然后将多棱柱体拖向右边。在拖动时，注意此时多棱柱体的轮廓将随三维球一起移动。当轮廓消失而多棱柱体移动到右边时，释放。

⑤ 在弹出的菜单中选择"拷贝"选项，并在"数量"文本框中输入 5。如果需要还可编辑"距离"文本框中的值，以修改各复制操作对象间的间距，如图 5 - 70 所示。

图 5 - 70 线性拷贝

⑥ 单击"确定"按钮，即可完成多棱柱体的复制，如图 5 - 71 所示。

⑦ 取消对三维球工具的选择。

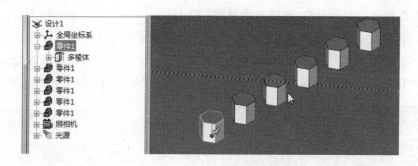

图 5 - 71　生成线性拷贝

3. 圆形拷贝/链接

圆形拷贝的操作步骤如下：

① 打开一个设计环境，从设计元素库中拖出一个零件并放入设计环境中。

② 在零件编辑状态选定该零件，然后激活三维球工具。按空格键使三维球与零件分离，将零件移动到阵列中心。再重新附着。

③ 选择三维球的一个外手柄，确定选择轴。

④ 右键选择与它垂直的三维球内操作手柄，并按住拖动。

⑤ 释放，在弹出的快捷菜单中选择"拷贝"选项。

⑥ 在弹出的"重复拷贝/链接"对话框中的"数量"和"角度"文本框中分别输入复制的数量及角度，如图 5 - 72 所示。

⑦ 如果有必要，输入步长值，可以实现螺旋型拷贝/链接。

⑧ 单击"确定"按钮，完成操作。

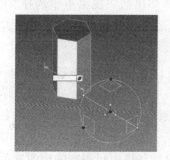 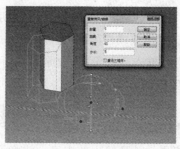 

图 5 - 72　生成圆形拷贝

4. 沿着曲线复制/链接

操作步骤如下：

① 定义一个对象。

② 定义一条要复制的 3D 曲线。

　　③ 选择要复制的对象,激活三维球(按 F10)。

　　④ 沿着曲线右键拖动三维球中心点,当 3D 曲线变亮绿色后选中状态后,松开鼠标右键,从弹出的快捷菜单中选择"沿 3D 曲线拷贝/链接"选项,在弹出的"沿着曲线复制/链接"对话框的"数量"文本框中输入参数,单击"确定"按钮,如图 5-73 所示。

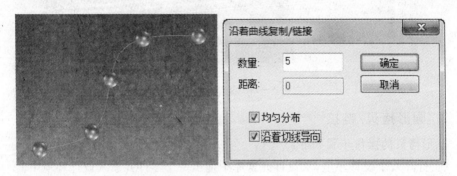

图 5-73　沿着曲线复制

5.3.3　用三维球阵列生成自定义图素

　　阵列功能是以选择特征为对象,以数组方式重复应用这些特征。阵列有线性、圆形和矩形 3 种方式。

1. 线性阵列

　　① 打开一个设计环境,从设计元素库中拖出一个零件放到设计环境。

　　② 在零件编辑状态选定该零件,然后激活三维球工具。

　　③ 在阵列生成方向上的一个外手柄上右击,然后从弹出的快捷菜单中选择"生成线性阵列"选项,如图 5-74(a)所示。(同样,可以朝适当方向在外手柄上右击并拖拉该手柄,从菜单中选择"生成线性阵列"选项。)

　　④ 在"阵列"对话框中,输入复制份数(含原图素)和图素之间的距离,如图 5-74(b)所示,然后单击"确定"按钮。

　　⑤ 生成阵列图素。屏幕上将出现一个链接各个图素的蓝色阵列框,并显示出各个图素之间的距离,如图 5-75 所示。

　　⑥ 打开"设计树",查看设计环境中的内容。注意设计环境中代表新阵列图素的阵列图标。可以展开设计树查看,如图 5-75 左侧所示。

　　⑦ 从"图素"元素库中把第二个零件当作一个独立的零件添加到设计环境中,然后把它重新定位到主控图素上表面的中心位置。在"设计树"中,新零件将在层次结构中添加到与"阵列"图素同层的层中,如图 5-76 所示。

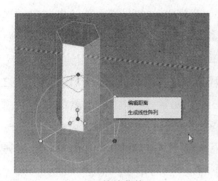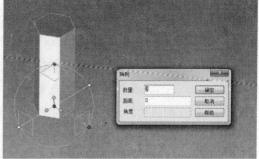

(a) 快捷菜单　　　　　　　　　　　　　　(b) "阵列"对话框

图 5 - 74　线性对话框

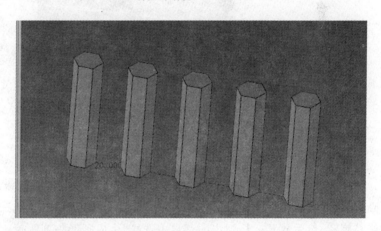

图 5 - 75　设计树中的线性阵列

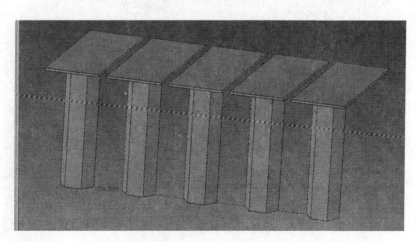

图 5 - 76　添加阵列元素

注意：默认状态下，主控图素定位功能选项处于禁止状态。若要激活它，可从"工具"菜单选择"选项"，然后选择"交互"标签。选择"启用主特征定位(三维球)"选项，使系统能够相对于阵列框对主控图素进行重定位。

⑧ 编辑线性阵列　在生成阵列以后，设计环境中会以蓝色线条显示阵列图素之间的关系，如图 5-77 所示。这时任意单击某一阵列元素，显示主控图素的绿色轮廓和互连各图素的蓝色轮廓。

如果要编辑阵列值，则应在阵列框的绿色距离值上右击，选择"编辑"选项，在随之显示出的"编辑线性阵列"对话框中，编辑相应的值，然后单击"确定"按钮。

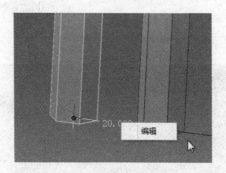

图 5-77　编辑线性阵列

2. 圆形阵列

在相应的对象上激活三维球并指定一个主控图素后，将三维球重定位到阵列中心的对应位置。选择阵列旋转轴的某一外手柄，指定旋转轴，在三维球内右击并拖拉使其旋转，然后放开。从弹出的菜单中选择"生成圆形阵列"、输入相应的数目和角度值，然后单击"确定"按钮，结果如图 5-78 所示。

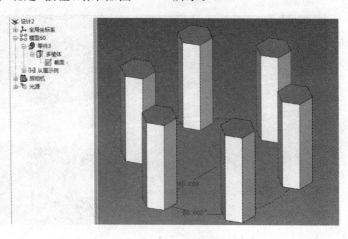

图 5-78　圆形阵列

3. 矩形阵列

① 在被用于主控图素的相应对象上激活三维球,选择三维球的二维平面,并按住右键拖动平面,放开,选择"生成矩形阵列"选项,如图 5-79(a)所示。

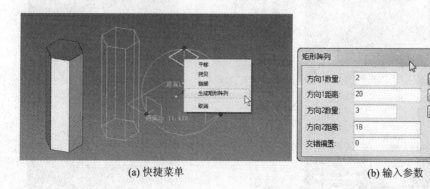

(a) 快捷菜单　　　　　　　　　　　(b) 输入参数

图 5-79　"矩形阵列"对话框

② 从弹出的对话框中输入相应的阵列数目和距离值(见图 5-79(b))。然后单击"确定"按钮。其编辑方式与线性阵列的编辑方式相同,如图 5-80 所示。

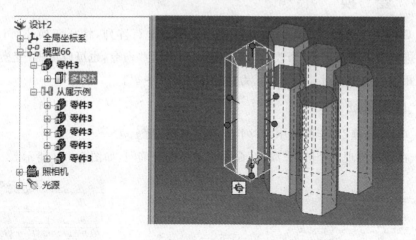

图 5-80　矩形阵列

4. 镜　像

生成镜像拷贝的操作步骤如下:

① 打开一个设计环境,从设计元素库中拖出一个零件放到设计环境。

② 在零件编辑状态选定该零件,然后激活三维球工具。

③ 在三维球中选择对称方向上的内手柄,即选择的内手柄与对称面垂直。

④ 右击,选择"镜像"|"平移"选项。

⑤ 完成镜像操作,结果如图 5-81 所示。

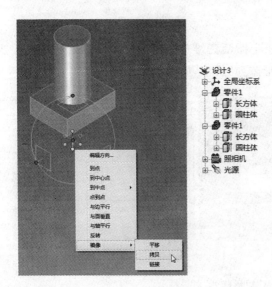
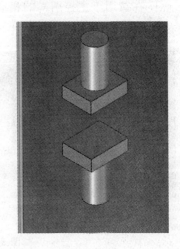

图 5 - 81　零件镜像操作及其结果

5.3.4　变　换

在 CAXA 实体设计 2013 中,除了使用三维球进行阵列,特征变换还可以通过"变换"进行。可以从菜单"修改"|"特征变换"进入这些命令,也可以单击"变换"功能面板中相应的按钮。图 5-82 所示为"阵列特征"命令栏。

1. 阵列特征

① 单击"变换"功能面板中"阵列特征"工具按钮🎛。

② 在左边出现一个阵列"属性"命令管理栏进行询问,如图 5-83 所示。

图 5 - 82　"阵列特征"命令栏　　　　　　图 5 - 83　阵列"属性"管理栏

③ 选择一个零件,单击"确定"按钮,则管理栏变为如图 5-84 左侧所示形式。

管理栏中几个常用"阵列特征"选项的含义如下:

"阵列类型"　包括线型阵列、双向线型阵列、圆形阵列、边阵列、草图阵列。

"选择特征"　选择此项,然后在设计环境中单击要阵列的特征。

"选择体"　选择此项,然后在设计环境中单击要阵列的体。

"阵列方向"　选择阵列的特征和阵列的方向,输入距离值、阵列数量等参数。

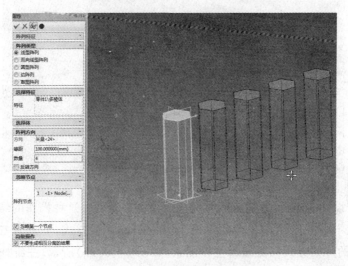

图 5-84　阵列特征选项和预览

④ 选择完毕,单击"确定"按钮。生成预览中的实体。图 5-84 所示为线性阵列的结果。

图 5-85 所示为"边阵列"的一个实例。边阵列即沿着某条边的方向进行阵列。图 5-85 中选择了"光滑链接"以后,可以选择光滑链接的零件边界作边阵列。选择"偏置边"选项,则阵列图素会离开边界一定的距离,偏置距离取决于阵列主控图素离边界的最短距离。偏置边阵列完成后的结果如图 5-86 所示。

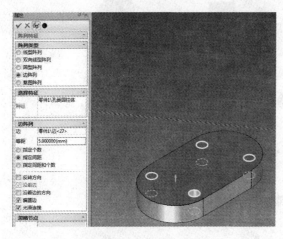

图 5-85　边阵列选项

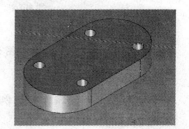

图 5-86　边阵列结果

图 5-87 所示为草图阵列。首先建立一个草图,在其上面绘制几个点,完成草图。然后进行草图阵列。

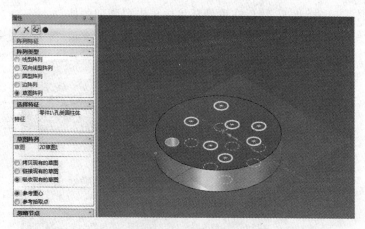

图 5 - 87　草图阵列

⑤ 打开设计树查看,这些阵列特征同属于一个零件。这种操作的结果其所占数据量比较小。例如,图 5 - 88(a)所示的上方为新的阵列方式,下方为三维球阵列方式;另外,新的阵列方式只能编辑主控图素,如图 5 - 88(b)所示;三维球阵列方式可以编辑其中任意一个图素,且所有图素随之变化,如图 5 - 88(c)所示。

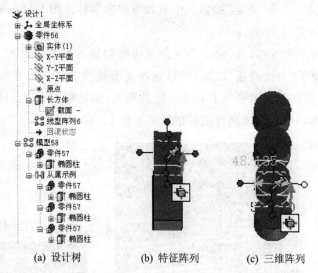

(a) 设计树　　　(b) 特征阵列　　　(c) 三维阵列

图 5 - 88　两种阵列方式对比

2. 缩　　放

(1) 对原来的对象作等比例缩放

缩放功能操作步骤如下:

① 单击"变换"功能面板中的"缩放"工具按钮█,如果设计环境中有激活的零件,将直接出现如图 5 - 89 所示的"属性"命令管理栏。管理栏中相关项目含义如下:

"缩放参数"　选择缩放参数。

"参考点"　可以选择原点、重心或选择的点三项之一作为缩放的参考点。

"统一转换"　选择此选项后,XYZ 三个方向按同一比例缩放。

"缩放比例"　如果不是同一个缩放比例,可以在 XYZ 三个文本框中分别输入缩放比例。

② 设置完成后,单击"确定"按钮。

(2) 在"零件属性"中对零件作等比例缩放

操作步骤如下:

① 在零件编辑状态下,右击,选择"零件属性"选项。

② 单击"包围盒"按钮,进入如图 5-90 所示的缩放显示栏。

图 5-89　缩放"属性"命令管理栏　　　　　**图 5-90　缩放显示栏**

③ 在"显示"栏中,选择"长度操作柄"、"宽度操作柄"、"高度操作柄"及"包围盒"。

④ 单击"确定"按钮,退出对话框。单击零件,进入零件编辑状态,拖拉包围盒手柄。

⑤ 如果要精确编辑数值,则右击显示的蓝色数值,在弹出的对话框中输入尺寸值。

⑥ 或者在步骤③后,在"尺寸"文本框中输入尺寸值,并支持数学表达式。

3. 拷贝体

"拷贝体"功能可以复制被激活零件的体,复制以后与原体位置重合。通过设计树或者使用三维球进行位置移动,即可看到复制结果。图 5-91 所示为"拷贝体"的"属性"命令栏。

图 5-92 所示为应用"拷贝体"功能进行复制的结果。

4. 镜像特征

"镜像特征"功能可以使零件中的特征或体对某一基准面镜像,生成对称的两个

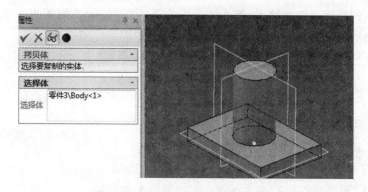

图 5 - 91 "拷贝体"的"属性"命令栏

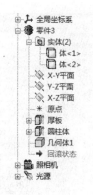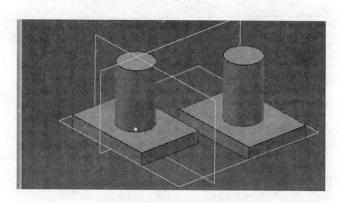

图 5 - 92 复制结果

特征或体，原零件保留。操作步骤如下：

① 激活一个零件。

② 单击"变换"功能面板中的"镜像"按钮，出现如图 5 - 93 左侧所示命令管理栏。

③ 选择要镜像的特征或体，再选择镜像平面。镜像平面需要与要镜像的特征属于同一零件，或者是基准面。选择了要镜像的特征或体和镜像平面以后，会出现镜像的预显结果，如图 5 - 93 右侧所示。

④ 单击"确定"按钮，显示镜像结果。

5. 对称移动

选择一个零件或特征，如果在选择"镜像特征"后选择"相对宽度"、"相对长度"或"相对高度"等选项，则能够使零件或特征相对于定位锚的长、宽或高作对称移动。

图 5 - 94 所示为对称移动命令栏。读者可以按上述步骤练习对称移动功能。

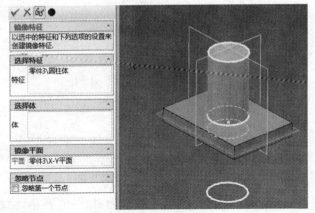 

图 5-93　镜像特征　　　　　　图 5-94　对称移动命令栏

5.4　三维文字

如果图素或零件设计中需要包含三维文字,则可使用实体设计的文字功能。在 CAXA 实体设计中,三维文字也是一种智能图素,它具有许多与其他图素相同的特点。例如,可以改变文字图素的颜色,可以设计纹理,可以旋转或放置于其他图素的表面。

5.4.1　利用"文字向导"添加三维文字

生成文字最简便的方法就是使用"文字向导"工具,它能使操作者很轻松地在"向导"的指引下生成所需文字,并熟悉三维文字的必要属性。这里提醒读者:设计环境中的文字都是三维立体的。添加三维文字的具体操作步骤如下:

①　新建一个新的设计环境。

②　在"生成"菜单中选择"文字"选项,然后在设计工作区内单击需要添加文字的位置(该位置将被标亮为绿色)。显示如图 5-95 所示的"文字向导第 1 页"对话框。

③　在"文字向导第 1 页"对话框中选择文字的高度和深度(即文字厚度),如在"文字高度"文本框中输入 90,在"文字深度"文本框中输入 9。

④　单击"下一步"按钮,进入"文字向导第 2 页"对话框,如图 5-96 所示。此时可选择不同的倾斜风格,"文字向导"窗口中会预览每一种倾斜风格的文字图样。本例选择"无倾斜"单选项。

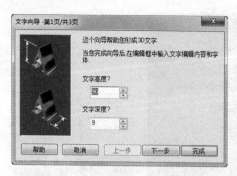

图 5 - 95　"文字向导第 1 页"对话框　　　　　**图 5 - 96　"文字向导第 2 页"对话框**

⑤ 再次单击"下一步"按钮，进入"文字向导第 3 页"对话框，如图 5 - 97 所示，在本页确定三维文字定位锚的位置，对于要显示在设计工作区上端的文字，应选择"底部"单选项。

图 5 - 97　"文字向导第 3 页"对话框

⑥ 单击"完成"按钮，关闭"文字向导"对话框，同时出现文字编辑窗口，闪烁光标位于默认文字的结尾处，如图 5 - 98 所示。此时可删除默认文字，输入所需文字，完成后单击工作区内任意一点，关闭文字编辑窗口，显示出新文字。

⑦ 如需修改，可连续两次单击三维文字，即可出现文字编辑窗口进行文字修改。

图 5 - 98　文字编辑窗口

5.4.2　文字图素的包围盒

单击文字图素，即出现文字图素的包围盒，每个文字串都有包围盒，但其包围盒的形式与其他智能图素略有不同。

拖动包围盒顶部或底部的操作手柄，即可重新定义文字的尺寸。若要精确地设定某一文字的高度，可右击包围盒顶部或底部的操作手柄，从弹出的快捷菜单中单击"编辑包围盒"命令，然后在弹出的对话框中输入所需数值，如图 5 - 99 所示。

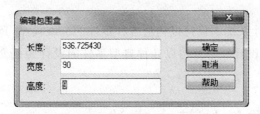

图 5 - 99　文字编辑窗口

5.4.3　"文字格式"工具条

"文字格式"工具条提供了另一种修改文字的方式。在主菜单中单击"显示"|"工具条"|"文字格式"，即出现"文字格式"工具条，如图 5 - 100 所示。利用该工具条即可对文字大小、倾斜方式等进行修改。

图 5 - 100　"文字格式"工具条

注意：只有在智能图素编辑状态选取文字时，"文字格式"工具条才可以被激活。

思考题

1. 举例说明在"用特征生成的方法"中，如何通过拉伸、旋转手段生成自定义智能图素。

2. 在草图环境绘制一个草图轮廓，生成扫描特征。

3. 在草图环境绘制不在同一平面的 3 个轮廓，生成放样特征。

4. 举例说明在"用特征变换的方法"中，如何通过移动、旋转、镜像、拷贝、缩放、阵列等手段生成自定义智能图素。

5. 试用"文字向导"工具生成下列三维文字"快速掌握三维 CAD 技术，提高设计水平"。

第6章 基本零件设计及其保存

CAXA实体设计系统不仅可以构造各种零件的三维模型,还可以一边设计一边进行修改,实现创新设计。本章将以几种典型零件的设计为例介绍构建基本零件的操作方法。

6.1 构造零件的基本方法

实体设计系统提供了构造零件的多种设计方法,其中常用的方法有以下4种:

1. 堆垒叠加法

利用设计元素库中不同的标准智能图素,像搭积木一样构建所需的零件,这是零件初步设计采用的主要方法。

2. 自定义智能图素法

利用自定义智能图素功能,按零件结构需要先绘制二维草图截面,通过拉伸、旋转、扫描或放样等特征生成手段或特征变换方法生成所需的三维零件。(见第5章相关内容)

3. 导入法

通过菜单"文件"|"输入"的操作,将其他软件中生成的零件直接导入CAXA实体设计系统作为实体设计环境下的零件加以使用。

4. 修改编辑法

根据设计需要对现有零件进行编辑和修改,如改变零件的尺寸,增加新的结构等,从而生成新的零件。

6.2 图素的定位

简单的零件设计可以直接从设计元素库中调用相关的智能图素开始。复杂的零件大多由多个基本图素按不同的结构要求通过叠加、相交方式组合而成。因此,在构造零件的过程中,解决图素在零件中的精确定位成为零件设计的关键。本书在3.1节中介绍了如何通过智能捕捉功能实现图素在零件特殊位置上的定位方法。例如,将图素定位于零件表面中心、图素某表面与零件表面对齐等。本节将在已有基础上进一步介绍图素定位的有关方法。

6.2.1 三维球定位

三维球是实体设计系统独特而灵活的空间定位工具,利用三维球工具既可以实现图素在零件中距离上的定位,也可以实现图素在零件中方向上的定位。

1. 距离定位

利用三维球的移动功能,可以将智能图素定位在所需的特定位置上,从而确定图素的确切位置。常用的方法有以下 3 种:

(1) 利用三维球中心控制手柄

利用三维球中心控制手柄可以将定位到零件上的某个智能捕捉点,例如将图 6-1(a)所示的六棱柱体底面中心定位在长方体右上角 A 点,则可以在智能图素编辑状态下选定六棱柱,然后单击三维球图标⊙。右击中心控制手柄,在弹出的快捷菜单中选择"到点"选项,如图 6-1(b)所示。将光标移动到长方体的 A 点处,待显示出绿色智能捕捉点后,单击该点,则六棱柱底面中心即定位在 A 点处,如图 6-1(c)所示。

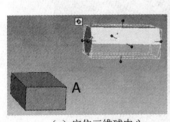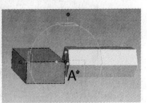

（a）定位三维球中心　　　　　（b）快捷菜单　　　　　（c）六棱柱定位

图 6-1　利用三维球中心控制手柄定位

若在图 6-1(b)中选择菜单中的"到中心点"选项,则可以将图素平移到指定对象端面或侧面的中心位置上。当然,最简单的办法是直接拖动三维球中心控制手柄进行移动定位。

(2) 利用外控制手柄

利用外控制手柄移动图素,可以实现图素定位。如图 6-2(a)所示,在智能图素编辑状态下选定上方的圆柱体,激活三维球工具。然后单击三维球左侧的外控制手柄,则沿着该控制手柄形成一条亮黄色的轴线。图素的移动便被限制在该方向上,见图 6-2(a)。在光标变为🖐的情况下,拖动光标移动图素的同时会显示出移动的距离值,放开时,数值呈可编辑状态,如图 6-2(b)所示,此时可输入数值准确定位图素。

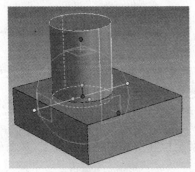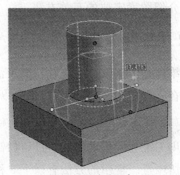

　　(a) 外控制手柄定位图素　　　　　　　(b) 显示移动距离

图 6 - 2　利用外控制手柄定位

(3) 利用三维球的二维平面

　　利用三维球的二维平面移动图素实现图素定位。如图 6 - 3(a)所示,在智能图素编辑状态下选定上方的圆柱体,然后激活三维球。当光标移动到上部的二维平面时,该平面以亮黄色显示,同时光标变为四个方向的小箭头。此时拖动光标,圆柱体将在二维平面内移动,同时显示沿互相垂直的两个方向移动的距离值,见图 6 - 3(b)。

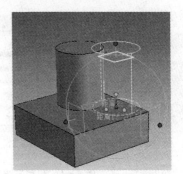

　　(a) 二维平面定位图素　　　　　　　(b) 显示移动的二维距离

图 6 - 3　利用三维球的二维平面定位

2. 方向定位

　　在构造零件的过程中,除了需要确定图素的定位点之外,有时还需要调整图素的方向,利用三维球可以方便地对图素进行方向定位。

(1) 利用外控制手柄

　　如图 6 - 4 所示,在智能图素状态下选定圆柱体,激活三维球工具。然后单击三维球左侧的外控制手柄,则沿着该控制手柄会形成一条亮黄色的轴线。将光标移动到该轴线上,光标显示为两端带有箭头的线段。此时,可拖动光标使图素绕该轴线旋转,并在旋转的同时显示出旋转的角度值。松开鼠标,数值呈可编辑状态。

（2）利用定向控制手柄

三维球上有一个通过中心且彼此垂直的定向控制手柄。拖动该定向控制手柄，可使三维球连同图素一起旋转，从而实现方向定位操作。

若需精确地控制方向，可右击某个定向控制手柄，在弹出如图 6-5 所示的快捷菜单中，选择不同的菜单项来实现图素的定位。如：选择"编辑方向"选项，可通过设置 X、Y、Z 的值，确定该定向控制手柄的指向，实现精确定位。

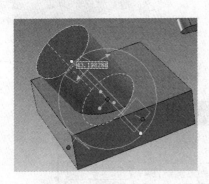
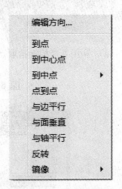

图 6-4　外控制手柄定位　　　　　图 6-5　快捷菜单

6.2.2　智能尺寸定位

智能尺寸是指标注在图素或零件上的尺寸。利用智能尺寸可实现图素在零件上的定位操作。选择菜单"生成"|"智能标注"选项，可找到智能标注的选项。

需要注意的是实现图素在零件中的定位操作应该在智能图素状态下进行。

1. 使用智能尺寸定位

在构成图素的点、边、面元素之间标注智能尺寸，可以方便地实现图素定位。如图 6-6 所示，底板和圆柱体两个图素已经组合成为一个零件，现在需要将圆柱体在底板上准确定位，例如确定圆柱体中心与底板侧面的距离，则可按如下步骤进行：

① 在智能图素状态下选定圆柱体，单击"智能标注"工具按钮 ，利用智能捕捉拾取圆柱体底面中心，如图 6-6(a)所示。

② 将光标移动到底板上表面一侧的棱边上，待该棱边呈亮绿色显示时，单击，则标注出如图 6-6(b)所示的圆柱体底面中心到底板侧面之间的距离。

使用同样的操作，可以标注出圆柱体与底板其他侧面的距离。

2. 改变图素的位置

在智能图素编辑状态下，拖动图素即可改变图素的位置。若需精确定位图素，可将光标移到相应的智能尺寸上，当光标箭头变为小手形状时，双击尺寸值，即弹出如图 6-7 所示的"编辑智能标注"对话框，修改该尺寸值实现图素的精确定位。

（a）利用智能捕捉拾取点 　　　　　　　　　（b）尺寸标注

图 6－6　快用智能图素定位

图 6－7　编辑智能尺寸数值

3. 锁定图素的位置

在构造零件的过程中,若希望保持某个图素的位置始终不变,需要将该智能图素进行锁定。锁定的操作方法如下:

① 在智能图素状态下右击某个尺寸,在弹出的快捷菜单中选择"锁定"选项。

② 在"编辑智能标注"对话框中选择"锁定"选项,也可将该尺寸锁定。

③ 此时,被锁定的尺寸旁边出现一个星号,同时在设计树中可以看到在该尺寸前面显示一个"锁形"工具图标🔒。

6.3　轴类零件设计

轴类零件是机械产品中最常见的零件之一。轴类零件的主体结构由若干段相互连接,但直径和长度各不相同的圆柱体构成。本节将以柱塞泵装配体中的柱塞零件为例,介绍构造轴类零件的常用方法。

1. 构造主体结构

图 6－8 所示为柱塞零件的零件工程图。

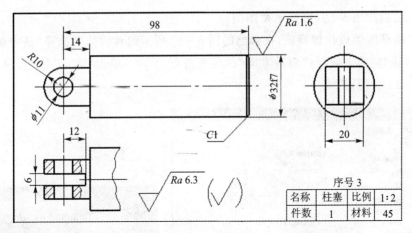

图 6-8　柱塞零件图

　　构造轴类零件的三维模型可先构造主体部分,然后再构造细部结构。具体方法如下:

　　① 从设计元素库的"图素"选项中拖动一个"圆柱体"到设计环境中,然后修改圆柱体的大小。例如,使其直径为 32,长度为 84。

　　② 选择圆柱体的底面,并单击"二维草图"工具按钮,在选项栏中选择"与面垂直"选项,在"原点"选项中选择底面中心,如图 6-9(a)所示,则可在通过底面中心,且与圆柱体底面垂直的平面上绘制草图截面。

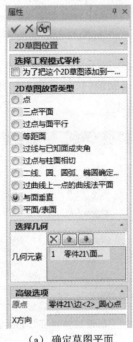

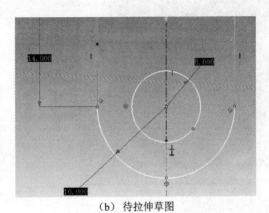

(a) 确定草图平面　　　　　　　(b) 待拉伸草图

图 6-9　草图位置选项

③ 绘制如图 6-9(b)所示草图截面。

④ 将草图生成拉伸特征，在弹出的图 6-10 所示的对话框中选择"从中面拉伸"选项，并将"向前方向"与"向后方向"的距离都设为 10。单击"确定"按钮，构建结果如图 6-11 所示。

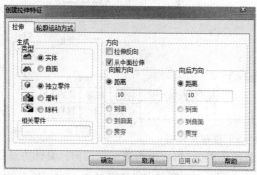

图 6-10　"创建拉伸特征"对话框

图 6-11　生成拉伸特征

2. 构造轴类零件的结构要素

柱塞零件上的细部结构，如中间的通槽结构可按如下步骤进行：

① 单击"二维草图"工具按钮，在选项中选择"过点与柱面相切"选项。单击图 6-11中构造的圆柱面及圆弧中心点 A，即可在与圆柱面相切的平面上绘制草图。

② 绘制图 6-12 所示的草图。

③ 将草图生成拉伸特征，在弹出的对话框中（见图 6-13）选择"除料"选项，在"相关零件"中选择已绘制的造型；根据实际需要选择或取消"拉伸反向"选项，拉伸距离设为 17，单击"确定"按钮，即完成如图 6-14 所示造型。

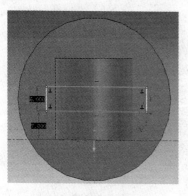

图 6-12　待拉伸草图

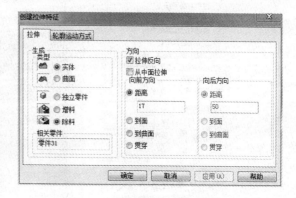

图 6-13　"创建拉伸特征"对话框

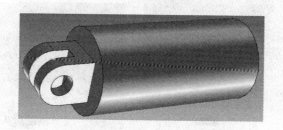

图 6 - 14　柱塞零件构建结果

6.4　盘、盖类零件设计

　　盘、盖类零件主要用于支承、连接、轴向定位及密封。这类零件主体结构多为同轴的圆柱体或圆孔，多数情况下，圆柱体直径大于其轴向长度。局部结构常有各种孔、沟槽等。

　　本节将以图 6 - 15 所示填料压盖零件为例，介绍盘、盖类零件常用的构形方法。

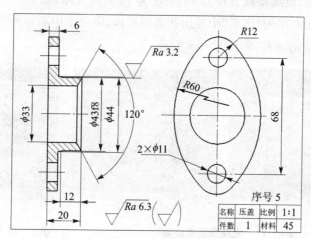

图 6 - 15　填料压盖零件图

6.4.1　构造"填料压盖"零件的主体结构

　　下面介绍通过拉伸特性构造填料压盖零件主体结构，操作步骤如下：

　　根据图 6 - 15 所示零件图绘制如图 6 - 16(a)所示的待拉伸二维截面图形，绘制完成后通过拉伸特征生成如图 6 - 16(b)所示的压盖造型，拉伸特征距离设为 6。

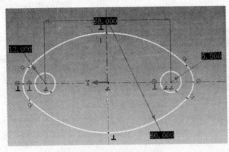

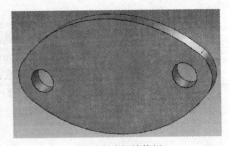

（a）待拉伸截面的绘制   （b）生成拉伸特征

图 6 - 16   生成拉伸特征

6.4.2   填料压盖中心结构及轴孔的生成

填料压盖中心结构及轴孔的生成方法如下：

① 从设计元素库的"图素"中拖动"圆柱体"到压盖表面上，修改圆柱体的大小使其直径为 44，长度为 2，如图 6 - 17(a)所示。

② 同①所示，继续添加直径为 43，长度为 12 的圆柱体，如图 6 - 17(b)所示。

③ 从设计元素库的"图素"中拖出孔类圆柱体，定位于中心轴的表面。调整尺寸使其成为直径 33 的通孔，如图 6 - 18 所示。

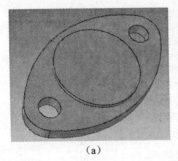

（a）   （b）

图 6 - 17   生成压盖中心轴

图 6 - 18   生成中心轴孔

6.4.3   生成填料压盖的边倒角

在填料压盖内孔生成倒角的步骤如下：

① 在"特征"功能面板的"修改"项目中单击"边倒角"工具按钮 🔲 。

② 在"倒角类型"中选择"距离"|"角度"选项，以距离 5、角度 60 生成边倒角，结果如图 6 - 19 所示。

图 6 - 19   生成边倒角

6.5　支架类零件设计

　　支架类零件的主要功能是支承和连接。在构形上常有底板、支承孔和肋板等结构。本节将以图 6-20 所示柱塞泵泵体零件为例介绍支架类零件的构形方法。

　　柱塞泵泵体由底板、支撑板、肋板及带内腔的圆柱组成。虽然称其为泵体,但它充分体现了支架类零件的特点。

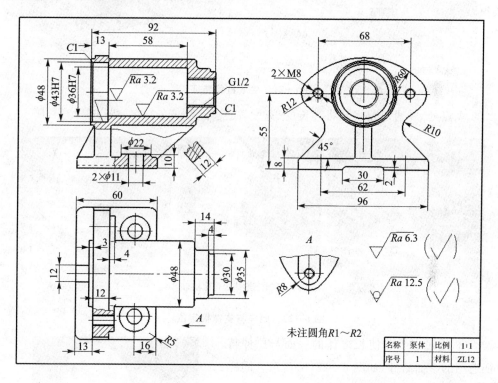

图 6-20　柱塞泵泵体零件图

6.5.1　构造底板和支承板

　　构造零件底板或支撑板的关键是解决各部分结构之间的定位问题,构造过程如下:

　　① 根据图 6-20 所示零件图,绘制如图 6-21(a)所示的待拉伸二维截面图形。绘制完成后,通过拉伸特征形成如图 6-21(b)所示的支撑板造型,拉伸特征距离设定为 13。

　　② 从设计元素库的"图素"中拖出一个长方体图素,并将其定位于图 6-21(b)所

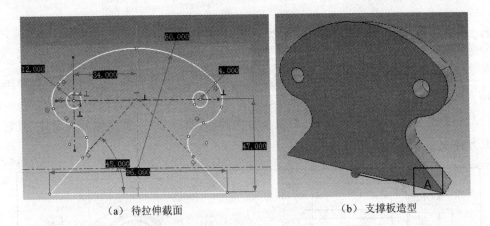

（a）待拉伸截面   （b）支撑板造型

图 6 - 21 生成拉伸特征

示的 *A* 点处,并通过包围盒将其长度、宽度、高度定为 96、60、8,如图 6 - 22(a)所示。

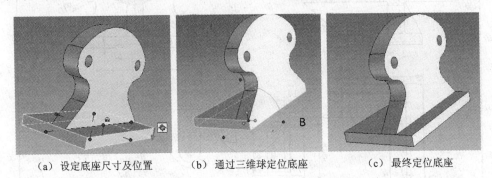

（a）设定底座尺寸及位置   （b）通过三维球定位底座   （c）最终定位底座

图 6 - 22 底座与支撑板定位

    ③ 通过三维球使长方体的一面与拉伸特征造型的一面对齐,如图 6 - 22(b)所示。同样利用三维球将长方体向手柄 *B* 的方向移动 13,使其定位于如图 6 - 22(c)所示的底板位置。

    ④ 从设计元素库的"图素"中拖出孔类长方体,在底板下部构造出宽 30,高 2 的凹槽,如图 6 - 23 所示。

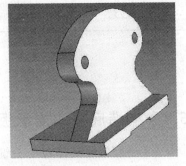

图 6 - 23 构建凹槽

6.5.2 构造圆柱及圆孔

    圆柱及圆孔的构造过程如下:

    ① 从设计元素库"图素"中拖出一个圆柱体图素,使其底面与支撑板侧面重合,

并将其半径定为 48,高度定为 65,如图 6-24(a)所示。

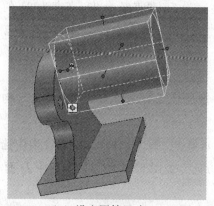
（a）设定圆筒尺寸

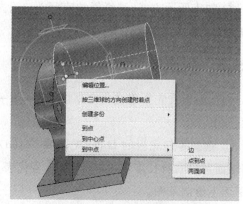
（b）精确定位圆柱体

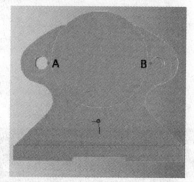
（c）定位点

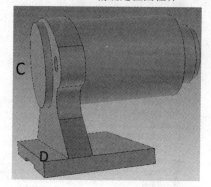
（d）添加其他圆柱体

图 6-24　生成圆柱

② 单击圆柱使其为智能图素状态,然后激活三维球工具。右击三维球中心,选择"到中点"|"点到点"选项,如图 6-24(b)所示,然后选中支撑板上 A、B 两点(见图 6-24(c)),实现圆柱体的精确定位。

③ 如①、②所示方式,在已有圆柱体的同侧继续添加半径为 35,高度为 10 和半径为 30,高度为 4 的圆柱体;在其相反侧添加半径为 48,高度为 3 的圆柱体,最终效果如图 6-24(d)所示。

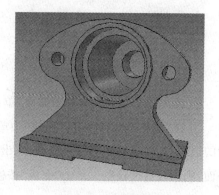
图 6-25　生成圆孔

④ 从设计元素库的"图素"中拖动"孔类圆柱体"到圆筒的表面 C 上,修改孔的大

小,使其直径为 43,高度为 13。

　　⑤ 如④所示方式,继续添加直径为 36、高度为 58 和直径为 20、高度为 21 的孔类圆柱体,最终结果如图 6-25 所示。

6.5.3　构造筋板

　　构造筋板首先要建立一个草图,该草图一般应位于要创建筋板的位置处。构造过程如下:

　　① 选择零件底板的 D 面(见图 6-24(d)),单击二维草图图标,在属性表中选择"等距面"选项,将长度定位"-48"(负号代表方向),如图 6-26 所示,即在距 D 面 48 的平面上绘制草图。

图 6-26　在等距面上绘制草图选项

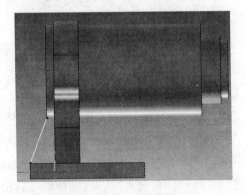

图 6-27　绘制草图

　　② 绘制图 6-27 所示草图截面,单击"完成"按钮 ✔,结束草图绘制。

　　③ 在"特征"功能面板的"修改"中单击"筋板"工具按钮,出现如图 6-28(a)所示的选项,选择已绘制的零件造型,则出现 6-28(b)所示选项,选择②中绘制的草图截面,则出现造型预览。单击"完成"按钮 ✔,生成如图 6-29 所示的筋板造型。

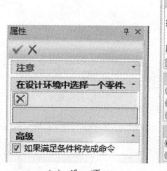

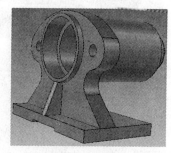

（a）选　项　　　　　（b）构造筋板选项

图 6-28　构造筋板选项　　　　　图 6-29　完成筋板的构造

6.5.4　构造凸台

在底板上有两个相同带孔的凸台,可通过镜像复制生成这两个凸台。

① 从设计元素库"图素"中拖出一个圆柱体图素,修改其半径定为 22,高度定为 2,并通过三维球工具将其定位于底板上表面的角点上,如图 6-30 所示。

② 通过三维球工具将圆柱体向 A、B 方向分别移动 17、16,完成凸台的定位。

③ 从设计元素库"图素"中拖动一个孔类圆柱体到凸台中心,修改其直径为 11,高度为 10,结果如图 6-31 所示。

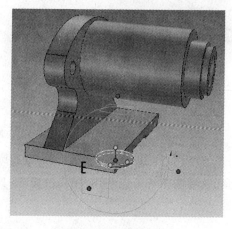
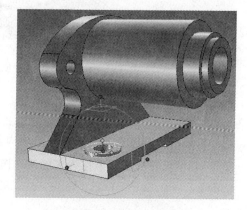

图 6-30　定位凸台　　　　　图 6-31　定位圆孔

④ 选择凸台并激活三维球工具,右键移动三维球上平行于镜像方向的手柄,在弹出的快捷菜单中选择"链接"选项(见图 6-32)。弹出"重复拷贝/链接"对话框如

图 6-33 所示。将距离修改为 62,完成凸台的构建。选择"链接"的意义是,当修改一个凸台结构时,另一个也会相应更改。

⑤ 如④所示完成③中孔类圆柱体的链接,最终结果如图 6-34 所示。

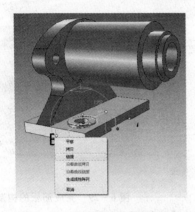

图 6-32　通过"链接"构造凸台　　　　图 6-33　"重复拷贝/链接"对话框

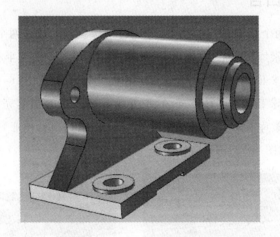

图 6-34　完成凸台及圆孔的构造

6.5.5　构造圆角和倒角

铸造圆角是铸造零件上常见的结构要素。本例中底板上有 4 个半径为 5 的圆角结构,其他位置有多处半径为 2 的铸造圆角,这些圆角都可以利用"圆角过渡"工具构造出来。

1. 圆角过渡

① 在"特征"功能面板的"修改"中单击"圆角过渡"工具按钮🖰。

②"过渡类型"选择"等半径"选项,半径值为 5。依次选择底板上的 4 条侧棱线,

然后单击"确定"按钮,完成圆角造型。结果如图 6 - 35 所示。

③ 利用"圆角过渡"工具,以等半径 2 生成底板上的圆角,结果如图 6 - 36 所示。

④ 再次利用"圆角过渡"工具,以等半径 1 生成其他圆角,结果如图 6 - 37 所示。

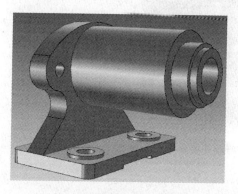

图 6 - 35　构造底板上的圆角

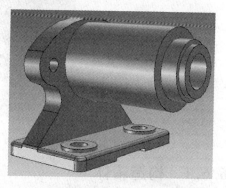

图 6 - 36　构造铸造圆角

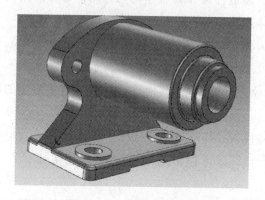

图 6 - 37　生成圆角过渡

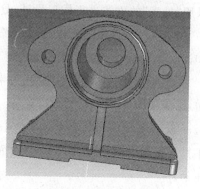

图 6 - 38　生成边倒角

2. 边倒角

① 在"特征"功能面板的"修改"中单击"边倒角"工具按钮 ⬡。

② 在"倒角类型"选项中选择"距离"选项,以距离 1 生成边倒角,结果如图 6 - 38 所示。

6.6　箱壳类零件设计

箱壳类零件是零件中较为复杂的零件,多经铸造而成。箱壳类零件的功能是包容、支承和固定机器中的其他零件。由于功能要求不同,箱壳类零件的主体结构差异很大,但一般都具有较大空腔用来容纳内部零件,有用于连接的底板以及用于支撑的加强肋板。在细部结构上有铸造圆角、拔模斜度等。

下面以图 6 - 39 所示的行程开关外壳为例,介绍最常用的箱壳类零件构造方法。

图 6 - 39　行程开关外壳

6. 6. 1　构造箱体

行程开关外壳中间有较大的空腔,铸造件应保证壁厚均匀。箱体部分的结构可以用"抽壳"的方式进行构形设计,具体步骤如下:

① 利用长方体图素构造两个长方体,其中一个长方体的基本尺寸为长 100、宽 80、高 50,另一个长方体为长 50、宽 30、高 50,并按图 6 - 40(a)所示位置放置。

② 将最左端两条棱边过渡为半径为 5 的圆角,其他棱边过渡为半径为 8 的圆角,结果如图 6 - 40(b)所示。

③ 在零件编辑状态下选中整个零件,在"特征"功能面板的"修改"中单击"抽壳"工具按钮📎。然后选择零件上表面,并将厚度设定为 6,抽壳结果如图 6 - 40(c)所示。

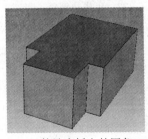
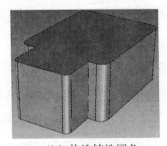
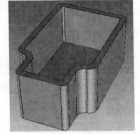

（a）构造底板上的圆角　　　　　（b）构造铸造圆角　　　　　（c）基本体抽壳

图 6 - 40　构造基本体

6. 6. 2　构造底板

先构造一块长方形底板,然后通过编辑截面将其修改为正确的形状,具体步骤如下:

　　① 利用"厚板"图素，构造一个厚度为 2，左端面比箱体左端面长 10，右端面比箱体长 20，前后端与箱体对齐的底板，如图 6-41 所示。

　　② 为了修改底板形状的方便，可以从设计树中将组成箱体的两个长方体压缩，使之不再显示于设计环境中。操作方法是在设计树中右击长方体，在弹出的快捷菜单中选择"压缩"选项。

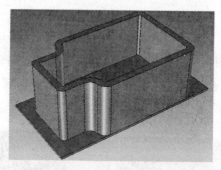

图 6-41　利用厚板图素构造底板的基本形状

　　③ 在智能图素编辑状态下选中底板，进入"编辑截面"状态，并将截面修改为如图 6-42 所示的形状，造型后的底板形状如图 6-43 所示。将箱体部分解压缩，零件底部形状如图 6-44 所示。

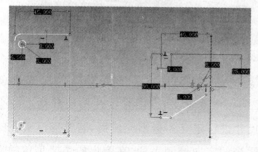

图 6-42　修改底板截面形状

图 6-43　完成底板构型

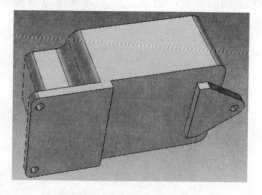

图 6-44　解除压缩，完成底板构型

6.6.3 补全其他结构

在完成零件的主体结构之后,再构造零件的细节部分。本零件的构造内容如下所述:

① 构造凸台及内孔。利用长方体图素、圆柱体图素和孔类圆柱体图素构造左端的凸台和孔,结果如图 6－45 所示。

② 构造圆角和内孔。利用圆柱体图素和孔类圆柱体图素构造空腔内部的 4 个圆角突起和内孔,利用图素的智能捕捉进行定位。利用包围盒手柄的"到点"选项进行圆角突起部分的突出表面与基本体上表面的对齐。突起圆柱体直径为 10,内孔直径为 5,深度为 20。结果如图 6－46 所示。

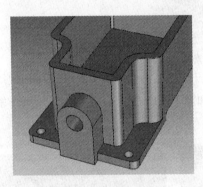

图 6－45　构造凸台及内孔　　　　图 6－46　构造内圆角及内孔

③ 构造浅槽。利用"孔类键"图素在空腔底部构造一个长 50、宽 16、高 2 的浅槽,如图 6－47 所示。利用设计元素库中的"自定义孔"图素在浅槽底部构造一个锥形沉头孔,按图 6－48 对孔的形状和尺寸进行定义。造型完成后,若锥形沉头孔的锥部大小端有误,可以通过右击三维球适当的定向控制手柄,在弹出的快捷菜单中选择"反转"选项,使锥部大小端满足设计要求。从上方和下方看锥形沉头孔的结果分别如图 6－49(a)、(b)所示。

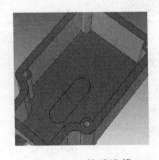

图 6－47　构造浅槽

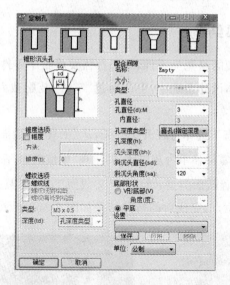

图 6-48　定制孔

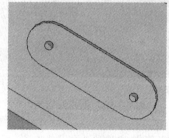

(a) 从上方看孔

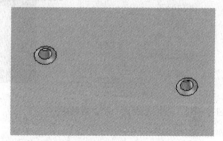

(b) 从下方看孔

图 6-49　构造浅槽

④ 构造两侧凸台和内孔。利用长方体图素、圆柱体图素和孔类圆柱体图素在箱体的两侧构造相同的凸台和内孔,结果如图 6-50 所示。

⑤ 最后构造出铸造圆角。行程开关外壳的最终造型结果如图 6-51 所示。

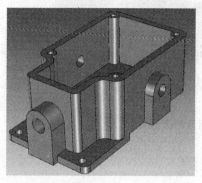

图 6-50　构造两侧凸台和内孔

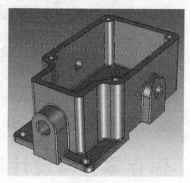

图 6-51　造型结果

6.6.4　显示内部结构

对于结构比较复杂的箱壳类零件,一般都需要将整个零件作剖切,以便清晰地显示出内部结构。在实体设计系统中,可以通过"零件/装配截面"功能实现这一要求。操作步骤如下:

① 在零件编辑状态下选择行程开关外壳,从"工具"功能面板的"操作"中选择"截面"工具按钮 。此时零件显示为灰白色,并出现"生成截面"命令管理栏,见图6-52。

② 在对话框中设置截面类型,单击"定义截面工具"工具按钮 ,在零件上选择合适的点作为截面定位点,完成后的造型结果如图6-53所示。

图6-52　"生成截面"命令管理栏

图6-53　生成剖切图

③ 生成截面后,右击截面工具,在弹出的快捷菜单中选择"隐藏"选项,可以使截面不再显示,从而非常清晰地显示出行程开关外壳的内部结构,如图6-54所示。

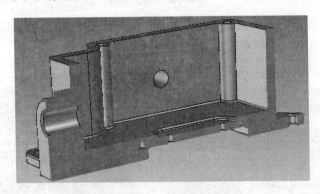

图6-54　显示剖面结果

6.7　保存零件与设计环境

对于设计好的零件可以将其和设计环境保存在设计元素库或文件中,也可以将设计环境和零件作为图像和特殊格式文件导入其他应用程序中。

6.7.1　将零件保存到设计元素库中

零件设计完成后,只需拖动即可将其保存到设计元素库中。单击其名称可为其重新命名,以后若要再次使用该零件,可将其直接拖回到设计环境中。

将已完成零件保存到设计元素库中的操作方法如下:

① 从设计环境中拖拉该零件并释放到设计元素库中。该零件的缩小图或图标就出现在新建设计元素库中。

② 为设计元素库中的新零件命名。用光标单击一次该图标将其选定,然后单击"未命名"文本框。在该文本框中输入相应名称并单击图标以外的区域。

③ 如果已经创建了一个新设计元素库,则保存的方法是:从"设计元素"菜单中选择"另存为"选项,在随之出现的对话框的"文件名"字段中输入一个文件名,然后单击"保存"按钮。

6.7.2　将零件保存在文件中

若想将工作区内的某个零件与他人共享,也可将零件保存在零件文件中。将零件保存在零件文件中的方法是非常有用的。其方法如下:

① 选择要保存的零件或装配件。

② 从"文件"菜单或"装配"菜单中选择"另存为零件/装配件"选项。

③ 在随之出现的对话框中为该文件命名,并在需要时指定一个目标文件夹。默认的文件格式是带有实体设计文件扩展名.ics 的格式。

④ 若要保留零件和设计环境之间的链接,则应选择"链接到当前的设计环境"复选项。反之则不必选择此复选项。

⑤ 单击"保存"按钮以保存文件并关闭对话框。

6.7.3　将整个设计环境保存在设计元素库中

如果设计环境中的零件不只一个,而又希望把它们保存在一起,则可以将整个设计环境拖进某个设计元素库中。此后,再把该设计环境从设计元素库中拖回时,它会保留原来的状态,甚至保存其背景和采光设置的值。例如,设计中可能在背景中施加了颜色和纹理,如果希望把这些设置保留下来供今后使用,就可以将整个设计环境保存。其保存方法如下:

① 从"设计元素"菜单中选择"新建"选项以生成新设计元素库。

② 从"显示"菜单中选择"设计树"选项,以显示设计树。

③ 在该设计树中,单击并将设计环境图标拖放到设计元素库中。设计环境图标是一个工字形图标,放置于"设计树"的树结构顶部。设计元素库中即出现设计环境图标。

④ 为设计元素库中的设计环境指定一个名称。单击一次选定该图标,再单击"未命名"标签和文本框。在文本框中输入"示例设计环境",然后单击该图标以外的区域。

- 如果该设计元素库为新建设计元素库,则应从"设计元素"菜单中单击"另存为"按钮。在出现的对话框的"文件名"文本框中输入诸如"我的零件"等名称,然后单击"保存"按钮。
- 如果已为新设计元素库命名,并进行了保存,则只需在"设计元素"菜单中单击"保存"按钮即可。

6.7.4　将设计环境保存到文件中

可以将设计环境保存到文件中,这是 CAXA 实体设计中保存设计结果的标准做法。例如,若在完成零件设计之前不得不中断工作,只需将设计环境保存在一个文件中便可在以后工作中继续进行该零件的设计工作。

1. 将设计环境保存在文件中的操作方法

从"文件"菜单中选择"保存"选项。若这是第一次保存该文件,CAXA 实体设计会让操作者为其指定保存路径及文件名。系统也会自动在该文件后面加上扩展名.ics。若对设计环境中的链接文件未作任何修改,它们也可以保存。若设计环境文件或已修改的链接文件是以"只读"方式打开的,则系统就会提示操作者采用另一个文件名保存。

2. 将设计环境保存在另一个文件中的操作方法

从"文件"菜单中选择"另存为"选项。实体设计将提示为该文件命名,并会在文件名后添加.ics 扩展名。若设计环境中已有链接文件,它们也可以根据设计环境文件的保存方式进行保存。

思考题

1. 设计零件有哪些基本方法? 试用实例加以说明。
2. 试总结在零件设计过程中图素定位的不同方法。
3. 仿照书中实例练习构建轴类、盘盖类、支架类和箱体类零件的方法。
4. 如何表达零件内部形状?
5. 总结保存零件和设计环境的方法,并练习之。

第7章　标准件以及高级图素的应用

在零件设计中,构造各种形状的孔、安排孔的不同排列方式已经成为典型的设计内容。另外,如螺钉、螺母、垫圈、齿轮、轴承和弹簧等标准件和常用件,它们的结构固定并且已经纳入国家标准。实体设计系统不仅提供了构造这些零件的方法,而且还将一些常用的结构归入到设计元素库的"高级图素"或"工具图素"中。本章将向读者介绍孔的常用构造方式、布局方法和高级图素与工具图素的应用。

7.1　孔与螺纹孔的生成

7.1.1　生成一个孔

在设计元素库的"图素"和"高级图素"中,提供了多种常用孔图素。直接拖动所需的孔图素,然后将其定位在零件上,再根据需要修改尺寸即可生成所需要的孔结构。需要说明的是,在生成多棱柱孔或多棱锥形状孔的结构时,可以通过"智能图素属性"对话框中的"变量"属性表,修改其棱柱端面的边数或截面的相关参数来实现孔的造型。

7.1.2　生成自定义孔

在设计元素库的"工具"选项卡中,提供了一种"自定义孔"的功能。将"自定义孔"图素拖放到零件表面并释放后,弹出如图 7-1(a)所示的"定制孔"对话框。

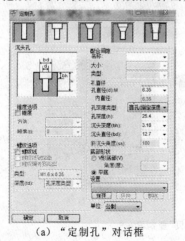
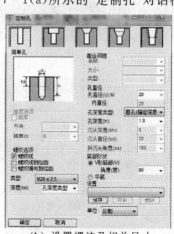

（a）"定制孔"对话框　　　　　（b）设置螺纹及相关尺寸

图 7-1　构造自定义螺纹孔

通过该对话框可以定义简单孔、沉头孔、锥形沉头孔、复合孔和管螺纹孔等 5 种常用孔结构。选择所需孔的类型，然后在对话框中设定相应的尺寸，即可构造出所需的孔。

如需构造螺纹孔，即可选择"简单孔"选项，并选择"螺纹选项"下的"螺纹线"选项。设置螺纹类型及相关尺寸，即可构造出相应的螺纹孔，如图 7-1(b)所示。

7.1.3　生成多个相同的孔

零件上常常会有形状和大小完全相同，并按一定规则排列的多个孔。为了快速生成这些孔，可先构造其中的一个，然后用复制方法生成其他孔。复制方法如下所述。

1. "拷贝"复制

在图 7-2(a)中，通过高级图素中的"孔类多棱体"构造出了一个六棱柱孔。复制这个孔的操作步骤如下：

① 在智能图素编辑状态下，选择待复制的六棱柱孔。

② 激活三维球。

③ 用右键拖动三维球外控制手柄，孔与三维球一起移动。

④ 在适当位置松开光标，在弹出的快捷菜单中选择"拷贝"选项，如图 7-2(b)所示。

⑤ 在图 7-2(c)所示的"重复拷贝/链接"对话框中设定复制的数量和距离，即可将六棱柱孔按需要进行复制。图 7-2(d)所示为复制一个孔的结果。

用"拷贝"选项复制出来的孔与原有孔可以独立修改，互不影响。

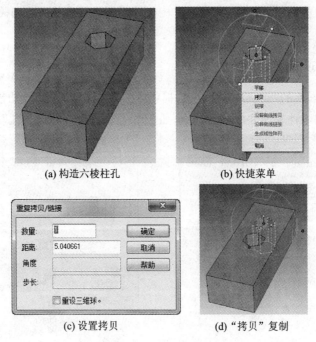

(a) 构造六棱柱孔　　　　(b) 快捷菜单

(c) 设置拷贝　　　　(d) "拷贝"复制

图 7-2　"拷贝"复制孔

2. "链接"复制

"链接"复制的操作方法与"拷贝"复制的方法基本相同。若在图 7-2(b)所示的对话框中选择"链接"选项,同样可以复制出如图 7-2(d)所示的第二个孔。"链接"复制出的孔与原有的孔是相互关联的,修改其中的任何一个,另外一个也会被随之修改。

3. "线性阵列"复制

"线性阵列"复制是生成纵横两个方向多个孔的快捷方法。"线性阵列"复制的操作方法与"拷贝"复制的操作方法基本相同。

① 在图 7-2(b)所示的对话框中选择"生成线性阵列"选项。

② 在"阵列"对话框中输入数量和距离,然后单击"确定"按钮,即可实现阵列,其结果如图 7-3 所示。

③ 阵列设置完成后,复制出来的孔也与原有的孔相关联,并在阵列的方向上将出现蓝色虚线,同时显示阵列的距离。

④ 选中该距离值后右击,可以在弹出的对话框中对阵列进行修改。

由于在设计工作中经常使用线性阵列的圆孔,所以在高级图素中提供了"孔类环布块"的功能。利用此功能可以直接生成线性阵列的圆孔,如图 7-4 所示。另外,还可以通过"智能图素属性"下的"变量"属性表修改圆孔的行、列数等参数。读者可自行练习。

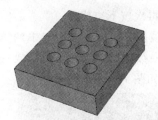

图 7-3　"线性阵列"复制　　　　图 7-4　用"孔类环布块"图素阵列复制

注意:在工程模式下,智能图素无法完成"生成线性阵列"。此时,可使用"特征"状态栏下的"阵列"特征进行阵列。

4. 圆形阵列复制

通过圆形阵列可以将孔绕着某个旋转轴作阵列复制。其操作方法如下:

① 在智能图素编辑状态下选中待复制的孔。

② 激活三维球,按下空格键使三维球与图素分离,单独将三维球的中心移动到旋转轴上,如图 7-5(a)所示。

③ 用右键拖动旋转轴,松开鼠标后在弹出的对话框中选择"生成圆形阵列"选项。

④ 在"阵列"对话框中输入阵列的数量和彼此之间的角度,如图 7-5(b)所示。

⑤ 阵列完成后,复制出来的孔与原有的孔相关联。结果如图 7-5(c)所示。

由于圆形阵列是生成均布圆孔的有效方法,所以在高级图素中也提供了一种"孔类环布圆柱"图素,直接调用它可以生成均布的圆孔。同样,可以通过"智能图素属性"下的"变量"属性表修改圆孔的数量等参数值。

（a）激活三维球　　　　　　（b）"阵列"对话框　　　　　　（c）完成圆形阵列

图 7-5　圆形阵列复制

5."镜像"复制

"镜像"复制与"拷贝"复制的区别是:"拷贝"复制是将被复制的对象平移复制,而"镜像"复制则像照镜子一样复制出一个对称的对象。

例如,利用高级图素中的"孔类半圆柱"生成一个如图 7-6(a)所示的半圆孔,如果用"镜像"复制的方法生成这个半圆孔的对称半圆孔,其操作方法如下:

① 在智能图素状态下选中待复制的半圆孔。

② 激活三维球,按下空格键使三维球与图素分离,将三维球的中心移动到镜像的对称中心,再次按下空格键。

③ 右击镜像方向所在的定向手柄 A,在弹出的快捷菜单中选择"镜像"选项。

④ 在下一级菜单中选择"拷贝"或"链接"选项,即可构造出沿选定方向镜像复制出的半圆孔,如图 7-6(b)所示。

 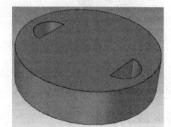

（a）复制对象　　　　　　　　　　（b）完成镜像复制

图 7-6　"镜像"复制

7.2　紧固件的调用

螺栓、螺钉、螺母和垫圈等紧固件是应用非常广泛的标准件。设计元素库的"工具"选项卡中提供了调用这些紧固件的方法。具体操作方法如下:

　　① 将工具元素库中的"紧固件"拖放到设计环境中。

　　② 松开鼠标后将弹出"紧固件"对话框,如图 7 - 7(a)所示。

　　③ 在"主类型"下拉列表框中选择"螺栓"选项。

　　④ 在"子类型"下拉列表框中选择"六角头螺栓"或"其他螺栓"选项。

　　⑤ 在"规格表"中根据螺栓的国标号查找所需螺栓类型,对话框右侧是相应的示意图。

　　⑥ 选择所需螺栓后,单击"下一步"按钮,弹出新对话框,如图 7 - 7(b)所示。

　　⑦ 选定合适的规格,并按需要修改各个参数后,单击"确定"按钮,即可调出相应的螺栓,如图 7 - 7(c)所示。

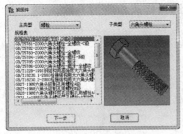 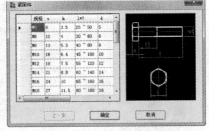 

　　(a)　"紧固件"对话框　　　　　　(b)　选择所需螺栓　　　　　(c)　完成螺栓定制

图 7 - 7　生成六角头螺栓

　　若在图 7 - 7(a)所示的对话框中选择某种螺钉、螺母或者垫圈等其他标准件,并在随后弹出的对话框中设定其规格和相应的尺寸,也可以调出所需要的不同螺钉、螺母或者垫圈。图 7 - 8 所示为按上述方法调用的螺钉、螺母和垫圈等标准件实例。

图 7 - 8　几种螺纹紧固件

7.3　构建常用件

7.3.1　构建齿轮

　　齿轮是机械产品中的常用零件。齿轮有圆柱齿轮、锥齿轮及齿条和蜗轮、蜗杆等不同结构形式。齿轮的齿形有渐开线、梯形、圆弧、样条曲线、双曲线及棘齿等不同齿廓。

　　在实体设计的"工具"元素库中提供了"齿轮"图素,利用该图素可以方便地构建齿轮。其操作方法如下：

① 在工具元素库中选择"齿轮"图素，并将其拖放到设计环境中。

② 弹出如图 7-9 所示的"齿轮"对话框。

③ 对话框中的 5 个选项可以分别定义直齿轮、斜齿轮、锥齿轮、蜗杆和齿条。

④ 选择所需的齿轮类型，参照示意图在"尺寸属性"选项组中设定齿轮各部分的结构尺寸。

⑤ 在"齿属性"选项组中，输入齿轮的"齿数"、"齿廓"（"直齿"、"圆弧"和"样条"等），并输入齿轮的"压力角"。然后，单击"确定"按钮，即可构建出所需齿轮。

对构建的齿轮可以编辑修改。方法是右击齿轮，并从弹出的快捷菜单中选择"加载属性"选项，之后可以在如图 7-9 所示的对话框中编辑修改相应的参数。

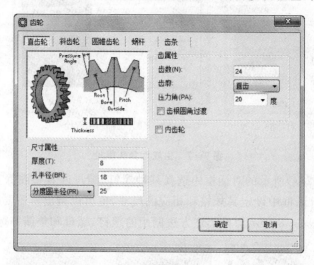

图 7-9　"齿轮"对话框

图 7-10 所示为通过"齿轮"图素构建的直齿圆柱齿轮、斜齿圆柱齿轮、直齿锥齿轮、蜗杆和齿条的实例。

图 7-10　构造出的齿轮、蜗杆和齿条实例

7.3.2　构建轴承

　　轴承是机械产品中的典型零件。常见的滚动轴承由轴承内圈、外圈、滚动体和保持架等部分组成。运用前几章中介绍的构形方法,可以分别构造轴承各个部分的结构形状,再将它们组装在一起形成完整的轴承。

　　下面介绍构建轴承的另一种方法,即利用实体设计系统提供的"轴承"图素直接构造出所需的轴承。其中,常用的球轴承、滚子轴承和推力轴承都可以通过"轴承"图素直接构造出来。具体操作方法如下:

　　① 将工具元素图库中的"轴承"图素拖放到设计环境中。

　　② 松开鼠标后将弹出如图 7 - 11 所示的"轴承"对话框。在该对话框中,有"球轴承"、"滚子轴承"和"推力轴承"3 个选项。

　　③ 选定某个选项后,再选择其下面的某种轴承结构,并设定轴径的数值。

　　④ 如果未选择"指定外径"选项,则系统将以默认的数值作为轴承的外径。

　　⑤ 若选择"指定外径"选项,则需要输入外径值,并通过"指定高度"文本框输入轴承的高度。

　　⑥ 最后单击"确定"按钮,即可构造出符合设计要求的轴承。

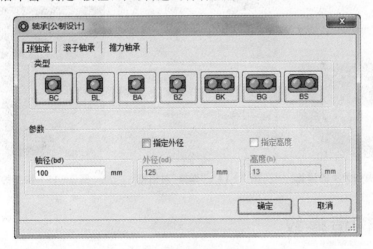

图 7 - 11　"轴承"对话框

　　图 7 - 12 所示为用上述方法构造出的几种轴径相同而结构形式不同的轴承实例。

图 7 - 12　构建的轴承实例

7.3.3　构建弹簧

CAXA 实体设计提供了构造螺旋弹簧的图素,其操作的步骤如下:

① 将工具元素图库中的"弹簧"图素拖放到设计环境中。

② 松开鼠标后将出现一个只有一圈的弹簧造型,如图 7-13 所示。

③ 在智能编辑状态下选中该弹簧,并右击,在弹出的快捷菜单中选择"加载属性"选项,则出现如图 7-14 所示的"螺旋"对话框。通过该对话框可以设置弹簧的有关参数。

④ 参照对话框中左上方的示意图,在"高度"选项组中可直接给定弹簧的高度值 H_0,也可以通过给定弹簧圈数来确定弹簧的高度。

⑤ 在"螺距"选项组中,选择等螺距或者变螺距,并输入螺距值。

⑥ 在"截面"选项组中,选定弹簧的簧丝截面形状为圆形,并输入其半径值。

⑦ 在"半径"选项组中设定弹簧半径的属性和数值。

⑧ 单击"确定"按钮后,即可构造出如图 7-15 所示的弹簧。

图 7-13　圈数为 1 的弹簧

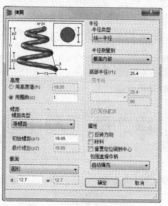
图 7-14　"弹簧"对话框

图 7-15　构造的弹簧

7.4　构造螺纹

在 7.1.2 小节中介绍了构造螺纹孔的方法,并在 7.2 节中介绍了螺栓、螺钉和螺母等紧固件的调用方法。用上述方法构造出的螺纹都是示意性的,缺乏真实感。但它们占用的内存空间较小。下面介绍如何利用"弹簧"图素来构造具有真实感的实体螺纹。

7.4.1　构造外螺纹

如果要在一个圆柱体的外表面上构造螺纹,可采用增料方式。例如:若在半径为 20、高度为 80 的圆柱体表面上添加螺纹,可按如下步骤:

① 先将"弹簧"图素拖放到圆柱体端面的中心,如图 7-16(a)所示。

② 打开如图 7-16(b)所示的"弹簧"对话框。

（a）拖放"弹簧"图素

（b）"弹簧"对话框

（c）生成螺纹

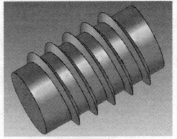

（d）确定螺纹位置

图 7-16　构造螺纹

③ 将螺旋的"高度"设定为 60;"截面"选择为"三角形",并将 l 和 w 均设为 6。

④ 设定"螺距"为 12;在"半径测量到"下拉列表中选择"截面中心",并将"底部半径"设为 22。

⑤ 如果构造左旋螺纹,则在"属性"选项组中选择"反转方向"选项。

⑥ 单击"确定"按钮,则构建出如图 7-16(c)所示的螺纹。

⑦ 利用三维球工具将弹簧沿着圆柱体轴线方向移动到适当的位置,其结果如图 7-16(d)所示。

7.4.2　构造内螺纹

如果要在一个圆柱孔的内表面构造螺纹,可以采用除料方式。其构造方法与构造外螺纹相似。例如:若在半径为 20、高度为 80 的圆孔表面添加内螺纹,其操作步

骤如下:

① 将"弹簧"图素拖放到圆柱孔端面的中心。

② 打开"弹簧"对话框,参照图 7 - 17(a)设置参数(在"属性"选项组中选择"除料"选项)。

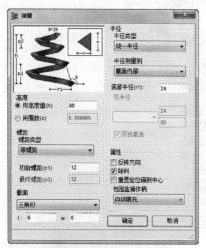

（a）"弹簧"对话框中设定螺纹参数

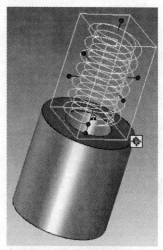

（b）生成除料螺纹

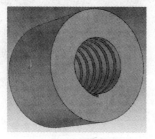

（c）确定内螺纹位置

（d）内螺纹截面图

图 7 - 17　构造内螺纹的步骤

③ 在"半径测量到"下拉列表中选择"截面内部"选项,并将"底部半径"设为 24。

④ 单击"确定"按钮,则构建出如图 7 - 17(b)所示的内螺纹。

⑤ 利用三维球将其沿着圆孔轴线方向移动到适当的位置,其结果如图 7 - 17(c)所示。图 7 - 17(d)所示为将螺纹孔剖切后的情况。

7.5　利用表面编辑生成自定义图素

本书第 5 章介绍了利用拉伸、旋转、扫描和放样等手段生成自定义智能图素的方法。本节向读者介绍生成自定义图素的另一种方法,即表面编辑。

CAXA 实体设计系统提供了两种类型的表面(或曲面)重构方法。

拔模:向图素上增加材料,使其形成锥形。

变形:向图素上增加材料,形成一个光滑的拱顶式的"盖"。

双击图素使其进入智能图素编辑状态。右击,在弹出的快捷菜单中选择"表面编辑"选项,如图 7-18 所示。随即出现如图 7-19 所示的"拉伸特征"对话框。利用该表上的相关选项,可以在图素表面上进行拔模或变形操作。

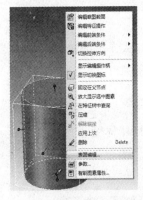

图 7-18　快捷菜单

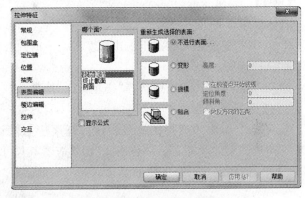

图 7-19　"拉伸特征"对话框

各选项功能的含义如下:

(1) 哪个面

从以下选项中选择需要进行重构的面。

"起始截面":选择这一选项表示对图素的起始截面进行拔模或加盖。

"终止截面":选择这一选项表示对图素的终止截面进行拔模或加盖。

"侧面":选择这一选项表示对图素的侧面进行拔模或加盖。

(2) 重新生成选择的表面

"不进行表面":此选项表示不进行表面编辑。

"变形":表示要在图素上加一个圆形顶部。在"曲面重构"对话框中的"高度"文本框中输入加盖所需的高度。

"拔模":表示对一个表面进行拔模。拔模效果根据"哪个面"的设定条件而定。

● 当对侧面拔模时,"倾斜角"决定着侧面沿着图素扫描轴线从起始截面到终止截面收敛或发散的速度。负值锥角对应于收敛方式,正值锥角对应于发散方式。起始截面保持不变,但终止截面要根据倾斜角变化以形成锥形。

● 当对起始截面或终止截面进行拔模时,"倾斜角"和"定位角度"决定倾斜的方向和坡度。拔模结果使终止截面成凿子形状。拔模方向由"定位角度"决定。

"倾斜角":在该文本框中输入一个角度数值,终止截面倾斜成这一角度,形成一个凿子的形状。侧面终止截面也倾斜成这一角度。

"定位角度":在该文本框中输入一个角度数值,以决定拔模方向的起始点。

"贴合":使用这一选项规定一个图素的起始截面或终止截面与放置于其上的另

一个图素的表面相匹配。例如,如果将一个长方体放置于一个圆柱体上,使用这一选项使长方体的相交面沿着圆柱面弯曲。选择"做反方向的匹配"选项,使图素的起始截面和终止截面相匹配。使用这一选项,选择的"匹配"选项只能用于起始截面或终止截面,但不能同时用于两者。

下面举例说明表面重构中的变形和拔模操作方法。

【例1】　表面变形。

具体操作步骤如下:

① 在图素智能编辑状态下右击图7-18中的圆柱体,从弹出的快捷菜单中选择"表面编辑"选项。

② 在"哪个面"选项组中选择"终止截面"选项。

③ 选择"变形"选项。

④ 输入"5",作为变形的高度。这一高度应与默认圆柱体图素的尺寸相适应。如果不知道图素的尺寸,选择"包围盒"标签查看其尺寸。

⑤ 单击"确定"按钮,关闭对话框。变形后的图素如图7-20(a)所示。

(a) 变形结果　　　　　　　　　　(b) 操作手柄

图7-20　编辑表面

如果单击"操作柄切换"来显示图素操作手柄,则会发现方形和圆形的操作手柄即显示在变形面上,如图7-20(b)所示。拖动圆形操作手柄可以调整变形面的高度,拖动方形操作手柄可以移动变形面的位置。但是,不能通过右击操作手柄弹出的快捷菜单来编辑其数值。要编辑其数值,必须使用"曲面编辑表"。

【例2】　对一个表面拔模。

具体操作步骤如下:

① 重复例1步骤①~③。

② 选择"拔模"选项。

③ 在"倾斜角度"文本框中输入45,这一角度决定了加到终止截面倾斜的角度。

④ 单击"确定"按钮,关闭对话框,拔模后的图素如图7-21所示。

图7-21　编辑表面

可以看到,表面编辑对于生成复杂自定义图素非常有用。

另外,智能图素列表中的其他选项,如"常规"、"拉伸"、交互和位置等,也可以方便有效地对智能图素的其他属性进行设置和修改,读者可以自行练习。

7.6　修改零件的面和边

在 CAXA 实体设计的众多独特功能中,有一项功能是直接编辑零件的面,而不考虑其底层智能图素结构。"直接表面图素"可与智能图素结合使用,也可单独使用。这一编辑方法是 CAXA 实体设计的主要优点之一。"直接表面图素"可确保操作者只对被选定的图素进行修改,所以"直接表面图素"为零件的修改提供了一种安全的方法。这与传统的、基于约束条件的系统不同。从"修改"菜单中选择"面操作"选项,或者右击选定的面,然后在快捷菜单中选择该命令,即可使用"直接表面图素"功能选项。

该功能各选项的含义如下:

"表面移动"　可自由移动选定的面,进而快速改变零件的形状。

"表面匹配"　可快速修改零件的一个面,使其与另一个面匹配。

"拔模斜度"　可快速使零件上的面与指定的草图平面形成指定角度的锥形。

这些表面图素功能选项是作为对话式工具执行的。对话式工具的概念是指操作者可以交互地编辑输入参数并以图形方式在执行该操作之前预览效果。

"表面等距"　可使选定面相对原位置快速偏移。

"删除表面"　可删除选定的面。

"编辑表面半径"　可改变圆柱面的半径或椭圆面的长/短半轴。

这些选项都是基于命令的工具,在它们单独弹出的快捷菜单中有指定的输入区。

7.6.1　表面移动

1. 激活"表面移动"命令

① 从"特征"功能面板的"直接编辑"中选择"表面移动"工具按钮 。

② 从下拉菜单中选择"修改"|"面操作"|"表面移动"选项。

③ 选定想移动的面并右击,然后从快捷菜单中选择"平移"选项。

通过上述方法之一选中此选项时,在工作窗口左边将出现"表面移动"命令管理栏,如图 7-22 所示。

图 7-22　"表面移动"命令管理栏

2. 移动种类

自由移动：选择移动表面后，可以自由移动，不受任何约束。此时可借助三维球工具来确定表面的移动量。自由移动对于工程模式和创新模式的操作相同。

沿线移动：选择移动表面，并选择一个边，输入移动距离，表面会沿这条线移动相应的距离。当线移动时，表面移动也随之更改。

旋转：选择移动表面，并选择一个边，输入旋转角度，表面会以这条线为轴旋转相应的角度。当线移动时，表面的旋转也随之更改。

沿线移动和旋转仅针对激活状态下的工程模式零件，创新模式零件不能进行这两种表面移动。

激活表面移动后，弹出如图 7 - 23 所示的"面编辑通知"对话框。同时，加亮显示的智能图素将被组合在一起，今后若要修改必须采用面编辑工具。另外，它将提示选择继续操作或取消操作。

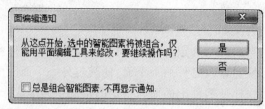

图 7 - 23　"面编辑通知"对话框

图 7 - 24 所示为表面移动的操作过程。

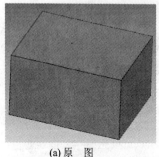 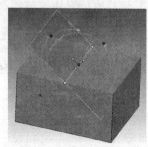 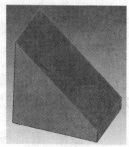

　　　(a) 原　图　　　　　　　(b) 三维球旋转　　　　　　　(c) 结　果

图 7 - 24　利用三维球移动旋转多边形面

7.6.2　表面匹配

利用"表面匹配"命令可使选定的面同指定面相匹配。匹配方法是修剪或延展需要匹配的面。"表面匹配"功能仅适用于创新设计模式的零件。

1. 激活"表面匹配"命令

① 从"特征"功能面板的"直接编辑"中选择"表面匹配"工具按钮 。

② 从下拉菜单栏中选择"修改"|"面操作"|"表面匹配"选项。

③ 选定需要匹配的面并右击,从快捷菜单中选择"表面匹配"选项,如图 7-25 所示。

2."表面匹配"命令管理栏

通过上述方法之一激活此选项,将出现"表面匹配"命令管理栏,如图 7-26 所示。

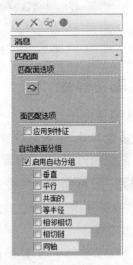

图 7-25 快捷菜单　　　　图 7-26 "表面匹配"命令管理栏

"匹配面选项":指定一个将与选定面匹配的面。

"自动表面分组"|"启用自动分组":与选定表面有以下"垂直、平行、共面"等几何关系的面将被自动选中。

3. 表面的匹配

"表面匹配"功能的使用方法如下:

① 单击"表面匹配"工具按钮 ,激活"表面匹配"命令。

② 选择需要匹配的表面。

③ 单击"面匹配选项"工具按钮 ,选择将与选定面匹配的面。

④ 单击"确定"按钮,在弹出的"面编辑通知"对话框中(图 7-23)单击"是"按钮,完成并退出操作。

图 7-27 所示为平面与斜面匹配的示例,图 7-28 所示为平面与曲面匹配的示例,读者可以仿照前例自行练习。

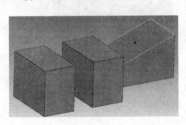

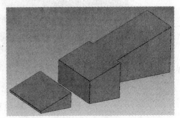

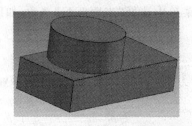
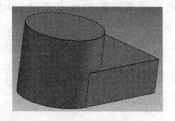

图 7 - 28　长方体侧面与圆柱体的曲面相匹配

7.6.3　表面等距

CAXA 实体设计可以使一个面相对于原位置精确地偏移一定距离。"表面等距"不同于表面移动,它将为新面计算一组新的尺寸参数。当偏移值为正时,新面向外偏移,反之则向内偏移。"表面等距"功能仅适用于创新设计模式的零件。

1.　激活"表面等距"命令

① 从"特征"功能面板的"直接编辑"中选择"表面等距"工具按钮。

② 从下拉菜单栏中选择"修改"|"面操作"|"表面等距"选项。

③ 选定需要等距的面右击,从快捷菜单中选择"等距"选项。

2.　表面等距

"表面等距"功能的使用方法如下:

① 选择需要等距的表面。

② 激活"表面等距"命令。

③ 在图 7 - 29 所示的命令管理栏中输入等距距离。

④ 单击"确定"按钮,在弹出的"面编辑通知"对话框中(见图 7 - 23)单击"是"按钮,完成并退出操作。

图 7 - 30 所示为使零件的一个侧面偏移的示例。

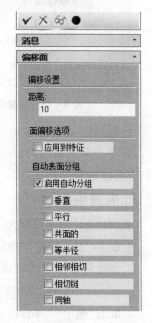

图 7 - 29　"表面等距"命令管理栏

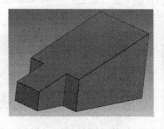
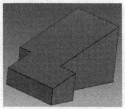

图 7 - 30　等距移动零件的一个侧面

7.6.4　删除表面

"删除表面"功能可以通过菜单选择需要删除的面,然后从菜单栏中选择"修改"选项,再单击"删除表面"工具按钮 ▧。

操作方法与"表面匹配"、"表面等距"类似,这里不再赘述。图 7-31 所示为删除零件前端面的示例。

注意: 删除一个面后,其相邻面将延伸,以弥合形成的开口。如果相邻面的延伸无法弥合开口,删除表面操作失败。

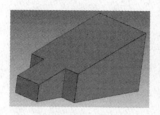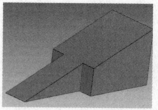

图 7-31　删除前端面

7.6.5　编辑表面半径

"编辑表面半径"选项可用于编辑圆柱面的半径或椭圆面的长/短半径值。

单击"编辑表面半径"工具按钮 ▨,选择的方法与表面等距基本相同。这里也不再赘述。图 7-32 所示为通过均衡增加半径编辑圆柱形孔的表面半径的示例,图 7-33 所示为改变长半径将圆柱体变成椭圆的示例。

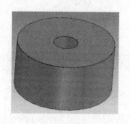

图 7-32　编辑圆柱孔的表面半径

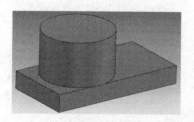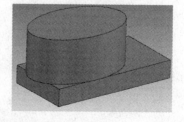

图 7-33　改变长半径将圆柱体变为椭圆柱

思考题

1. 试说明如何生成多个孔。
2. 试说明如何构造内螺纹和外螺纹。
3. 试构造螺栓 GB/T 5782 M10×60。
4. 用表面重构的方法生成如图 7-20 和图 7-21 所示图素。
5. 利用表面匹配功能生成如图 7-26 和图 7-27 所示新图素。

第8章 曲面零件设计

本章将介绍曲面零件设计。在曲面零件设计中,曲线生成和曲面生成是两项基本的任务。通过学习本章内容,读者应掌握各种 3D 曲线的生成方法,并在此基础上运用实体设计提供的各种曲面生成工具,设计出复杂的曲面零件。

在本章中,每一种曲线或曲面零件的设计都会首先进入一个生成该曲线或曲面的生成环境,当需要放弃曲线或者曲面生成操作时,按下 Esc 键即可。

8.1 3D 曲线的生成与编辑

3D 曲线是复杂曲面设计的基础。在实体设计中,3D 曲线有多种不同的生成方法。本节主要介绍在不依靠其他元素的情况下,如何生成一条 3D 空间曲线,内容包括平面曲线生成 3D 曲线、手工绘制 3D 曲线及 3D 曲线的编辑和修改。

8.1.1 平面曲线提取 3D 曲线

在二维设计环境下,可利用二维绘图工具绘制各种曲线,这些曲线具有二维环境下的各种性质。"提取 3D 曲线"命令可将二维曲线转换为三维环境下的曲线,其操作方法如下:

① 选中一条二维曲线。在实体设计环境中,二维曲线为白色,三维曲线为棕色,选中后的二、三维曲线均为蓝色。

② 在该曲线上右击,弹出如图 8-1 所示的快捷菜单,将光标移动到"生成"选项,会弹出级联菜单,选择"提取 3D 曲线"选项。

注意:在选择"提取 3D 曲线"菜单项后,实体设计将二维曲线转换为三维曲线,转换时采用的是复制功能,因此原来的二维曲线仍然存在,如果不再需要,可以删除。

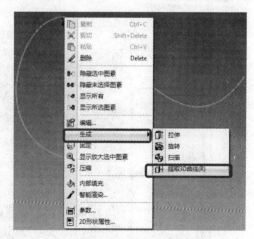

图 8-1 平面曲线操作的快捷菜单

8.1.2 3D 曲线的生成

在"曲面"功能面板上,有多种生成 3D 曲线的方法,如"三维曲线"、"提取曲线"、

"曲面交线"、"等参数线"、"公式曲线"、"组合投影曲线"、"曲面投影线"和"包裹曲线"等。也可打开如图 8-2 所示的"3D 曲线"工具条,使用相关按钮。

图 8-2　"曲面"功能面板和"3D 曲线"工具条

对于一般的 3D 曲线,通过"曲面"下的"三维曲线"按钮(见图 8-3),可以得到如图 8-4 所示三维曲线的生成工具页。

图 8-3　"三维曲线"按钮

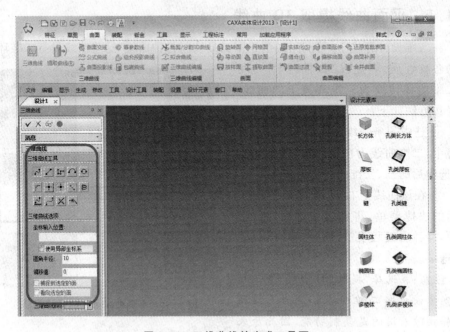

图 8-4　三维曲线的生成工具页

下面逐一介绍三维曲线生成工具页上各按钮的功能。

(1) ⬚"样条曲线"　绘制样条曲线有 4 种方法可以选择:

● 捕捉空间点(已有的 3D 点、实体或曲面上能捕捉到的点、曲线上的点等)绘制

　　样条曲线。

- 借助三维球绘制样条曲线。
- 输入坐标点绘制样条曲线。
- 读入文本文件绘制样条曲线。

　　(2) ↗"直线"　单击该按钮，输入空间直线的两个端点绘制空间直线。这两个点可以输入精确的坐标值，也可以拾取绘制好的 3D 点、实体和其他曲线上的点。

　　(3) ↳"多义线"　单击该按钮，进入绘制连续直线状态。单击依次设置连续直线段的各个端点，可生成连续的直线。在多义线线段某中间点的位置处右击，选择弹出菜单中的"编辑"选项可以设置该点的精确坐标值；选择"断开连接"选项，可以将连续直线断开成为不相干的多条直线段。在多义线端点的位置右击，选择弹出菜单中的"延伸"选项，可以将多义线延伸，如图 8-5 所示。

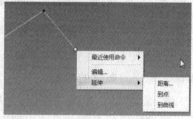

图 8-5　多义线端点选项

　　(4) ⌒"圆弧"　单击该按钮，进入绘制圆弧状态。首先指定圆弧的两个端点，再指定圆弧上的其他任意一点来生成一个空间圆弧。圆弧半径的大小是由指定的这三点来确定的。

　　(5) ○"圆"　单击该按钮，可绘制圆。首先指定圆上两点，再指定圆周上的其他任意一点生成一个空间圆。

　　(6) ⌐"圆角过渡"　单击该按钮，可在两条直线间生成圆角过渡。生成圆角过渡时要求二直线是具有公共端点的两条线。可以通过以下两种方式生成圆角过渡：

　　① 选择两直线的公共端点，随光标移动选择圆心点即可生成两直线的圆角过渡。如要对过渡的半径值进行精确的控制，可在退出"插入圆角过渡"后，用光标指向过渡圆弧，右击。在快捷菜单中选择编辑半径，在弹出的对话框中输入正确的值即可。

　　② 在"三维曲线"命令栏中输入圆角半径值后，选中需要进行圆角过渡的两直线即可，如图 8-6 所示。

　　注意：当两直线分别存在于两个零件时，需要将两直线组合到一个零件下才能进行过渡。

　　(7) ┴"插入关键点"和 ┼"显示关键点"　分别单击这两个按钮可插入关键点和显示关键点。

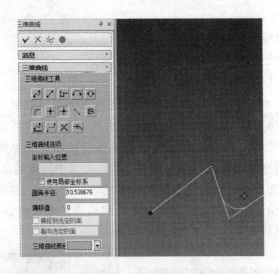

图 8-6　输入圆角半径插入圆角过渡

（8）\"插入点"　在借助三维球绘制曲线的状态下能够被激活使用。它能够配合三维球实现空间布线的功能。

（9）◙"螺旋线"　单击该按钮，然后选择一点作为螺旋线的中心，再在弹出的对话框中设置螺旋线的参数并单击"确定"按钮，即可生成螺旋线，如图 8-7 所示。

（10）⌐"样条曲线"　单击该按钮，可在平面或曲面上绘制样条曲线，如图 8-8 所示。拖动样条曲线上的控制点可以改变控制点的位置。在样条曲线控制点的位置上右击，可根据弹出的快捷菜单编辑控制点精确的坐标值。

图 8-7　生成三维螺旋线

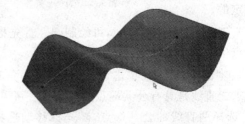

图 8-8　在曲面上绘制样条曲线

（11）♪"插入连接"和Ⅹ"分割曲线"　这两个按钮可实现曲线的插入连接和分割。

（12）⬎"生成光滑连接曲线"　该按钮可生成光滑连接的曲线。

（13）"三维曲线选项"　在三维曲线工具下方有"三维曲线选项"文本框（见图 8-9），该文本框包含以下内容：

"坐标输入位置"　用以输入三维坐标 X、Y、Z 生成三维曲线，坐标值之间用空格隔开，比如"10 20 30"，输入后按回车键确认。

"圆角半径"　输入圆角半径值。

"偏移值"　输入符合需要的数值后，可使曲线偏离已知图形的相应距离。如

图 8 - 10 所示,当绘制曲线时,拾取实体的边界即可偏置出距离为 5 的轮廓线,单击
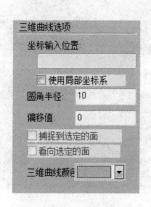 按钮即可完成偏置轮廓的绘制。

图 8 - 9　三维曲线选项　　　　　　　图 8 - 10　生成偏移曲线

注意:
① 在操作过程中,任何时候均可按 Esc 键退出生成过程。
② 按下 Shift 键,可生成与选择的几何图形正交的曲线。

8.1.3　生成 3D 曲线实例

下面通过实例说明生成 3D 曲线的方法。在生成曲线后,应单击命令栏上的"应用并退出"按钮 ,以便确认已完成操作并退出曲线编辑状态。

【例 1】　生成样条曲线。

生成样条曲线的操作步骤如下:

① 单击"样条曲线"按钮,如图 8 - 11 所示。

② 在设计工作区单击,输入样条曲线的控制点。

③ 完成样条曲线的各控制点的输入后,按 Esc 键结束。

④ 单击"应用并退出"按钮 ,则生成一条三维样条曲线。

用同样的方法,利用"直线"或"圆弧"工具也可以生成三维曲线。

【例 2】　三维曲线的拼接。

三维曲线拼接的操作步骤如下:

① 绘制两条三维曲线。

② 选择"连接"按钮,此时光标在工作区变为十字。

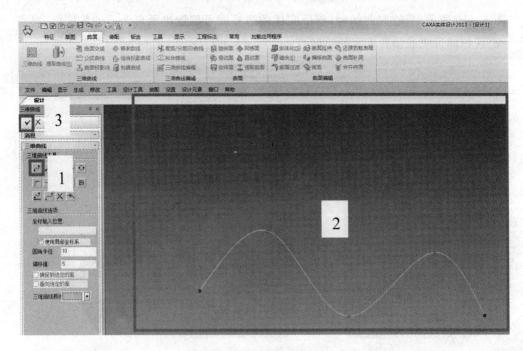

图 8 – 11　生成样条曲线

③ 选择要连接的两个端点。

④ 此时弹出"平面连接选项"对话框，输入需要光滑连接的圆弧半径，单击"确定"按钮即可，如图 8 – 12 所示。

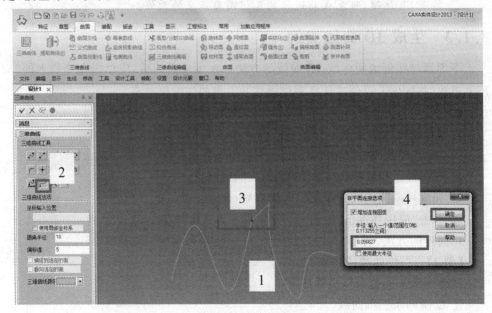

图 8 – 12　三维曲线的拼接

8.1.4　编辑 3D 曲线

当需要编辑一条 3D 曲线时，可双击该曲线，则曲线变为蓝色，同时出现"三维曲线"命令栏。此时，即可以对曲线进行编辑和修改。

"删除"：选择该曲线，按 Delete 键或右击，在弹出的快捷菜单中选择"删除"选项。

"利用三维球定位曲线"：利用三维球可以对完整的曲线或单独曲线段进行重新定位：选中该曲线，然后从主菜单的"工具"菜单条上激活三维球，或按下 F10 键激活三维球。

"修改曲线上点的坐标"：在需要修改坐标的控制点上右击，选中"编辑"选项，此时弹出"编辑绝对点位置"对话框，输入要修改的坐标值，如图 8－13 所示。

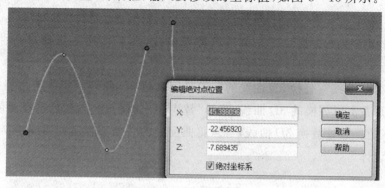

图 8－13　修改控制点坐标

"修改圆弧半径"：在利用圆弧工具生成的曲线上右击，利用半径编辑选项修改半径值。

"偏移"：利用三维命令栏的"偏移"输入适当的偏移数值，即可生成与某图素偏移一定距离的整个曲线或单独曲线段。

"添加曲线"：实体设计中允许在现有的曲线首尾两端添加曲线。操作方法是将光标移至要添加曲线的端点，此时端点由红色变为黄色。拖动该端点，使其与原曲线端点重合，接着调节后续各点坐标，即可在原曲线上添加新曲线，如图 8－14 所示。

"添加控制点"：右击曲线上要添加控制点的位置，在弹出的快捷菜单中选择"插入点"选项，即可在样条曲线上添加新控制点。

"编辑曲率"：单击该样条曲线，激活编辑手柄（见图 8－14），单击并拖动要改变控制点的手柄，此时靠近该控制点的曲线的曲率会改变。

"编辑弯曲方向"：编辑曲线弯曲方向应先单击该样条曲线，激活各控制点的编辑手柄，右击，弹出如图 8－15 所示的快捷菜单，其中提供了多种方式用来编辑曲线端点切矢张力和方向。通过菜单的"编辑"选项可以设定切矢量的精确值，通过"锁定"选项来锁定样条曲线当前切矢量值。

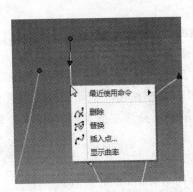

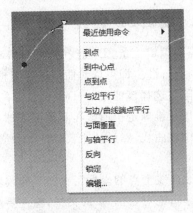

图 8 - 14　插入点与编辑曲率　　　　　图 8 - 15　编辑弯曲方向

　　"编辑样条曲线位置"：首先单击该样条曲线，然后使用三维球进行曲线的再定位。

　　"替换 3D 曲线"：替换 3D 曲线的目的是用其他 3D 曲线或实体的边替换 3D 曲线。方法是右击要替换的 3D 曲线，选择"替换 3D 曲线"选项，然后选择要使用的新 3D 曲线或边。通过替换 3D 曲线，可以将曲面中的一条不合适的曲线替换掉，有利于零件的设计。

8.2　特殊曲线的生成

　　在零件设计中，经常需要利用零件的面或者面与面之间的关系生成曲线，然后再依据这些曲线进一步完善或丰富零件设计。本节主要介绍如何在已有零件的基础上生成所需要的曲线。

　　本节内容包括：依据零件表面生成等参数线；生成曲面与曲面之间的交线；如何获得 3D 曲线在一个曲面上的投影线；如何利用曲线的公式在 3D 环境中生成一条 3D 曲线。

　　选择"工具条设置"选项，在级联菜单中选择"3D 曲线"选项，如图 8 - 16 所示。当选择"3D 曲线"复选项时，表示"3D 曲线"工具栏已经显示在屏幕上，如图 8 - 17 所示。

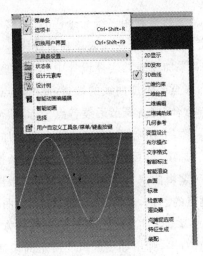

图 8 - 16　快捷菜单

　　三维曲线在前面已经作了说明，下面

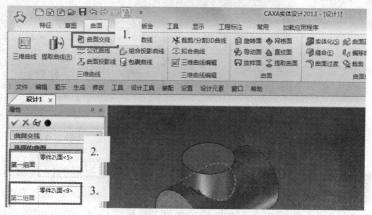

图 8 - 17 "3D 曲线"工具栏

介绍其他几种曲线的有关内容。

8.2.1 曲面交线

生成曲面交线的操作步骤如下：

① 单击"曲面"功能面板上的"曲面交线"工具按钮，出现"曲面交线"命令栏。

② 根据左下部提示区的提示，分别选取两曲面或实体的表面。

③ 单击 ✔ 按钮，即可生成两曲面的交线（绿色），如图 8 - 18 所示。

图 8 - 18 曲面交线

注意：左侧命令栏标志含义：✔：确定生成并退出；✘：取消操作；66：预览结果；●：应用但不退出。

8.2.2 公式曲线

公式曲线是用数学表达式表示的曲线。公式的给出既可以是直角坐标形式的，也可以是极坐标形式的。生成公式曲线的操作步骤如下：

① 单击"曲面"功能面板上的"公式曲线"工具按钮。

② 在"公式曲线参数"中设置公式曲线的原点、X 方向、Y 方向等，可以在设计环境中选择实体上的点、边作为公式曲线的参考。然后单击"编辑公式"按钮，则弹出如图 8 - 19 右侧所示的"公式曲线"对话框。

③ 在"公式曲线"对话框内设置坐标系类型和角度单位，为参数变量赋值并定义三个坐标方向的表达式，此时显示预览结果。确认无误后单击"确定"按钮。

④ 最后单击"公式曲线"命令栏上的 ✔ 按钮，即可生成公式曲线。

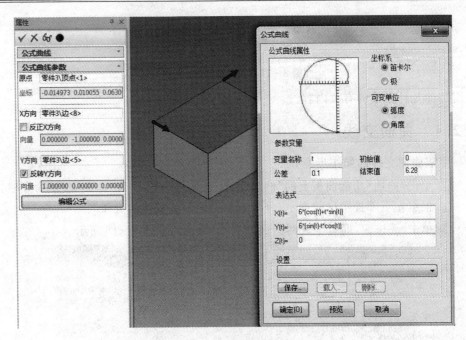

图 8-19   生成公式曲线

8.2.3   曲面投影线

将 3D 空间的一条 3D 曲线或直线沿某一直线方向向指定的曲面投射，则在该曲面上得到一条曲线，该曲线称为该曲面的投影线。生成曲面投影线的步骤如下：

① 单击"曲面"功能面板上的"曲面投影线"工具按钮 ，弹出投影曲线的命令管理栏，如图 8-20 所示。

② 拾取投影曲线和投射到的面，如图 8-21 所示。

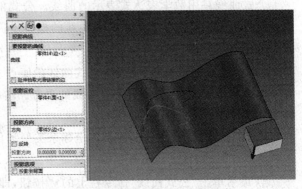

图 8-20   曲面投影线命令栏图   图 8-21   曲面投影线参数设定

③ 选择投射方向或输入坐标确定投射方向(支持反向投射)。

④ 单击"曲面投影线"命令栏上的 ✔ 按钮,生成的投影线如图 8 - 22 所示。

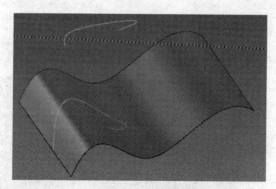

图 8 - 22　曲面投影线

8.2.4　等参数线

曲面必须是以 U、V 两个方向的参数形式建立的,且对于 U、V 每一个确定的参数都有曲面上一条确定的曲线与之对应。生成等参数线的方式有"过点"和"指定参数"两种。操作步骤如下:

① 单击"曲面"功能面板上的"等参数线"工具按钮 ◈,出现如图 8 - 23 所示的命令栏。

② 图中所示状态为输入点状态。在这种状态下可以输入曲面上的坐标点,也可以直接拾取曲面上的点。操作时注意提示区的提示,先拾取曲面,再拾取曲面上的一点。

③ 生成的曲线是 U 向和还是 V 向取决于曲面角点处的红色箭头,可以通过改变 U、V 方向按钮来切换方向。

④ 完成操作后单击命令栏上的 ✔ 按钮,等参数线即可生成,如图 8 - 23 所示。

如需要输入曲面参数值,可直接在文本框中输入比例参数值。曲面的参数值是以百分数的形式来输入,输入时百分号可以省略。

8.2.5　组合投影曲线

组合投影曲线是两条不同方向的曲线沿各自指定的方向生成拉伸曲面,生成的两个曲面相交形成的交线即是组合投影曲线,如图 8 - 24 所示。

在实体设计中,可以选择沿两种投影方向生成组合投影曲线。默认状态下是"法向"。其操作步骤如下:

① 先在草图中绘制两个方向的草图轮廓,如图 8 - 25 所示。

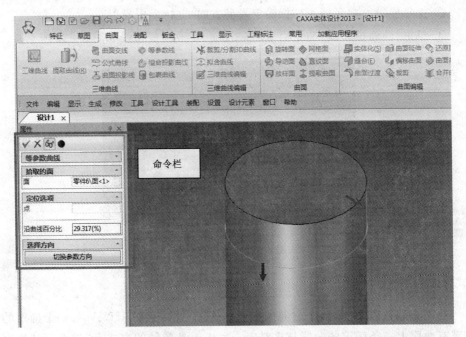

图 8-23　生成等参数线

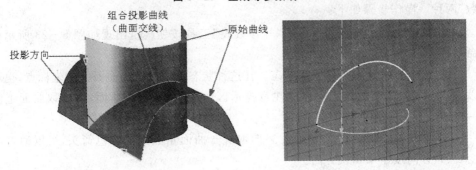

图 8-24　组合投影曲线的形成　　　　　图 8-25　绘制草图

② 单击"三维曲线"功能面板上的"组合投影曲线"工具按钮，依次在"第一条曲线和方向"选项组及"第二条曲线和方向"选项组中的"曲线"文本框，选择两个草图轮廓；投射方向默认为曲线所在平面的法矢方向，也可以选择"反转"复选项将曲线的投射方向反向，如图 8-26 所示。

③ 选择完成后，单击"应用并退出"按钮，生成组合曲线，结果如图 8-27 所示。

投射方向也可以使用"输入方向"选项，下面用一个简单例子来说明它的使用：

① 绘制两条曲线生成一个长方体，并在长方体上绘制一条直线，如图 8-28 所示。

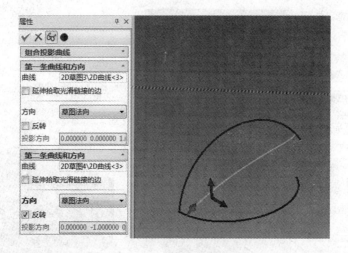

图 8 - 26　投影方向选择

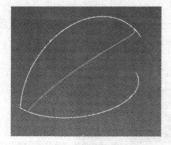

图 8 - 27　组合投影曲线

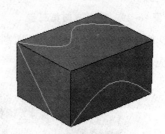

图 8 - 28　投影方向第一步

② 选择"组合投影曲线"按钮。

③ 在"第一条曲线和方向"中单击选择前面的曲线,然后在"方向"中选择长方体的一条边,如图 8 - 29 所示。

④ 在"第二条曲线和方向"中单击选择上面的曲线。然后在"方向"中选择长方体上的直线。

⑤ 选择完成后,单击"应用并退出"按钮 ✔,生成组合曲线的结果如图 8 - 30 所示(只有选择生成的投影曲线并编辑它,才可显示图 8 - 30 的结果,否则曲线在实体中看不到)。

8.2.6　包裹曲线

"包裹曲线"是 CAXA 实体设计 2013 版新增加的功能,即可以将一条平面曲线包裹到圆柱面上。操作步骤如下:

① 单击"曲面"功能面板上的"包裹曲线"工具按钮 ⧉,或者单击"3D 曲线"工具栏中的"包裹曲线"按钮。

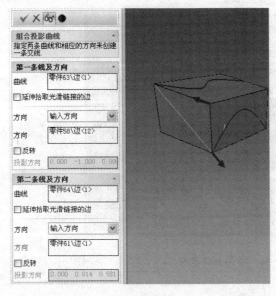

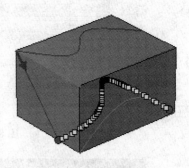

图 8-29　投影方向第三步　　　　　　　　图 8-30　组合投影曲线

　　② 在命令栏中将显示包裹参数,如图 8-31 所示。在各选项对应的文本框中单击,并选择相应的内容。

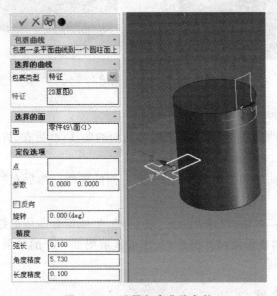

图 8-31　设置包裹曲线参数

　　③ 单击"选择的曲线"选项,"包裹类型"中可选择"曲线"和"特征"选项,"曲线"是其中的一条或几条;"特征"指选择整个曲线特征。单击输入框,在工作区选择要包裹的曲线或特征。

　　④ 单击"选择的面"选项,即在工作图区选择圆柱面。

　　⑤ 在"定位选项"选项组中,拾取一点来定位包裹曲线的起点,或者输入参数来确定起点。

　　⑥ 还可以设置"旋转角度",使包裹曲线在圆柱面上旋转。图 8 - 32 所示为旋转 30°角的预显结果。

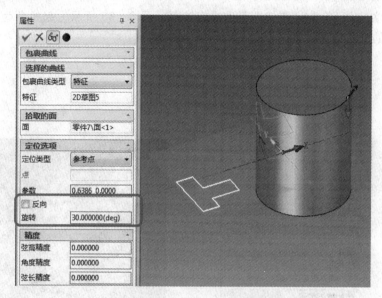

图 8 - 32　生成旋转的包裹曲线

　　⑦ 还可以设置包裹线的精度值等参数,最后单击 ✔ 按钮,生成包裹曲线。

　　注意:要包裹的曲线可以是封闭曲线,也可以是不封闭的曲线。可以是二维草图上的曲线,也可以是在一个平面上的三维曲线。

　　二维草图曲线包裹规则:X 方向沿回转面的切向伸展,Y 方向与回转面的轴向平行。

8.3　旋转面

8.3.1　旋转面的概念

　　按给定的起始角和终止角将曲线绕一根轴旋转而生成的曲面称为旋转面,见图 8 - 33。

图 8 - 33　旋转面的形成

8.3.2　生成旋转面

　　生成旋转面需要确定以下几个问题:如何确定旋转面的定位点;如何选择旋转轴;如何生成旋转曲线,即母线。

　　生成旋转面的方法可按下述步骤进行:

① 用草图功能或 3D 曲线功能绘制出直线作为旋转轴,然后绘制形成旋转面的母线。

② 单击"曲面"功能面板上的"旋转面"工具按钮⬚,出现如图 8-34 所示"旋转面"命令管理栏。

③ 在管理栏中定义旋转轴、母线、旋转起始角和终止角。

④ 设置完毕,单击✓按钮即可生成旋转面。图 8-35 所示为起始角为 0°,终止角为 200°的旋转面。

图 8-34　"旋转面"命令管理栏

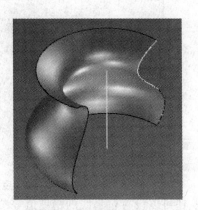

图 8-35　生成的旋转面

注意:选择方向时,箭头方向和曲面旋转方向均遵循右手螺旋法则。

8.3.3　编辑旋转面

连续单击生成后的旋转面,可以循环地出现旋转面的 3 种状态,在每种状态下可以进行不同的编辑操作。

第一次单击:选中旋转面,可以进行关于零件的各种操作。

第二次单击:选中旋转面造型,可修改旋转面的各种属性,如改变旋转面形状等。

第三次单击:选中旋转面的周边曲线。

【例】　编辑旋转面的造型。

编辑旋转面造型的操作方法如下:

① 在旋转面上单击两次,进入旋转面造型编辑状态,如图 8-36 所示。

② 在图 8-36 中,按钮 2 表示旋转母线,按钮 1 表示旋转轴。红色箭头表示旋转轴方向。在按钮 2 上右击,弹出快捷菜单。

③ 选择"编辑曲线"弹出相应的对话框,进入对旋转面旋转母线的编辑状态,如图 8-37 所示。

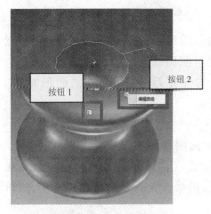

图 8 - 36　快捷菜单

图 8 - 37　编辑曲线

④ 按住曲线上的点并拖动,则曲线形状随之改变。需要注意的是,此时已进入曲线编辑状态,因此可以使用图中的各种工具来编辑曲线。

⑤ 单击 ✔ 按钮,编辑后的旋转面如图 8 - 38 所示。

图 8 - 38　编辑结果

8.3.4　由旋转面生成曲线和曲面

无论是新生成的旋转面还是经过编辑的旋转面,均可生成由其四周边缘构成的曲线。其操作方法如下:

① 连续单击旋转面 3 次,并选中旋转面的周边曲线。

② 右击,则出现如图 8 - 39 所示的快捷菜单。

③ 选择“提取曲线”菜单项,系统将会自动生成所选取的曲线,如图 8 - 39 所示。

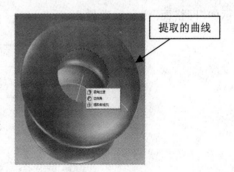

图 8 - 39　提取曲线

8.4　网格面

以网格曲线为骨架,蒙上自由曲面生成的曲面称为网格曲面。网格曲线是由特征线组成的横竖相交的曲线。

1. 生成网格面

生成网格面的思想是首先构造曲面的特征网格线确定曲面的初始骨架形状,然后用自由曲面插值特征网格线生成曲面。采用两组截面线来限定两个方向的变化,形成网格骨架,控制两方向(U 和 V 两个方向)的变化趋势,可改变曲面形状,如图 8-40所示。

生成网格面的操作步骤如下:

① 用草图工具或 3D 曲线功能绘制 U 向和 V 向网格曲线。

注意:同一组曲线之间互不相交(换句话说,就是这些曲线近似平行);一组曲线中的每一条曲线与另一组曲线中的所有曲线相交;两组曲线的方向构成的角度,近似于直角,如图 8-41 所示。

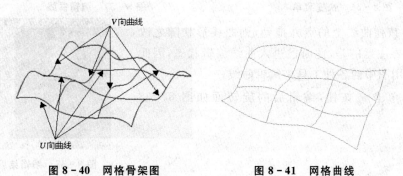

图 8-40 网格骨架图   图 8-41 网格曲线

② 单击"曲面"功能面板上的"网格面"工具按钮 ◈,屏幕上会出现如图 8-42 所示的"网格面"命令管理栏。

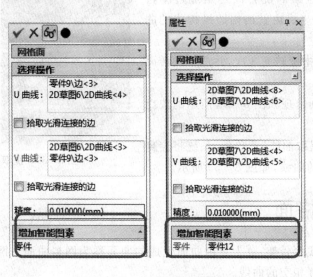

图 8-42 "网格面"命令管理栏

注意:如果屏幕上已经存在一个曲面,并且需要把将要做的网格面与这个面作为一个零件来使用,那么选择这个曲面同时单击"增加智能图素"按钮,系统会把这两个曲面作为一个零件来处理。

拾取 V 向曲线。拾取时 V 向曲线显示框中会自动显示 V 向线数。完成操作后,当设计环境中有激活的工程模式零件或曲面时,要生成网格面,其命令管理栏如图 8-42 右图所示。

③ 依次拾取 U 向曲线。两个方向的曲线任何一方都可以首先作为 U 向曲线来拾取。拾取时 U 向线数显示框中会自动显示 U 向线数。U 向曲线拾取完成后,单击"拾取 V 向曲线"按钮继续下一步。

④ 依次拾单击"完成"按钮 ✔。曲面生成如图 8-43 所示。

⑤ 实体设计支持双向封闭的网格面,是其网格面功能的一大特点,如图 8-44 所示。

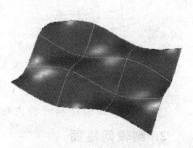

图 8-43　生成网格面

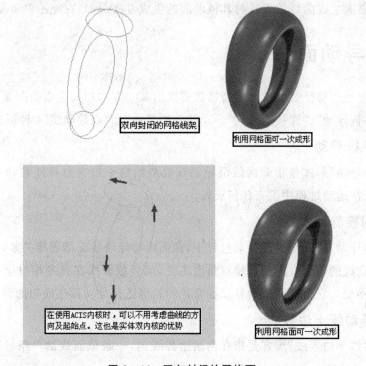

双向封闭的网格线架

利用网格面可一次成形

在使用ACIS内核时,可以不用考虑曲线的方向及起始点。这也是实体双内核的优势

利用网格面可一次成形

图 8-44　双向封闭的网格面

注意:

① 拾取的每条 U 向曲线与所有 V 向曲线都必须有交点。拾取的曲线应当是光滑曲线。曲面的边界线可以是实体的棱边。特征网格线有以下要求:网格曲线组成

网状四边形网格,规则四边网格与不规则四边网格均可。插值区域由四条边界曲线围成(见图 8-45(a)、(b)),不允许有三边域、五边域和多边域(见图 8-45(c))。

(a)规则四边网格   (b)不规则四边网格   (c)不规则网格

图 8-45 网格的围成

② 建议在曲面建构时将内核切换成 ACIS。

2. 编辑网格面

网格面的编辑与其他曲面的编辑方法类似,在此不再重复。

3. 由网格面生成曲线和曲面

由网格面生成曲线的方法与其他曲面的生成方法类似,在此不再重复。

8.5 导动面

导动面是由特征截面线沿着特征轨迹线的某一方向扫动生成的曲面。导动面的生成有"平行导动"、"固接导动"、"导动线＋边界线"和"双导动线"4 种形式。

1. 平行导动

"平行导动"形式是指截面线沿导动线趋势始终平行它自身地移动而生成的曲面,截面线在运动过程中没有任何旋转。

2. 固接导动

"固接导动"形式是指在导动过程中,截面线与导动线保持固接关系,即让截面线平面与导动线的切矢方向保持相对角度不变,而且截面线在自身相对坐标中的位置关系保持不变。它是截面线沿导动线变化的趋势进行导动而生成的曲面。

3. 导动线＋边界线

"导动线＋边界线"形式是指在两条边界线内,一条截面线沿一条导动线导动生成的曲面。

4. 双导动线

"双导动线"形式是指将一条截面线沿着两条导动线匀速地导动生成的曲面。

上述每一种导动面的生成方法,虽然在导动线和截面的选择顺序上各不相同,但其基本操作方法是一样的。

8.5.1 生成导动面

为了满足不同形状的要求,可以在扫动过程中对截面线施加不同的几何约束,让截面线与轨迹线之间保持不同的位置关系,即可生成形状多样的导动面。例如,截面线沿轨迹线运动过程中,让截面线绕自身旋转,也可绕轨迹线扭转,从而产生形状多样的导动曲面。

生成导动面的步骤如下:

① 单击"曲面"功能面板上的"导动面"工具按钮，出现如图 8-46 所示的"导动面"命令管理栏。

② 选择导动面类型:"平行"导动、"固接"导动、"导动线+边界线"和"双导动"线。

选择"平行"导动:分别选取截面曲线和导动线,如图 8-47 所示。

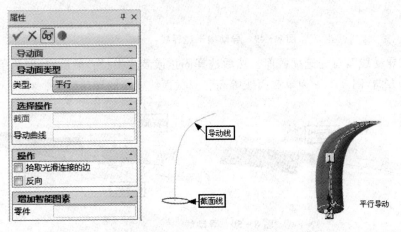

图 8-46 "导动面"命令管理栏   图 8-47 平行导动

选择"固接"导动:首先拾取一条或两条截面曲线,然后拾取导动线,选择导截面线,如图 8-48 所示。

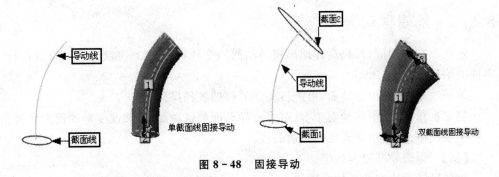

图 8-48 固接导动

选择"导动线+边界线": 首先拾取截面曲线。此时若拾取两条截面线则成为双截面线导动。然后,拾取导动线、边界线,最后选择固接或者变半径。图 8 - 49 分别是单截面线等高、双截面线等高、单截面线变高和双截面线变高导动的结果。

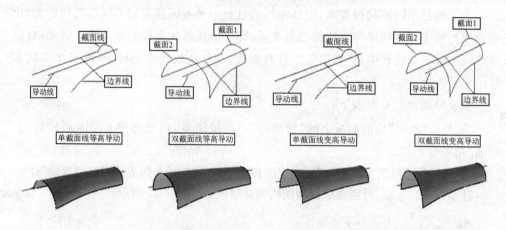

图 8 - 49   导动线+边界线

选择"双导动线": 首先选择截面。然后选择固接或者变半径。最后,拾取两条导动线,并选择方向,图 8 - 50 为单截面线等高和双截面线变高的导动结果。

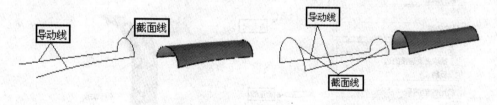

图 8 - 50   导动线

③ 选择完毕单击✔按钮,即可生成导动面。

注意: 导动曲线、截面曲线应当是光滑曲线。在两条截面线之间进行导动时,拾取两条截面线时应使它们方向一致,否则曲面将发生扭曲,形状不可预料。

8.5.2   编辑导动面

连续单击导动面,可以循环地出现导动面的 3 种状态,在每种状态下都可以进行不同的编辑操作。

第一次单击:选中导动面,可进行关于零件的各种操作。

第二次单击:选中导动面造型,可修改导动面的各种属性,如改变导动面形状等。

第三次单击:选中导动面的周边曲线。

【例】   编辑导动面的造型。

编辑导动面造型的操作方法如下:

① 在导动面上单击两次,进入导动面造型编辑状态,如图 8-51(a)所示。在图 8-51(a)中,按钮 1 和按钮 2 都表示导动线。

② 在按钮 1 上右击,出现快捷菜单,如图 8-51(b)所示。

③ 选择"编辑曲线"弹出菜单,进入导动曲线的编辑状态。

④ 按住曲线上的点并拖动,则曲线形状随之改变,如图 8-51(c)所示。

⑤ 右击左下角点弹出快捷菜单,选择"编辑位置"选项,在弹出的对话框中可修改该点的坐标值,如图 8-51(d)所示。

⑥ 单击 ✔ 按钮,编辑后的导动面如图 8-51(e)所示。

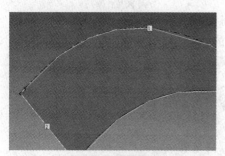
(a) 进入编辑状态

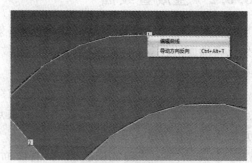
(b) 弹出快捷菜单

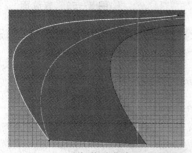
(c) 光标拖动曲线

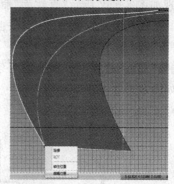
(d) 修改坐标值

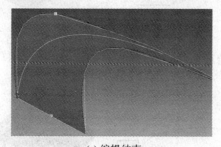
(e) 编辑结束

图 8-51 导动面的编辑

8.6　直纹面

8.6.1　直纹面的概念

直纹面是由一条直线的两端点分别在两曲线上匀速运动而形成的轨迹曲面。该两条曲线可以是三维曲线也可以是已知的零件或者曲面边界线。

8.6.2　生成直纹面

生成直纹面应该确定以下几个问题:如何确定待生成直纹面的位置,即锚点;如何确定直纹面的边界;如何生成扫描直线。

生成的直纹面有 4 种类型:"曲线-曲线"、"曲线-点"、"曲线-面"和"垂直于面"。本小节重点介绍生成直纹面的操作方法。

① 单击"曲面"功能面板上的"直纹面"工具按钮 ，出现如图 8-52 所示"直纹面"命令管理栏。

② 选取直纹面的类型:"曲线-曲线"、"曲线-点"、"曲线-面"和"垂直于面"。

图 8-52　直纹面

选择"曲线-曲线":分别拾取两条曲线,注意要拾取两条曲线上的对应点,以避免扭曲,如图 8-53 所示。

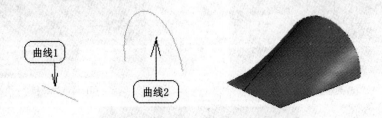

图 8-53　曲线之间生成直纹面

选取"曲线-点":先拾取曲线,然后拾取空间点,如图 8-54 所示。

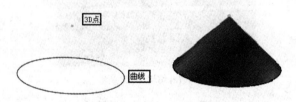

图 8-54　点和曲线之间生成直纹面

　　选取"曲线-曲面"：首先拾取空间曲线，并选择投射方向。然后选择输入锥度，再拾取投射到的曲面。如图 8－55 所示，该功能类似于"拉伸到面"的功能。

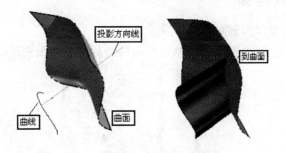

图 8－55　曲线与曲面之间生成直纹面

　　选取"垂直于面"：拾取空间曲线，然后拾取投射到的曲面，可设置直纹面长度，如图 8－56 所示。

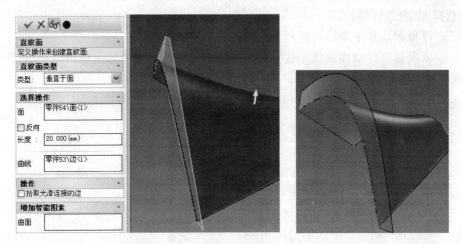

图 8－56　垂直于面生成直纹面

　　③ 完成拾取后单击✔按钮，即可生成直纹面。

　　有关直纹面的编辑以及由直纹面生成曲线和曲面的方法与其他曲面类似，在此不再重复。

8.7　放样面

8.7.1　放样面的概念

　　以一系列截面曲线为骨架进行形状控制，在这些曲线上蒙面生成的曲面称为放样面。放样操作的对象是多重截面，把这些截面沿事先定义的轮廓定位曲线生成一个三维曲面造型。

8.7.2 生成放样面

生成放样面的操作步骤如下：

① 使用草图或 3D 曲线功能绘制放样面所需的多个截面曲线，如图 8-57 所示。

图 8-57 放样面的截面曲线

② 单击"曲面"功能面板上的"放样面"工具按钮⚘，屏幕上会出现如图 8-58 所示"放样面"命令管理栏。

③ 设置起始和末端切向控制量的值。

④ 依次拾取各截面曲线。注意每条曲线拾取的位置要靠近曲线的同一侧，否则不能生成正确的曲面。

⑤ 拾取完成后，单击完成✔按钮，生成结果如图 8-59 所示。

图 8-58 "放样面"命令管理栏   图 8-59 生成放样面

注意：

① 导动线必须与放样面截面有交点才可以操作成功。

② 拾取的一组特征曲线互不相交，方向一致，形状相似，否则生成结果将发生扭曲，形状不可预料。截面线须保证其光滑性。须按截面线摆放的方位顺序拾取曲线。

拾取曲线时须保证截面线方向的一致性。截面曲线可以是实体的棱边。

有关放样面的编辑以及由放样面生成曲线、曲面的方法与其他曲面类似，在此不再重复。

8.8　提取曲面

提取曲面是指从零件上提取零件的表面，从而生成曲面。具体操作方法如下：

① 单击"曲面"功能面板上的"提取曲面"工具按钮，会出现如图 8 - 60 所示的"提取曲面"命令管理栏及零件图。

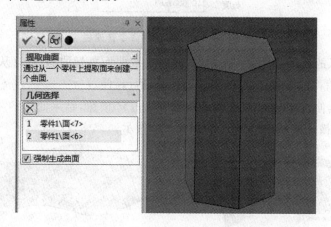

图 8 - 60　"提取曲面"命令管理栏及零件图

② 从零件上选择要生成曲面的表面。

③ 完成拾取后单击"完成"按钮。

注意：当提取的曲面成为封闭曲面时，可以选择生成实体。只需要取消"生成曲面"的选择即可。

8.9　曲面延伸

8.9.1　曲面延伸的概念

曲面延伸功能是把原来的曲面按所给长度沿相切的方向延伸，扩大曲面范围，以完成下一步操作。曲面延伸有长度延伸和比例延伸两种方式。

8.9.2　曲面延伸的操作方法

曲面延伸的操作步骤如下：

① 单击"曲面"功能面板上的"延伸曲面"工具按钮，出现如图 8 - 61 所示的

"延伸曲面"命令管理栏。

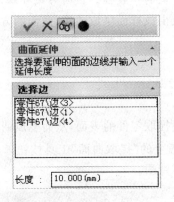

图 8-61　"曲面延伸"命令管理栏

② 提示区的提示:"拾取一条边"。此时拾取曲面要延伸的边。(从 CAXA 实体设计 2013 开始,可以选择曲面的多条边同时进行延伸。)

③ 设置延伸长度,如长度设为 10,然后单击 ✔ 按钮,结果曲面的一条边或多条边按给定的值被延伸,如图 8-62 和图 8-63 所示。

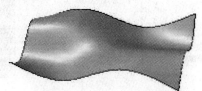

图 8-62　拾取曲面要延伸的边　　　　　图 8-63　延伸后的曲面

8.10　曲面裁剪

曲面裁剪,即将生成曲面的多余部分进行裁剪。在曲面裁剪功能中,可以在曲面间进行修剪,获得所需要的曲面形态。曲面裁剪的操作方法如下:

① 单击"曲面"功能面板上的"裁剪"工具按钮 ,出现如图 8-64 所示的命令管理栏。

② 选择本次裁剪的目标曲面,如图 8-65 所示。

③ 在"选择裁剪工具"选项组中有两个选择框:一个是"工具零件",另一个是"元素"。"工具零件"中可以选择工程模式下的"体"或者创新模式下的"零件";"元素"支持面(多选)、线(单选)、基准平面(单选)。图 8-66 所示为在一个面内进行裁剪。

图 8-64　"裁剪"命令管理栏

④ 在"保留的部分"选项组中,可以选择裁剪后保留的部分如图 8 - 67 所示。

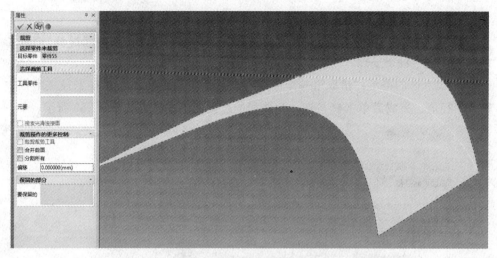

图 8 - 65　选择被裁剪的曲面

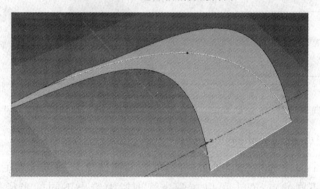

图 8 - 66　选择裁剪工具

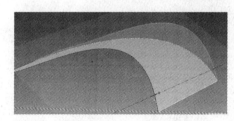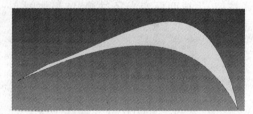

图 8 - 67　裁剪后保留的部分

8.11　曲面过渡

曲面过渡指在两个曲面之间进行给定半径或给定半径变化规律的过渡,生成的过渡面将沿两曲面的法矢方向摆放。曲面过渡有等半径过渡和变半径过渡两种方式。

1. "等半径"过渡

"等半径"过渡的操作步骤如下：

① 单击"曲面"功能面板上的"曲面过渡"工具按钮，出现"曲面过渡"命令管理栏，如图 8-68 所示。

② 提示区的提示："拾取第一个曲面"和"拾取第二个曲面"，并在半径文本框中输入半径值。完成后单击 ✔ 按钮。两曲面的过渡面生成结果如图 8-69 所示。

图 8-68 "曲面过渡"命令管理栏

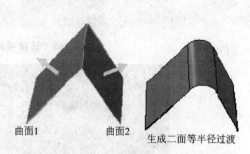

图 8-69 两曲面生成等半径过渡

2. 生成"变半径"过渡

拾取第一个曲面和第二个曲面，再选取一条曲线作为参考线确定过渡半径，拾取这条参考线上不同的点，双击可以在命令管理栏中给出不同的半径值，完成后单击 ✔ 按钮，生成两面变半径过渡，结果如图 8-70 所示。

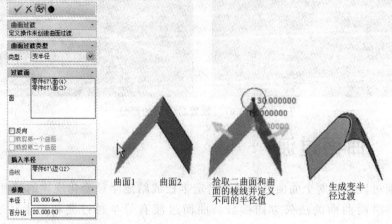

图 8-70 两面生成变半径过渡

8.12 曲面设计实例——鼠标外壳设计

鼠标外壳是带有曲面的复杂零件。其造型可以利用曲面设计与实体造型混合设计的方法来完成。在具有较复杂表面形状的设计中,用实体设计方法有时会比较麻烦或者有一定困难,此时曲面设计功能将会发挥很好的作用。

下面详细介绍鼠标造型的设计过程:

① 在设计环境中拖入一长方体,修改智能图素包围盒属性为长度 100、宽度 60、高度 40,并利用三维球将定位锚编辑修改为(0,0,0),将长方体的 2 个边作圆角过渡,使半径值为 30,如图 8-71 所示。

② 单击"曲面"功能面板上的"三维曲线"工具按钮 ,在弹出的三维曲线工具条上单击"三维样条线"工具按钮 ,在长方形实体上依次选取 5 点,即生成一条任意三维样条曲线。然后,右击 5 个型值点,依次编辑各型值点位置坐标:(-50,0,15)、(-30,0,25)、(10,0,30)、(30,0,25)、(50,0,15)。编辑完成后单击"确定"按钮,三维样条曲线生成,如图 8-72 所示。

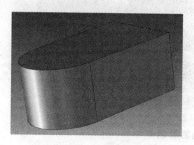

图 8-71 建立鼠标模型

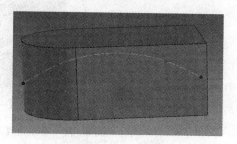

图 8-72 绘制三维样条曲线

③ 在三维曲线工具条上单击"三维圆弧线"工具按钮 ,依次选取 3 点绘制一条任意圆弧线,依次编辑各型值点的绝对位置坐标:(-50,-40,5.623)、(-50,0,15)、(-50,40,5.623),单击"确定"按钮,生成一条三维圆弧曲线。

为了便于观察,在空白设计环境处右击,在快捷菜单中单击"渲染"选项,设置"线框"并显示隐藏的边等,单击"确定"按钮,显示出如图 8-73 所示的三维曲线。

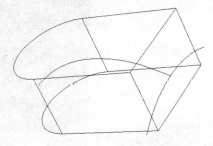

图 8-73 线框显示三维样条曲线和圆弧曲线

④ 单击"曲面"功能面板上的"导动面"工具按钮,如图 8-74 所示。根据屏幕左下角的提示,依次拾取导动面定位点,导动线和截面线;然后确定好导动方向;最后单击"确定"按钮,则生成所需导动面,如图 8-75 所示。

图 8-74　"导动面"工具栏

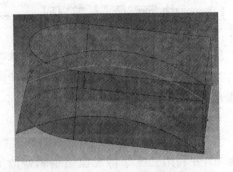

图 8-75　生成所需导动面

⑤ 单击曲面,在菜单"修改"中单击"布尔"选项,并单击"减"方式。同时选择实体和曲面,单击"完成"按钮 ✔,则操作结果如图 8-76 所示。

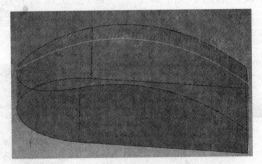

图 8-76　布尔运算工具栏及运算结果

⑥ 对鼠标表面的各棱边作"倒角"以生成圆弧的棱,造型结果如图 8-77 所示。

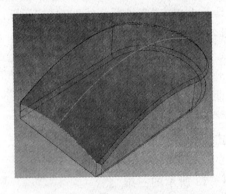

图 8-77　设计完成的鼠标表面

思考题

1. 用以下各坐标点(−50,0,15),(30,0,25),(10,0,30),(30,0,25),(50,0,15)在工作区绘制一条三维样条曲线,并在曲线上任意再加两个点。

2. 在曲面的两面过渡的基础上如何实现三个面的光滑过渡,试阐述其步骤及方法。

3. 生成一个导动曲面:样条型值点的数据为(−70,0,20),(−40,0,25),(−20,0,30),(30,0,15),导动线为圆弧,其半径为110,圆心为(30,0,−95)。

4. 任意构造两个四边面,然后进行曲面等半径过渡和变半径过渡练习。

5. 构造一个直纹面,然后在空间画一圆,使其对曲面作投影裁剪。

第9章　高级零件设计

高级零件设计是在基本零件设计的基础上,综合运用实体设计系统提供的各种功能进行复杂零件的造型设计。本章内容包括布尔运算、智能标注、参数设计、零件分割和物理特性计算及零件属性表功能介绍等。

9.1　布尔运算

9.1.1　布尔运算的方法

组合零件或从其他零件提取一个零件的操作被称为"布尔运算"。在实体设计中,从"特征"功能面板中的"修改"中选择"布尔"工具按钮 ,可以激活此功能,如图 9-1所示。

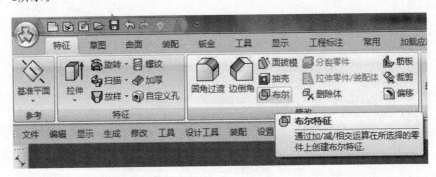

图 9-1　从"特征"菜单中调用布尔运算

布尔运算可将多个零件组合成一个独立的零件,该零件总是以选定的第一个零件来定义。经过布尔运算之后,组成新零件的各个零件就失去了它们原有的智能图素标志。

布尔运算是对两个独立零件的运算。如果是属于同一个零件的两个不同图素,则不能进行布尔运算,如图 9-2和图 9-3所示。

在图 9-2中,长方体和圆柱体分别属于两个不同零件,正如图 9-2左图设计树中表现的那样,它们是两个零件。所以它们之间可以进行布尔运算。

在图 9-3中,长方体和圆柱体是两个图素,它们组合在一起构成一个零件。图 9-3左图所示为它们在实体设计树中属于同一个零件的情况,因此它们之间无法进行布尔运算。

图 9 - 2　可以进行布尔运算

两个零件进行布尔运算的方法如下：

① 选中两个零件，从"特征"功能面板中的"修改"中选择"布尔"工具按钮 。

② 从弹出的"布尔特征"命令管理栏中选择操作类型，如"加"、"减"或"相交"，见图 9 - 4。

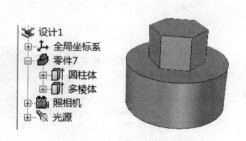

图 9 - 3　无法进行布尔运算　　　　　**图 9 - 4　选择布尔运算操作类型**

③ 选择结束后，单击"完成"按钮 ，则布尔运算结束。

9.1.2　布尔运算的操作类型

1．"加"运算

"加"运算是将多个零件通过布尔运算生成一个零件。图 9 - 5 和图 9 - 6 所示为零件经布尔运算增料前后的对比效果。

图 9 - 5　布尔运算前　　　　　　　**图 9 - 6　布尔运算后效果**

虽然在设计环境中两个零件的结构没有发生明显变化,但是在零件编辑状态选择该零件时,被组合在一起的两个零件的外轮廓显示为一个零件,且显示为蓝绿色轮廓。同时,在设计树上可以看到两个零件被组合成了一个零件(零件 10),如图 9-6 所示。

2.“减”运算

“减”运算是从一个零件中减去另一个零件。实现布尔减运算的操作方法如下:

(1)从图素库中拖出一个图素(如圆柱体)并将其放到设计环境中。

(2)再从图素库中拖出一个图素(如长方体)并将其放到设计环境中,使其与第一个图素圆柱体接触,如图 9-7 所示。

(3)单击“布尔”工具按钮 ⌷,在图 9-8 所示的“操作类型”中选择“减”选项。

(4)在图 9-8 所示的“被布尔减的体”选项组中选择圆柱体图素,在“要布尔的体”中选择长方体图素,单击“完成”按钮 ✔ 后,运算结果如图 9-9 所示。

 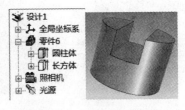

图 9-7　布尔运算前　　　图 9-8　布尔减操作选项　　　图 9-9　布尔运算后效果

注意:此时读者会发现,在设计树中两个零件已经变成一个零件了。

3.“相交”运算

“相交”运算,即保留生成两个零件相交的那一部分。其操作方法与布尔加、布尔减运算类似,这里不再赘述。图 9-10 所示为球体与圆柱体相交的实例,读者可自行练习。

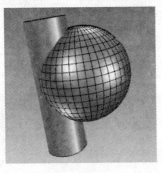 

(a)运算前　　　　　　　　(b)运算后

图 9-10　球体与圆柱体相交运算

9.1.3　重新设定布尔运算后的零件尺寸

在完成布尔运算操作以后,可以对其进行编辑修改。下面以布尔减为例介绍,编辑修改的操作步骤。

① 选中长方体图素,此时在设计树中可以发现长方体作为图素放在零件 6 的下面,如图 9 - 9 所示。

② 采用修改一般零件尺寸的方法修改长方体,如改变其长、宽、高等。

③ 修改完成后,会发现零件被除料部分的大小发生了变化,如图 9 - 11 所示。

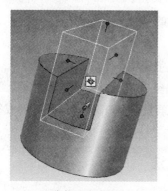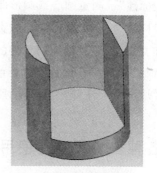

(a) 未修改尺寸前　　　　　　　　(b) 修改尺寸后

图 9 - 11　重新设定布尔减除料零件的尺寸

9.1.4　新零件在设计元素库中的保存

经过布尔运算生成的零件,可以放到图素库中加以保存。保存的具体方法如下:

选择零件,然后将其拖放到工作区右侧的图素库中。此时,实体设计系统会根据光标的位置激活不同的图素库。当光标的右下方出现带方框的加号时释放,则该零件自动放入图素库中,如图 9 - 12 所示。另外,操作者还可以重新命名零件的名称。

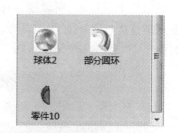

图 9 - 12　零件 10 保存到设计元素库

9.2　智能标注

9.2.1　智能标注的概念和作用

实体设计系统提供了 6 种智能标注工具,用于标注尺寸或约束零件之间的距离。

"智能标注"工具条如图9-13所示。这些工具的功能和用途简单介绍如下：

　　 "线性标注"　测量两点间的距离，测量方向随尺寸末端显示的拓扑单元不同而不同。

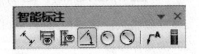

　　 "水平标注"　测量两点之间的水平距离，最适用于标注正交尺寸。

图9-13　"智能标注"工具条

　　 "垂直标注"　测量两点之间的垂直距离，最适用于标注正交尺寸。

　　 "角度标注"　测量两个平面之间的夹角。

　　 "半径标注"　测量圆心或圆形曲面的半径。

　　 "直径标注"　测量圆形曲面的直径。

　　 "增加文字注释"　增加对零件的文字说明。

　　 "增加修饰螺纹"　增加对零件的螺纹显示。

以上除"增加文字注释"工具外的所有智能标注工具均可在零件或智能图素编辑状态下使用。

9.2.2　各种智能尺寸的使用方法

1. 线性标注

"线性标注"工具用于测量设计环境中两个点之间的距离，其操作方法如下：

① 单击图9-13中所示的"线性标注"工具。

② 在图9-14所示的左侧零件上标注尺寸。此时，由于该线性标注是在同一个零件的组件上进行的，所以线性标注的功能仅限于标注尺寸，不能被编辑或锁定。操作者可通过光标将该标注工具激活，然后右击，这时在弹出的快捷菜单中的"编辑所有智能尺寸"和"锁定"两个选项是不可用的，如图9-15所示。

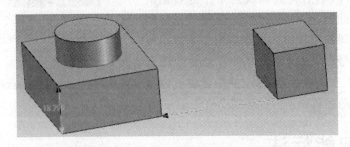

图9-14　"线性标注"工具的使用

③ 在图9-14所示的右侧零件上标注尺寸。由于该线性标注是在不同零件上进行的，所以既可标注尺寸，也可进行编辑或锁定。操作者可将标注工具激活，然后右击，这时在弹出的快捷菜单中的"编辑所有智能尺寸"和"锁定"选项是可用的，如图9-16所示。

图 9 - 15　智能标注快捷菜单(1)

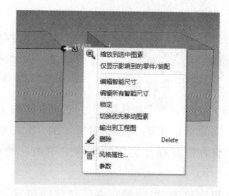

图 9 - 16　智能标注快捷菜单(2)

④ 如需改变标注的位置,可单击零件,使零件进入编辑状态,然后选中标注。此时,标注呈黄色显示。然后拖动标注的箭头,即可改变标注的位置。

2. 水平标注与垂直标注

"水平标注"工具和"垂直标注"工具分别用于测量设计环境中两个点之间的水平距离和垂直距离。这两种尺寸最适用于标注正交的尺寸。

3. 角度标注

"角度标注"工具用于测量两个平面之间的夹角。具体操作方法如下:

① 选中图 9 - 13 中所示的"角度标注"工具。

② 用光标分别选中第一个面和第二个面。

③ 系统计算出两个平面的夹角,并显示之,标注的结果如图 9 - 17 所示。

4. 半径标注

"半径标注"工具用于测量圆心或轴与曲线或圆形曲面上第二个点之间的半径。其操作方法如下:

① 选中图 9 - 13 中所示的"半径标注"工具。

② 用光标选中圆弧面上的一点。

③ 系统自动生成半径标注,如图 9 - 18 所示。

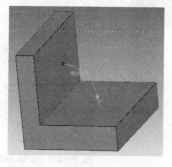

图 - 17　"角度标注"工具的使用

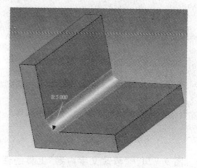

图 9 - 18　"半径标注"工具的使用

5. 直径标注

"直径标注"工具用于测量圆形曲面的直径。该工具的使用比较简单，用光标选取圆形面即可。

6. 增加文字注释

"增加文字注释"工具用于增加对零件的文字说明，其操作方法如下：

① 用光标选中图 9-13 中所示的"增加文字注释"工具。

② 将在需要标注文字的零件上单击。此时，随着光标的移动，会出现一个箭头符号和文字。

③ 再次单击，以便确定文字摆放的位置。文字标注如图 9-19 所示。

④ 如果需要调整文字注释的位置，则用光标选中并拖动文字即可。

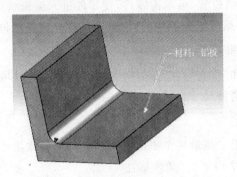

图 9-19 "增加文字注释"工具的使用

7. 修改文字内容

"修改文字内容"工具的具体操作方法如下：

① 单击零件，使其处于编辑状态。这时图中的箭头和文字呈黄色显示。

② 将光标移至文字上右击，弹出快捷菜单，如图 9-20 所示。

③ 在快捷菜单中，选中"编辑文字"选项，出现如图 9-21 所示的文本编辑框，操作者可以在此修改文字内容。

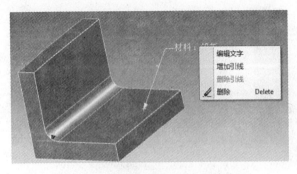

图 9-20 "修改文字内容"工具的使用

图 9-21 文本编辑框

④ 修改完毕,单击工作区中任意一点,则标注的文字随之改变。

注意: 在箭头和文字呈黄色显示时双击文字注释,同样可达到编辑文字的目的。

在某些情况下,两个不同的图素需采用同一个文字标注。此时,可以使用图 9-20 所示的快捷菜单中"增加引线"的功能来实现。具体操作如下:

① 选中"增加引线"选项。此时,在文字附近会出现另一个箭头。

② 用光标调整该箭头的位置,使之指向另一个图素,如图 9-22 所示。

③ 此时即可完成第二个箭头的添加操作,用此方法可以增加更多的箭头。

增加箭头后,还可以删除不需要的箭头。具体操作方法是:单击箭头使其呈黄色显示,当光标会变成"小手"形状时右击,出现如图 9-23 所示的快捷菜单,选择"删除引线"选项即可。

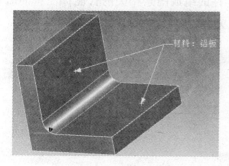

图 9-22　增加引线

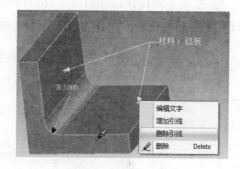

图 9-23　删除引线

8. 增加修饰螺纹

"增加修饰螺纹"工具是通过指定一条边和所需的螺纹信息,在一个圆柱面上创建一个修饰螺纹。

从设计元素库中拖放一个圆柱图素到设计环境中,见图 9-24(a),单击"增加修饰螺纹"图标 ▮ 。此时在提示区提示"拾取一条圆形线",移动光标至圆柱边缘并单击,然后单击"完成并退出"按钮 ✔ ,则在圆柱面上出现修饰螺纹,如图 9-24(b)所示。

（a）修饰前　　　　　　　　（b）修饰后

图 9-24　"增加修饰螺纹"工具的使用

9.2.3　智能标注的属性以及其他应用

智能标注不仅可以精确定位图素,还具有以下功能:

① 在设计环境背景上右击,从弹出的快捷菜单中选择"显示"选项,然后取消对显示"智能标注"选项的选定,即可禁止智能标注的显示。如果此功能选项被禁止,操作者仍然可以单击对应位置来显示某个单独的智能标注,还可以通过图 9-25 所示的"设计环境属性"对话框选择是否隐藏智能标注的显示信息。

② 智能标注既可应用于图素和零件,也可应用于附着点和定位锚,以实现精确定位。

③ 把某个零件保存到目录中时,与该零件的组成图素相关的智能标注将同时被保存,尽管它们与末尾元素的索引可能会被丢失。

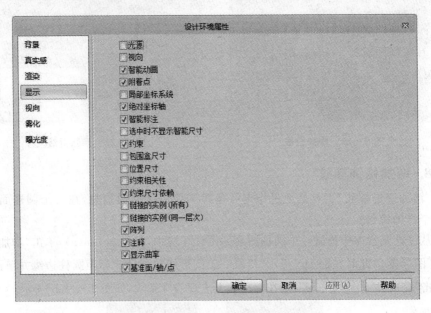

图 9-25　隐藏或显示智能标注

④ 智能标注的"风格属性"选项可以添加前缀或后缀文字或显示公差并指定公差的类型和范围等。具体操作方法是:在智能标注上右击,出现如图 9-26 所示的快捷菜单。在快捷菜单中选择"风格属性"选项。此时出现如图 9-27 所示的"智能标注风格"对话框,操作者可在其中加入前缀文字或后缀文字,也可以显示公差。

⑤ 智能标注可传递到工程图中。如果要指定把某个选定的智能标注传递到某一工程图中,可右击显示其快捷菜单,然后选择"输出到图纸"选项。被选定的智能标注就会被传递到当前或即将生成的工程图中的适当视图中。要取消该命令,可取消

为某个选定智能尺寸而选定的"输出到图纸"选项。

 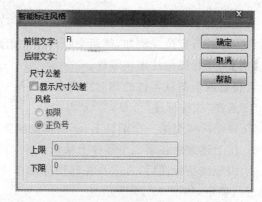

图 9 - 26　智能标注的风格属性　　　　　　　图 9 - 27　"智能标注风格"对话框

9.2.4　对布尔减运算的图形添加智能标注

智能标注功能还可以用于布尔运算的点、边和面等几何元素上,下面举例说明。

【例 1】　在圆柱孔中心上添加智能标注。

在圆柱孔中心上添加智能标注,可按如下步骤进行:

① 选择"半径标注"工具。

② 将光标移动到圆柱孔的边缘,边缘显示为加亮绿色时单击,即可标注圆柱的半径。标注结果如图 9 - 28 所示。在该图中,中间的孔洞是被除料的圆柱形。

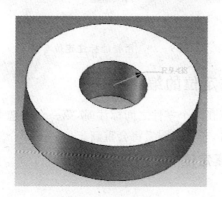

图 9 - 28　添加半径标注

【例 2】　在不对称的造型中心上添加智能标注。

在不对称的造型中心添加智能标注的方法如下:选择"线性标注"工具,按下 Ctrl 键,然后选择目标形体的边缘,不对称造型的中心点会呈加亮显示,然后单击即可。

9.2.5　智能标注定位

有些情况下，需要相对于同一零件或多个零件上的点或面的精确距离或角度对图素和零件进行定位。例如，使两个圆柱零件相距一定的距离。

【例】　用智能标注定位零件。

若将有两个圆柱零件的相对距离定位在某一固定数值，其操作步骤如下：

① 选择"线性标注"工具。

② 将光标移至第一个圆柱上，利用智能捕捉功能选择圆柱体的中心点。

③ 按上述方法在第二个零件上采点。

④ 出现线性标注后，右击并在其快捷菜单中选择"锁定"选项，将这两个零件的距离进行锁定，如图 9-29 所示。

⑤ 锁定完毕，则两个零件之间的距离不能再改变，除非进行解锁。

⑥ 此时，可以选择其中一个零件进行移动，会发现第二个零件也跟着一起移动。

图 9-29　用智能标注定位零件

9.2.6　智能标注定位的编辑

采用智能标注功能在两个零件之间标注时，第一个被选中的零件称为主控图素。编辑智能标注的尺寸时，非主控图素将会重新定位。下面介绍两种重定位的方法。

1. 拖动主控图素定位

具体操作如下：

① 在智能图素编辑状态选取主控图素并把它拖放到新位置。

② 从原位置拖动时，其离开原位置的距离值不断改变，一旦显示出符合要求的距离值，即释放主控元素。

③ 此时，主控元素会停留在操作者需要的距离位置上。

2. 编辑距离值进行定位

具体操作如下：

① 在智能图素编辑状态选择主控图素。

② 在智能尺寸的距离值上右击,从弹出的快捷菜单中选择"编辑智能尺寸"选项,输入期望数值并单击"确定"按钮,则该图素将被重新定位。此时,主控元素会停留在操作者需要的距离上,其结果如图 9-30 和图 9-31 所示。

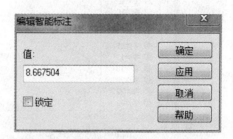

图 9-30　选择"编辑智能尺寸"选项　　　　图 9-31　"编辑智能标注"对话框

9.2.7　利用参数表确定智能标注的值

被锁定的智能标注可自动添加到实体设计的"参数表"中,其参数则可以关联到同一参数表中的其他参数中,以提高设计修改结果的应用效率。这部分的内容,将在下一节中介绍。

9.3　参数设计

实体设计提供了参数化的设计方法。利用参数设计可以在所需的参数之间建立某种关联关系。参数之间建立关联关系需要使用自定义表达式,或者使用变量参数与形状尺寸参数连在一起。自定义表达式可以被添加到所有系统定义及用户定义参数的"参数表"中,从而使操作者可按需要生成或自定义参数,以便更有效地修改设计,满足特定的需求。

参数表可用于设计环境、装配件、零件、形状或轮廓等多种场合。

9.3.1　参数表

在工作区域内右击,将会弹出快捷菜单,选择其中的"参数"选项,则弹出"参数表"对话框,如图 9-32 所示。

操作者也可以通过选择某一零件、形状或装配件等操作对象,然后右击得到参数表。选择的对象不同,"参数表"对话框中显示的内容也不完全相同。下面针对图 9-32 中的内容逐一进行介绍:

① 选择图素。当操作者选中某一零件并弹出"参数表"对话框时,图 9-32 中左上角的"当前单元格"文本框中就会出现该零件的名称。当未选中任何零件时,则该

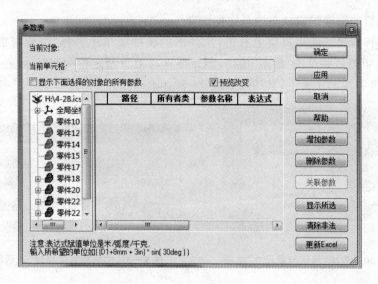

图 9 - 32 "参数表"对话框

项为空。

　　② 显示下面选择的图素的所有参数。在默认状态该选项呈未选中状态。"参数表"只显示在该表被访问状态时的当前参数。当选定此选项时参数表就展开。除了显示该状态各组件的全部当前参数外，还显示该表访问状态的全部当前参数以及该状态下各组件的全部当前参数。例如，如果在设计环境状态选择此选项，将显示设计环境中各个装配件、零件和形状的当前参数；如果在零件状态选择此选项，将显示选定零件及其所有组件的当前参数。

　　③ 参数表上各栏目分别显示所有当前参数的下述信息：

　　"路径" 　显示参数表要访问的当前参数路径。

　　注意：该路径以系统名的形式显示。

　　"参数名称" 　显示系统或底层为当前参数设定的名字。

　　"表达式" 　显示赋予当前参数的表达式。对于选定形状下的表达式，使用路径将与表达式一起显示。

　　注意：若无其他说明，所有表达式均以系统单位（如：m（米）、rad（弧度）和 kg（千克）赋值。

　　④ 值。显示当前参数的相关值。

　　⑤ 单位。显示底层对当前参数所采用的单位。

　　⑥ 注释。显示当前参数的补充注释。

　　另外，在"参数表"对话框的右侧有下述选项：

　　"确定" 　确定对参数表所作的修改，并返回到设计环境。

　　"应用" 　确定对参数表所作的修改，并在不退出的情况下预览设计环境中的修改效果。

"取消"　取消自上次"完成"操作对"参数表"所作的任何修改,并返回设计环境。

"增加参数"　访问"增加参数"对话框并生成新参数。此处生成的参数,称为"用户定义"参数。

- "参数名称"　为新参数输入相应的名称。
- "参数值"　为新参数输入相应的数值。
- "数值类型"　从下述选项中选择合适的参数类型:
  -"长度"　指定一个线性参数值。
  -"角度"　指定一个角度参数值。
  -"比例因子"　指定一个无单位参数类型。

"删除参数"　加亮显示需要从参数表中删除的参数,然后选择此选项删除。

9.3.2　参数类型

实体设计中的参数有以下两种类型:

"用户定义型"　这些参数由用户直接生成。

"系统定义型"　将锁定智能尺寸或约束尺寸添加到二维轮廓几何图形中,这是由实体设计间接生成的参数。

1. 用户定义型参数

用户定义型参数由操作者利用"参数表"对话框中的"增加参数"选项生成。生成过程中,这些参数与任何二维几何图形或三维形状/零件无关。用户定义型参数必须手工连接。在需要传递其他参数(如:包围盒-长度、包围盒-宽度、包围盒-高度、过渡半径等)时,可采用这类参数。

2. 系统定义型参数

当操作者在三维形状/零件上生成锁定智能尺寸、在二维轮廓几何图形上生成约束尺寸或者在设计环境中生成有/无约束装配尺寸时,系统将自动生成系统定义型参数。系统定义型参数生成时,它将自动与相应尺寸的传递建立联系。这样,就不必生成链接。当操作者在编辑系统定义型参数的值时所作的修改,将会自动应用到设计环境中。

9.3.3　参数表的访问状态

对参数表的访问可在 5 种状态下进行,即设计环境、装配件、零件、形状和轮廓。

为了避免混淆,同时又更有效地实现参数设计,系统规定使用"参数表"的一般作法应当是:在能够实现操作者所要达到目的的最低层次上访问"参数表"。

下面分别介绍访问参数表的 5 种状态:

(1) 设计环境

右击设计环境的空白区域,从弹出的快捷菜单中选择"参数"选项。最初"参数表"

仅显示在设计环境层次上添加到表中的参数(如果有的话)。若要展开该参数表以显示设计环境各个组件的当前参数,则应在选定的形状选项下选择"显示下面选择图素的所有参数"选项。在此层中,任何当前参数都可以编辑和应用。在这一层中添加的新参数只能用于与那些在设计环境层下访问"参数表"时显示的参数相关的表达式。

(2) 装配件

右击装配件,从弹出的快捷菜单选择"参数"选项。最初"参数表"仅显示选定装配件本身的参数(如果有的话)。若要展开该参数表以显示选定装配件各个组件的当前参数(包括已选定装配件为智能尺寸主控形状的父级的锁定智能图素参数),则应选择"显示下面选择图素的所有参数"选项。任何当前参数都可以在此层编辑和应用。在这一层中添加的新参数只能用于与那些在装配层和更高层下访问"参数表"时显示的参数相关的表达式。

(3) 零 件

右击零件,从弹出的快捷菜单选择"参数"选项。最初"参数表"仅显示选定零件本身的参数(如果有的话)。若要展开该参数表以显示选定零件各个组件的当前参数(包括已选定装配件为智能尺寸主控形状的父级的锁定智能图素参数),则应选择"显示下面选择图素的所有参数"选项。任何当前参数都可以在此层编辑和应用。在这一层中添加的新参数只能用于与那些在零件层和更高层下访问"参数表"时显示的参数相关的表达式。

(4) 形 状

右击零件,从弹出的快捷菜单选择"参数"选项。若要展开该参数表以显示二维截面的当前参数,则应在选定的"形状"选项下选择"显示全部参数"选项。任何当前参数都可以在此层编辑和应用。在这一层中添加的新参数只能用于与那些在形状层和更高层下访问"参数表"时显示的参数相关的表达式。

(5) 轮 廓

右击二维截面绘图网格,从弹出的快捷菜单选择"参数"选项。任何当前参数都可以在此层编辑和应用。在这一层中添加的新参数只能用于与那些在轮廓层访问"参数表"时显示的参数相关的表达式。

注意:

① 用户定义型参数可以把能访问"参数表"的任意层添加到"参数表"中。而系统定义型参数则是在其生成时自动添加到适当的"参数表"中。

② 底层自定义型参数通常与包围盒参数相关,因此它们必须与为之关联的形状而生成。通过在智能图素编辑状态右击零件/形状,然后从弹出的快捷菜单中选择"参数"选项,即可访问"参数表"对话框。利用"添加参数"选项可将新生成的底层定义型参数添加到参数表中。

③ 如果从除设计环境状态之外的其他状态中访问"参数表",那么从"类型"下拉列表中选择相应的选项就可以定义两种类型的参数:"底层定义型"或"压缩型"。

④ 在为底层定义型参数设置名称时采用了位数最小的限制。某些参数名是实体设计保留的系统对话框中使用的参数名。因此，操作者不能使用这些名称作为设计参数。CAXA 实体设计系统保留的参数名称如表 9-1 所列。

表 9-1　保留参数名

参数名	参数名	参数名	参数名	参数名
PI	SQR	VALTOSTR	VEC	CONST
ABS	IF	CELL	NORM	IN
SIN	MAX	FILLETPVALUE	DOT	FT
COS	MIN	FACE	CROSS	YD
TAN	XFORM	ENTITY	PERP	MI
ASIN	IXFORM	PAR	X	MM
ACOS	FRAME	SOLVE	Y	CM
ATAN	PT	PLANE	Z	M
ATAN2	DIR	ROTVV	POS	
SORT	PTPTDIST	NOTIFY	GUARD	
INT	SWITCH	DEG	RAD	

⑤ 为"压缩型"参数命名时，所用的参数名最好能够反映出它是一个"压缩型"参数。所有"压缩型"参数都必须为标量参数，否则，以后就没有其他办法把它们从参数表中识别出来。

⑥ 参数一经定义，底层设定的参数名、当前值以及当前的底层单位就显示在"参数表"中，"底层定义型"参数可通过在智能图素包围盒属性表中的连接，赋给包围盒参数，或者通过输入到"参数表"中的表达式，同其他参数建立一定关系。

⑦ 在形状状态和形状设计状态访问"参数表"时，显示"底层定义型"参数。

⑧ 对于"系统定义型"参数，如锁定智能尺寸、约束装配尺寸和二维约束尺寸等"系统定义型"参数，在它们最初生成时自动加到相关"参数表"中。

⑨ 对于锁定智能尺寸和贴合及对齐约束尺寸而言，它们的系统定义参数的参数名、当前值和当前底层单位显示在"参数表"中，而"参数表"是在智能尺寸的父状态（或约束装配尺寸的父状态）进行访问的。

⑩ 由于二维约束尺寸是在智能图素编辑状态下，在形状的二维轮廓上生成的，它们的系统定义参数的参数名、当前值和当前底层单位显示在"参数表"中，而"参数表"是在轮廓状态及其设计状态进行访问的。

9.3.4　编辑参数

参数编辑应用于"参数表"上。在设计参数时最好能在满足用户需求的最底层上使用。

1. 编辑用户定义型参数

右击并从弹出的快捷菜单中选择"参数"选项,从而在适合的层上访问"参数表"。如果有必要可在选定形状选项下选择"显示下面选择图素的所有参数"选项,以便显示出当前参数的完整列表。

2. 编辑系统定义型参数

① 锁定智能尺寸和有/无约束装配尺寸　选择智能尺寸和有/无约束装配的主控形状的父级,然后右击并从弹出的快捷菜单中选择"参数"选项,以便访问"参数表"。如果有必要可在选定形状选项下选择"显示下面选择图素的所有参数"选项,以便显示出当前参数的完整列表。

② 二维约束尺寸　在智能图素编辑状态下右击形状,然后选择"参数"选项,从而访问与二维约束尺寸相关形状的"参数表"。如果有必要,可在选定"形状"选项下选择"显示下面选择图素的所有参数"选项,以便显示出当前参数的完整列表。

相应的"参数表"一旦显示出来,就可以按需要为实体设计自动分配、且除通路以外的任意路径添加或修改当前参数的数据。当编辑数据输入到"参数表"中时,利用对话框右侧的选项可应用/取消这些编辑,然后返回到设计环境,如图 9 - 32 所示。

9.3.5　表达式

表达式允许操作者自定义其已有参数或把一个参数关联到另一个参数,以加快设计速度。

注意:所有表达式的参数赋值均以实体设计内部的系统单位:米、弧度和千克为单位。"参数表"中的值都以当前单位显示。因此,如果当前的单位不是米、弧度和千克,那么得到的值可能不符合要求。

1. 为表达式常量指定单位

为确定表达式常量的单位,实体设计提供了下述内部转换,如表 9 - 2 所列。

表 9 - 2　表达式常量的单位转换

单位名称	将常量转换到	用法举例
in	英寸	长度＋1.5 in
ft	英尺	X ＊ 2＋100 ft
mi	美国法定英里	5 280 ft＋10 mi
mm	毫米	宽度/10.05 mm
cm	厘米	宽度＋50 cm ＋长度 ＊ 2
m	米	宽度－0.5e－6 m
deg	度	PI()/180 deg
rad	弧度	10 rad

2. 表达式中使用的基本函数

表达式可采用标注数学符号编写：＊、/、＋和－。CAXA 实体设计提供了一个内部函数库，以支持条件函数、最大最小值函数、三角函数和其他函数。这些内部函数如表 9-3 所列。特别注明者除外，任何函数的自变量都可以是值或表达式。

表 9-3　表达式常量的单位转换

函数名称	函数语法	返回值
PI	PI()	常数(3.141 592 6)
ABS	ABS(X)	X 的绝对值
SIN	SIN(X)	X 的正弦，其中 X 为弧度表示的角
COS	COS(X)	X 的余弦，其中 X 为弧度表示的角
TAN	TAN(X)	X 的正切，其中 X 为弧度表示的角
ASIN	ASIN(X)	X 在－PI/2 到 PI/2 弧度之间的反正弦。如果 X 小于－1 或大于 1,ASIN 将返回一个不定值
ACOS	ACOS(X)	X 在 0～PI/2 弧度之间的反余弦，如果 X 小于－1 或大于 1,ACOS 将返回一个不定值
ATAN	ATAN(X)	X 的反正切。如果 X 值为 0,ATAN 就返回 0。ATAN 在－PI/2 到 PI/2 弧度之间返回一个确定的值
ATAN2	ATAN2(Y,X)	Y/X 的反正切。如果两个参数都为 0,此函数将返回 0。ATAN2 在－PI～PI 弧度之间将返回一个确定的值，同时用两个参数的符号判断返回值所在的象限
SQRT	SQRT(X)	X 的平方根。如果 X<0,赋值失败，而变量的值不确定
SQR	SQR(X)	X 的平方
IF	IF(X,Y,Z)	IF 用于对 X 求条件值,如果所求 X 的值为 TRUE(非零),则返回 Y,否则返回 Z
MAX	MAX(X,Y,Z)	MAX 用于比较所有自变量的值并返回其中最大的值。MAX 可对任意变量求值
MIN	MIN(X,Y,…Z)	MIN 用于比较所有自变量的值并返回其中最小的值。MIN 可对任意变量求值
INT	INT(X)	INT 对 X 求值并返回求解结果的整数部分
SWITCH	SWITCH（X, C1, V1, C2, V2, …, Cn, Vn, Vdef）	如果 X 求解结果等于 C1,SWITCH 就返回 V1 如果 X 求解结果等于 C2,SWITCH 就返回 V2 如果 X 求解结果等于 C3,SWITCH 就返回 V3 如果 X 求解结果等于 C4,SWITCH 就返回 V4 …… 如果 X 求解结果等于 Cn,SWITCH 就返回 Vn 例如,当 X 等于 5 或 6,SWITCH(X,5,10,6,12,8)就返回 10 或 12;如果 X 既不等于 5 也不等于 6,则返回值就为 8

9.3.6　参数设计在零件设计中的应用

下面通过一个完整的示例来说明参数设计在零件设计中的一般应用。

将图素库中的长方体 A 拖入工作区中，在该长方体的上表面添加一个孔类长方体 B 图素，然后在其右侧添加一个圆柱 C 图素。在这个新建零件右侧的空白区域，添加一个长方体 D 作为独立的零件，最后调整它们的尺寸，使之大小合适，如图 9-33 所示。

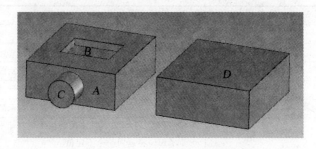

图 9-33　待参数化的零件

（1）为长方体 D 生成一个底层定义型参数

具体操作步骤如下：

① 在智能图素编辑状态选择长方体 D。

② 右击并从弹出的快捷菜单中选择"参数"选项。

由于底层定义型参数随后将包围盒参数建立关联，所以"参数表"应在生成这些参数的图素状态进行访问。

③ 在"参数表"对话框上，从右边的选项中选择"增加参数"选项。

④ 在"增加参数"对话框中，输入如图 9-34 所示的内容。"参数名称"为 DH，"参数值"为 18，"数值类型"选择"长度"。

⑤ 单击"确定"按钮，返回到"参数表"对话框中，"参数表"中将显示新的底层定义型参数 DH，如图 9-35 所示。

⑥ 在图 9-35 中单击"确定"按钮，返回到设计环境中。

图 9-34　"增加参数"对话框

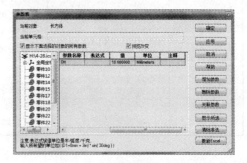

图 9-35　"参数表"对话框

(2) 把新参数 DH 连接到长方体 D 的包围盒的高度参数

具体操作步骤如下：

① 在智能图素编辑状态右击长方体 D，从弹出的快捷菜单中选择"智能图素属性"选项。

② 选择包围盒标签，并选择"显示公式"复选项。

③ 在"高度"字段输入 DH，然后单击"确定"按钮。

此时，长方体 D 的高度将变为 18，以反映 DH 参数的关联关系，如图 9 - 36 所示。

图 9 - 36　建立参数与包围盒的连接

注意：在以上操作中，应先选择"显示公式"复选项，然后输入参数 DH。

(3) 把底层定义型参数添加到长方体 A 孔图素上

把底层定义型参数添加到长方体 A 孔图素上，并将其连接到孔图素包围盒的高度参数。具体操作方法如下：

① 利用以下数据在孔图素 B 的智能图素编辑状态下生成一个底层定义型参数，然后返回到设计环境。"参数名称"为 HoleDepth，"值"为 15，类型为长度参数。

② 访问长方体 B 的"智能图素包围盒"属性，选择"显示公式"复选项，在"高度"文本框中输入 HoleDepth，然后单击"确定"按钮，返回设计环境。

③ 孔图素 B 自动更新以反映 HoleDepth 参数的关联关系，如图 9 - 37 所示。

（4）HoleDepth 参数与 DH 参数关联

① 右击设计环境背景的开放区域，从弹出的快捷菜单中选择"参数"选项。在本例中，必须在此状态下访问"参数表"对话框，因为需要创建一个表达式来关联两个独立零件上的参数。由于这些参数当前并不存在于设计环境中，所以它们不会在开始时显示在"参数表"中。

② 在选定图素选项下选择"显示全部参数"选项。现在 HoleDepth 和 DH 参数

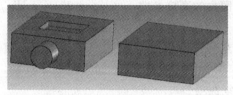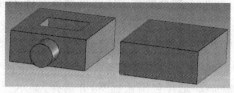

（a）设定前　　　　　　　　　　　　　　（b）设定后

图 9 – 37　图素 *B* 设定参数后的前后对比

就显示在展开的"参数表"中，如图 9 – 38 所示。

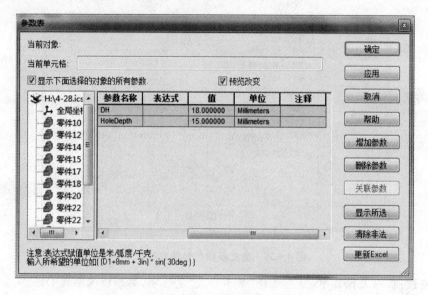

图 9 – 38　参数表中的参数

　　③ 选中 HoleDepth 的表达式单元格，然后在"当前单元格"的文本框中输入表达式：0.5 * DH，输入完毕按回车。此时，输入的"0.5 * DH"就会进入到单元格中。

　　④ 单击"应用"|"确定"按钮。HoleDepth 参数的"值"字段中的数据修改为 DH 参数值的一半，设计环境中孔图素将会立即更新，以反映表达式对参数的应用结果，如图 9 – 39 所示。

图 9 – 39　HoleDepth 参数与 DH 参数关联后的结果

9.3.7 注意事项

零件设计过程中,只用参数时有以下几个注意事项:

① 当前用户单位与系统单位(米、弧度、千克)不同时,外加表达式的显示值有可能不符合要求。

② 将零件保存到文件或目录时的参数问题。

③ 平面的"面法线"方向对智能尺寸表达式在平面和点之间的应用效果。

因此,提倡在设计一个零件时,所有的参数均应在零件内部进行定义,这样使参数封装在零件内,通过保存文件,可以使该零件得以反复使用。但建议不要在不同零件之间建立参数联系,更不要把这些零件分别存储在不同的文件中。

1. 值显示

实体设计"参数表"上的表达式生成和应用是一个清晰而简洁的过程。表达式可以包括按照不同方式关联的参数名、函数和变量。表达式一经生成,操作者就可以在实体设计中对其进行使用。之后"参数表"中值的内容将被更新,它相对应的对象也将在设计环境中得到更新。有时,值显示区可能会提示表达式的计算不正确,这可能是因为用户单位与系统单位不一致。若无其他说明,表达式总是由实体设计按照系统单位进行赋值,然后再转换到"参数表"上显示的用户单位。

(1) 导致无法得到预期计算值的表达式的类型

- 长度参数 ＊ 长度参数;
- 函数 ＊ 长度参数;
- 长度参数 ＋ 常数;
- 长度参数 ＊ 角度参数。

(2) 总能得到预期的计算值的表达式示例

- 长度参数 ＊ 常数;
- 长度参数 ／ 常数;
- 长度参数 ＋ 长度参数;
- 长度参数 ＋ 以当前用户单位表示的常数;
- 函数 ＊ 标量参数;
- 标量参数 ＋ 标量参数;
- 长度参数 ＊ 标量参数。

2. 面法线方向

在点和平面之间添加一个锁定的智能尺寸时,平面的"面法线"方向有时也可能成为表达式的计算问题。例如,在长方体一边和此长方体上的孔之间添加一个智能尺寸,如果此尺寸能在智能参数表中显示,则它的值显示为负值。

3. 将零件保存到文件或目录时的参数问题

在零件设计过程中使用参数时,设计环境中某些组件与未包含在保存操作的其他组件建立了参数关联关系,应认识到保存这些组件时可能出现的问题。

例如,如果环境中有两个零件,第一个假定由长方体、孔和圆柱构成(零件 1),第二个假定由长方体构成(零件 2)。在两个零件之间存在一个约束(锁定)尺寸(D1),而在孔的深度上有一个与零件 2 高度上相关联的表达式(HD)。通过这两种方式零件 1 与零件 2 的参数建立了关联关系,并且零件 1 的参数关联到零件 2 上。

如果"零件 1"保存到目录/文件,其参数结构就会受到影响。今后,如果添加到其他文件中,这些影响也将延伸到其他文件中。表 9-4 列出了示例中 D1 和 HD 参数受到的影响。

表 9-4 D1 和 HD 参数受到的影响

参 数	保存到目录后受到的影响		保存到链接文件后受到的影响	
	对目录项	添加到新设计环境时	在链接文件中	作为链接添加到新文件时
D1	参数被破坏 显示红色箭头	参数被破坏 显示红色箭头	参数被破坏 显示红色箭头	参数被破坏 显示红色箭头
HD	参数丢失 值变成常数	参数丢失 值变成常数	参数无效 值变成常数	如果发现 HD 和长方体 D 的结构,参数就与长方体 D 关联,否则参数无效,变成常数并被灰掉

9.4 零件分割

9.4.1 零件分割的概念

可通过两种方法分割选定的零件,即利用默认分割造型来分割零件,或利用另外一个零件来分割选定的零件。在分割操作中,实体设计提供下述选项:

- 将一个零件分割成两个独立的部分。
- 隐藏零件或装配件的一部分以增加体系的性能。
- 允许两个用户对同一零件的不同独立部分同时操作,从而实现合作设计。

9.4.2 零件分裂

零件分裂有如下所述的两种操作途径:

① 从"特征"功能面板的"修改"中选择"分裂零件"工具按钮 🔯。

② 从"修改"菜单中选择"分裂零件"选项。

【例 1】 两个独立零件之间的分裂。

具体操作步骤如下:

① 从图素库中将一个圆柱体拖入设计环境中,再将一个球体也拖入到设计环境中,并保证它们在设计环境中应该是两个独立的零件。

② 将球体拖放至圆柱体,使之相交,形成如图 9-40 所示的形状。

③ 用光标选中圆柱体,然后按住 Shift 键再选中球体,表示用球体对圆柱体进行分割。

④ 单击"修改"|"分裂零件"选项。

⑤ 用光标拖开其中的一个零件,可以发现两个零件被分裂成如图 9-41 所示的形状。

图 9-40　两个独立零件的分裂　　　图 9-41　两个独立零件分裂后的形状

【例 2】　在一个零件内进行分割。

具体操作步骤如下:

① 从图素库中将一个圆柱体拖入设计环境中,再将一个圆柱体拖至其上,使它们自动合成一个零件,如图 9-42 所示。

② 用光标首先选择图 9-42 中的零件,然后单击"修改"|"分裂零件"选项。此时,出现如图 9-43 所示的提示对话框,然后按该提示进行下面的操作。

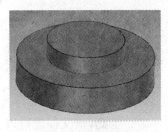 

图 9-42　一个零件内的分裂　　　图 9-43　分裂零件提示

③ 在零件上单击选择用于定位分割造型的点(见图 9-44)。此时,将出现一个带尺寸操作手柄的灰色透明框,用以说明包围零件上被分裂部分的分割造型。利用该尺寸操作手柄、三维球和必要的相机工具重新设置分割框的尺寸/位置,以包围住零件需要分割的部分,如图 9-45 所示。

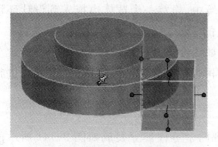

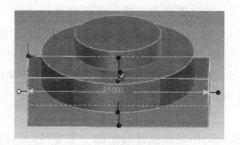

图 9 - 44　光标选择一个分裂点　　　　　　　图 9 - 45　修改后的形状

④ 单击"分割零件"对话框中的"分裂零件"按钮,结果如图 9 - 46 所示。

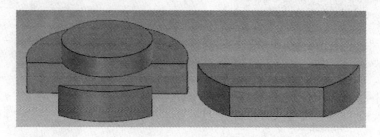

图 9 - 46　零件分裂后的结果

9.4.3　特别说明

1. 隐藏被分裂零件的一部分

若要加快系统的处理速度,可在零件编辑状态右击被分裂零件的某一部分,然后从弹出的快捷菜单中选择"隐藏所选对象"选项。被选定部分就从视图中消失。若要使被选定部分重新显示在设计环境中,可在"设计树"中右击其图标,并从弹出的快捷菜单中选择"显示选中"选项。

2. 共享被分裂零件的一部分

被分裂零件的一部分可通过零件文件或目录条目的形式与其他用户共享。

(1) 通过零件文件共享

在零件编辑状态下,选择被分裂零件需要共享的部分。从"文件"菜单中选择"保存零件"选项,选择结果文件并为该文件输入文件名。至此,该文件就可以被其他用户检索和编辑了。利用这种方法时,被选定部分将仍然保留在当前设计环境中,但在将零件的两个部分重新组合在一起之前就必须将其删除。

若要在原设计环境重新合并零件,则应在设计环境中右击共享部分,然后从弹出的快捷菜单中选择"删除"选项。从"文件"菜单中选择"插入"选项,然后选择"零件"选项。查找并选定被分割零件已编辑部分的文件名,然后单击"确定"按钮。被分割的零件重新组合在设计环境中。

(2) 通过设计元素库条目共享

在零件编辑状态下,右击被分裂零件需要共享的部分,并从弹出的快捷菜单中选择"剪切"选项。将光标移动到相应的设计元素库,右击并从弹出的快捷菜单中选择"粘贴"选项,此时就将选定部分添加到设计元素库中了。保存到设计元素库之后,其他用户就可以对该零件进行检索、编辑,并以其被编辑的结果添加到设计元素库中。采用此方法时,被选定部分将从当前设计环境中被清除。

若要在原设计环境中将被分割部分重新组合在一起,则应打开包含被分割零件已编辑部分的设计元素库。右击其图标,并从弹出的快捷菜单中选择"复制"选项。将光标移动到设计环境中,并从"编辑"菜单中选择"粘贴"选项。被分割零件即重新合并在设计环境中了。

9.5　物理特性计算

利用实体设计的物理特性计算功能,可测算零件和装配件的表面积、体积、质量和转动惯量等物理特性。

在设计环境中生成一个零件,如一个长方体。用光标选中该零件,然后选择菜单工具下的"物性计算"选项,出现了如图 9 - 47 所示的对话框。该对话框中的各项含义如下所述。

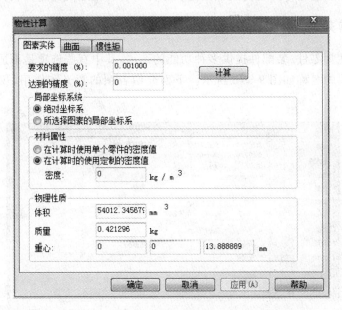

图 9 - 47　"物性计算"对话框

① "要求的精度"选项　输入一个值,指定需要的测量精确度。在更高精确度下进行测量时,可能需要花费较长的时间。如果可以接受近似值,应折中一个较低的精

确度,以获得更快的计算。

②"在计算时使用定制的密度值"单选项   默认的装配件的密度为 1.0,操作者可以输入设计需要的密度值。

③"计算"按钮   单击该按钮,系统执行计算并将计算结果显示在该对话框测量值中。"物性计算"对话框中的"曲面"和"惯性矩"选项卡,其操作方法基本与上述相同。

9.6   零件属性表

9.6.1   零件属性表的概念和作用

利用零件的"属性"选项,可以进一步定义以下信息:定义零件图纸上的材料单或定义用于组织并定位相关零件的零件信息;"定制"属性顶部的列表显示的是已为零件指定的自定义数据;利用该列表下的字段可添加或删除数据,或者从"名称"或"类型"下拉列表框中选择一个选项来输入数据;或者在"名称"、"类型"或"值"字段直接输入数据。一旦确定了数据,即可单击"添加"按钮将该数据添加到"定制"列表中。如果要删除某个条目,可选择"名称"字段中的数据,然后单击"删除"按钮。还可以选择仅在该数据和选定零件之间或该数据和零件所有链接之间建立关联关系。

9.6.2   常规属性

常规属性为零件/装配件提供多种功能的选项,其中有些选项是不适用于智能图素的。各选项的名称如图 9-48 所示。下面介绍各项的意义和作用(仅适用于零件和装配件)。

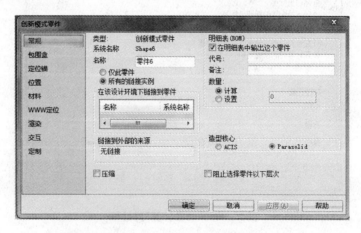

图 9-48   "常规"属性对话框

"链接到外部的来源"：本字段将显示零件/装配件和外部来源之间的任何链接。

"明细表"：可定义将包含在材料单（BOM）中的零件/装配件信息。

"在明细表中输出这个零件"：把零件/装配件数据包含在相关图纸的材料单中。

"代号"：在文本框中输入分配给材料单上的零件/装配件的零件编号。

"备注"：对材料单中的零件/装配件的描述，应输入文本框中。

"数量"：包括"计算"和"设置"两个选项。

● "计算"：指示实体设计在设计环境内容的基础上自动计算材料单的零件/装配件数量。

● "设置"：选择该单选项，并在其文本框中为输入材料单输入零件/装配件数量。如希望在设计环境中仅显示一个零件/装配件，但在材料单上显示多个零件/装配件时，可选择此选项。

"造型核心"：选择下述两个选项之一可确定零件所采用的建模内核：

● ACIS；

● Parasolid。

9.6.3　其他重要属性

1. 包围盒属性

在"包围盒"对话框，可设定包围盒的长度、宽度和高度。在这些项目的文本框中，可以输入参数或公式，但其前提是应先将显示公式选中，然后才能输入参数或公式。

可以设置包围盒在显示时是否显示其长度操作手柄、宽度操作手柄、高度和包围盒；也可以设置在利用包围盒调整零件尺寸时，应相对于哪一点来进行调整。"包围盒"属性对话框如图 9-49 所示。

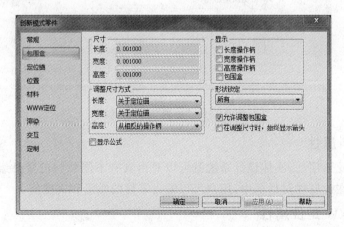

图 9-49　"包围盒"属性对话框

2. 定位锚属性

可以设置定位锚的方向和位置。"定位锚"属性对话框如图 9－50 所示。

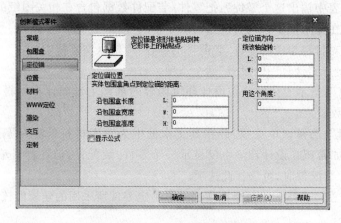

图 9－50   "定位锚"属性对话框

3. 位置属性

可以在属性中设置该图素的位置和方向。当需要精确定位时,可以使用该属性。"位置"属性对话框的具体内容如图 9－51 所示。

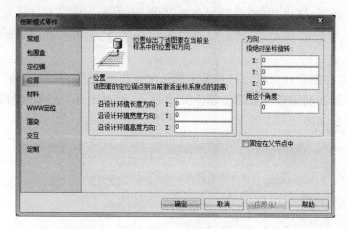

图 9－51   "位置"属性对话框

4. 材料属性

在定义此选项后,实体设计系统就可以对由具有不同材料的零件组成的装配件进行分析。在此属性对话框中,用户可以输入零件的质量和密度值。

5. WWW 定位属性

若为零件定义了这些属性,该零件就可以"网上访问"属性。当其作为一个 VEML 文件导出时,它会记住指定的地址。当其被某个网络浏览器选择时,它可跳至指定的地址。

设定 WWW 定位的操作如下：

① 从零件属性表选择"WWW 定位"页。

② 为零件输入万维网地址。

③ 输入必要的描述性文字，并单击"确定"按钮。

6. 渲染属性

正确设置零件的渲染风格是非常重要的。渲染风格可对系统性能、零件可视化和表面零件质量等进行控制。可编辑的渲染选项如下所述：

①"阴影"选项组包括以下两个复选项：

"投射阴影"　选择此选项可为零件去掉阴影。

"采纳阴影"　选择此选项可为零件接收阴影。

②"表面双面渲染"选择此选项可渲染曲面的两个面。

③"多面体"选项组中包括以下选项：

"表面粗糙度"　拖拉滑条或输入一个值即可指定多面体的表面平整度。

"高级设置"　此选项包括"角度公差"和"表面分离"两个选项。在"角度公差"文本框中可输入需要的并将用于多面体的角度公差。在"表面分离"文本框中可输入需要的并将用于多面的表面偏差。

"最大边长"　如果需要，可输入最大的多面体边长值。

"三角形网格"　选择此选项即可使用三角形网格。

操作者可利用预览窗口下的"预览实体"按钮在当前多面体和零件的实体视图之间切换。

图 9 - 52 所示为"渲染"属性对话框。

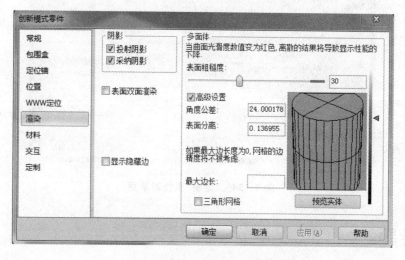

图 9 - 52　"渲染"属性对话框

7. 交互属性

在"交互"属性对话框中，可以设置双击零件时的响应操作，拖动零件时如何定位等，如图 9-53 所示。

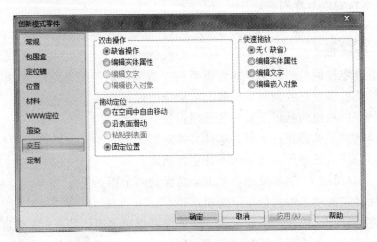

图 9-53　"交互"属性对话框

8. 定制属性

在"定制"属性对话框中，可以输入用户想要的设计人名称、审核人名称、材料和修改日期等，以备查阅，如图 9-54 所示。

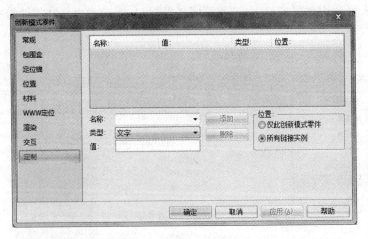

图 9-54　"定制"属性对话框

思考题

1. 阐述布尔运算的概念和意义。

2. 从设计元素库中任意拖出两个增料图素,进行布尔运算的"加"、"减"运算。

3. 从设计元素库中任意拖出两个增料图素,进行布尔运算的"相交"运算。

4. 理解参数化设计的目的和意义,说明在实际设计中的作用。

5. 在制作完成图 9 - 38 的基础上,说明当参数 DH 的值由 18 改为 20 后,零件的各个尺寸会如何改变? 为什么?

第10章　钣金件设计

　　CAXA 实体设计具有生成标准和自定义钣金件的功能。其过程始于"钣金"设计元素库中的智能图素，如板料图素、弯曲图素、成型图素和型孔图素。零件可单独设计，也可在一个已有零件的空间中创建，如图 10-1 所示。本章将介绍钣金件设计的有关内容。

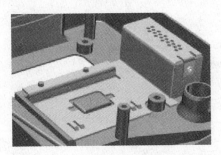

图 10-1　钣金设计

10.1　钣金件设计工具及操作手柄

　　钣金件的设计同实体设计中的其他设计一样，是从智能图素库开始的。在定义了所需钣金零件的基本属性之后，可从基本钣金坯料开始设计，而其他的智能设计元素可以添加到初始坯料之上。设计好的钣金件可以通过多种方式进行编辑。

10.1.1　设置钣金件默认参数

　　在开始钣金件设计之前，必须定义某些钣金件的默认参数，如默认板料、弯曲类型和尺寸单位等。

　　具体操作步骤如下：

　　① 从"工具"菜单中选择"选项"，然后选择"板料"标签，打开"板料"属性选项卡。

　　② 选定相应的默认板料。板料属性表包含所有可用钣金的毛坯型号，其中当前默认类型呈加亮显示状态。板料型号定义了特定的属性，例如，板料厚度和板料统一的最小折弯半径。利用滚动条可浏览该列表并从其中选择适合于设计的板料型号。

　　注意：钣金件生成后，可在快捷菜单"零件属性"中的"钣金"选项卡中改变板料的类型。

　　③ 选定"钣金"标签，显示其属性选项卡。通过"钣金"属性选项卡可设定弯曲切

口类型、矩形切口宽度、深度和圆形切口半径，这些设定值将作为新添切口图素的默认值。

　　④ 指定钣金件新添弯曲图素的默认矩形切口或圆形切口半径的数值，单击"确定"按钮。

　　⑤ 从"设置"菜单中选择"单位"选项，弹出"单位"对话框，并显示下述选项："长度"、"角度"、"质量"。

　　⑥ 利用箭头键从该菜单的下拉列表查看各种选项。选定相应的选项后，单击"确定"按钮。

　　完成上述工作后，即可以"钣金件"设计元素库为起点，开始钣金件的设计了。

10.1.2　钣金件设计元素

　　本节将深入探讨智能图素中的钣金件设计元素。如果屏幕上无法看到"钣金件"设计元素库的内容，可在"设计元素浏览器"中选择"钣金"标签即可显示。滚动显示各个可用的钣金件项目将看到不同颜色的图标。

1."板料"图素

　　"板料"图素有两个子项："板料"和"弯曲板料"，如图 10-2 所示。以灰色图标显示的"板料"图素提供了初步设计的基础。"弯曲板料"图素用于生成具有平滑连接拉伸边的钣金件。

　　注意："板料"和"弯曲板料"之间的主要区别在于拉伸方向的不同。"板料"图素在厚度方向拉伸，"弯曲板料"图素则垂直于厚度的方向拉伸。

2."圆锥板料"图素

　　"圆锥板料"图素用于创建能够展开的圆柱或圆锥钣金件，如图 10-3 所示。

板料　　弯曲板料

圆锥板料

图 10-2　"板料"图素　　　　**图 10-3　"圆锥板料"图素**

3."添加板料"图素

　　"添加板料"图素也有两个子项："添加板料"和"添加弯板"，如图 10-4 所示。这两个图素同样以灰色图标显示，可根据需要添加到板料图素或在其中添加其他图素，并使图素弯曲延展。"添加弯板"图素用于生成具有平滑连接拉伸边的钣金件。

4."顶点"图素

　　"顶点"图素以三色图标显示，见图 10-5。它用于在平面板料的直角上生成圆角或倒角。

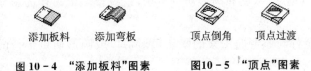

图 10 - 4 "添加板料"图素   图10 - 5 "顶点"图素

5. "弯曲"图素

"弯曲"图素以黄色图标显示,见图 10 - 6。它用于添加到平面板料需要圆柱面弯曲的位置。

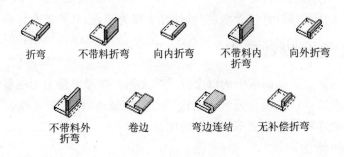

图 10 - 6 "弯曲"图素

6. "成型"图素

"成型"图素以绿色图标显示,如图 10 - 7 所示。它们代表了通过生产过程中的压力成型操作产生的典型板料变形特征。

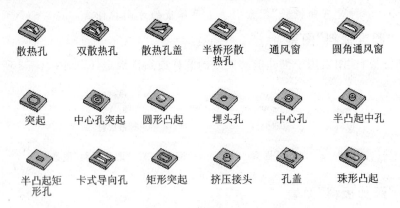

图 10 - 7 "成型"图素

7. "型孔"图素

"型孔"图素以蓝色图标显示,见图 10 - 8。它们代表了除料冲孔在板料上产生的型孔。

8. "自定义轮廓"图素

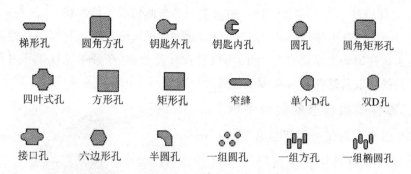

图 10 - 8　"型孔"图素

这个群组中只有一个子项。其显示为一个深蓝色图标。"自定义轮廓"图素松开到某个零件或板料图素上后可编辑其轮廓。图 10 - 9 所示为"自定义轮廓"图素的图例。

图 10 - 9　"自定义轮廓"图素

"钣金"图素的操作方式与实体设计中其他设计元素的操作方式相同,即拖动相应的图素至设计环境中相应的位置即可。

10.1.3　钣金件操作工具条

CAXA 实体设计提供了钣金操作的工具条按钮,如图 10 - 10 所示。

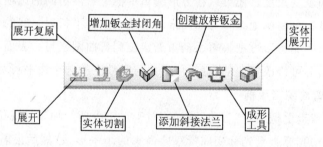

图 10 - 10　钣金工具条

10.1.4　钣金件的编辑手柄和按钮

实体设计的标准图素和包围盒编辑手柄及手柄开关适用于钣金件的智能图素和零件,但在可用性和功能方面二者有一定的区别。例如,在钣金件的设计中:

① 编辑手柄可在零件编辑状态下使用。

② 包围盒手柄的操作方式与其他智能图素相同,但仅适用于"板料"图素和"顶点"图素。

③ 形状手柄可用于平面"板料"、"顶点"和"弯曲"图素,但对"弯曲"图素的操作方法不同于其他图素。

④ 实体设计系统为编辑"弯曲"图素引入了弯曲切口手柄按钮。

⑤ 为编辑"型孔"图素和冲压模变形设计提供了尺寸设定按钮而不是编辑手柄。

由于这些编辑工具具有专用性,所以对设计者而言,在开始设计工作之前,理解这些工具的功能及这些工具在钣金件设计中的使用方法是非常重要的。

1. 零件编辑状态的编辑手柄

零件编辑手柄仅可用于包含"弯曲"图素的零件。它们仅在零件编辑状态被选定,并且光标定位在"弯曲"图素上时才被显示出来。编辑手柄由方形标记的弯曲角调整手柄和球形标记的移动弯曲编辑手柄组成。其中一套手柄在弯曲连接扁平板料的各个端点处,如图 10-11所示。

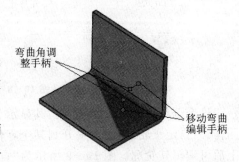

图 10-11   零件编辑状态下弯曲编辑手柄

(1) 角度编辑手柄

这些方形标记手柄用于对弯曲角度进行可视化编辑,其方法是:把光标移动到相应的手柄,直至光标变成带双向圆弧的小手形状。然后单击并拖动,以得到大致符合要求的角度处。拖拉方形编辑手柄,使弯曲的关联边与该边相连的无约束图素一起重新定位,从而改变角度。还可以在方形编辑手柄上右击访问的选项,见图 10-12。

"编辑角度":可精确地编辑弯曲图素与承载它的扁平板料之间的角度。

"切换编辑的侧边":可把编辑手柄重新定位到弯曲图素另一表面上。

"平行于边":可修改弯曲的角度,使弯曲与零件上的选定边平行对齐。

(2) 移动弯曲编辑手柄

球形标记编辑手柄用于"弯曲"图素相对于选定手柄的轴作可视化移动。在移动手柄编辑层移动光标直至光标变成带双向箭头的小手形状,然后沿着手柄轴方向拖动光标,以移动弯曲图素。与弯曲图素相邻的平面板料随同调整到弯曲图素所在的位置。同时,与弯曲图素另一边连接的无约束图素也会相应的重新定位。

实体设计还提供访问编辑选项的方式,方法是在球形标记移动弯曲编辑手柄上右击,弹出如图 10-13 所示的快捷菜单。

图 10-13 所示快捷菜单主要选项的含义如下:

"编辑折弯长度" 显示"编辑弯曲长度"对话框;利用其中的可用选项确定弯曲对齐是否以外径或内径为基准、是否平滑、是否基于自定义曲面板料长度或是否重置弯曲对齐。

"编辑从点开始的距离" 指定拖动选定手柄时距离测量的始点。默认状态下,距离测量的起始点采用手柄相关边的当前位置。

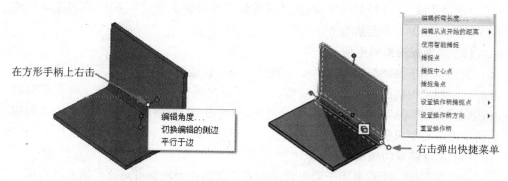

图 10-12 快捷菜单　　　　图 10-13 移动弯曲手柄的其他编辑选项

"捕捉点" 选用此选项,然后选择选定对象或其他对象上的一点,即可指定拖移选定手柄时的距离测量起始点。在出现"编辑距离"对话框时,可按需要输入精确的距离值。

"捕捉中心点" 选择此选项,然后圆柱形对象的一个端面或侧面即可把其中心指定为拖移选定手柄时的距离测量始点。"编辑距离"对话框出现时,可按需要输入精确的距离值。

"使用智能捕捉" 可激活相对于选定手柄与同一零件上的点、边和面之间共享面的智能捕捉反馈显示。此时,包围盒手柄的颜色加亮。智能捕捉在选定手柄上仍然保持激活状态,直至在弹出菜单上取消对该选项的选定。

2. 智能图素编辑状态的编辑工具

(1) 板料图素的编辑手柄

如前所述,形状设计手柄和包围盒手柄可用于编辑"板料"图素。这两种手柄通常都可用于"板料"图素的可视化编辑和精确编辑,其方式与其他智能图素相同。但因为已有板料厚度(高度)固定会导致高度包围盒手柄禁止使用,如图 10-14 所示。

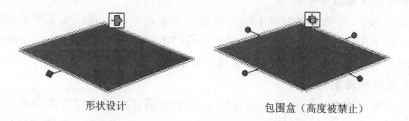

形状设计　　　　　　　　包围盒（高度被禁止）

图 10-14 两种状态的板料智能图素

适用于"移动弯曲"编辑手柄的相同选项,同样也可用于扁平面板料图素。但"编辑折弯长度"和"使用智能捕捉"除外。另外,新增加的选项有如下两种:

"编辑距离" 进入"编辑距离"对话框,并可指定一个值重新设置扁平面板料图素相对于选定手柄默认位置的尺寸。

"与边关联"　选择此选项,然后在其他钣金件对象上选定一条边,即可立即使选定手柄的关联面与指定边对齐。

(2) 圆锥板料编辑手柄

该手柄用于编辑圆锥形板料图素和其他标准智能图素一样可以可视化或精确化地编辑。利用智能图素手柄调整高度、上下部分的半径以及旋转半径。可视化编辑时,单击并拖动手柄;精确编辑时,右击手柄,在编辑对话框中输入精确值,或者利用手柄单击其他精确的几何图形,如图 10-15 所示。

(3) 顶点图素的编辑手柄

图素和包围盒手柄可用于编辑顶点图素。这两类手柄都可对顶点图素进行可视化编辑和精确编辑,其方式与扁平板料图素相同,见图 10-16。

图 10-15　锥形板料元素手柄

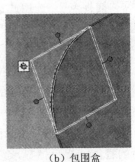

(a) 图素　　　　　　　　(b) 包围盒

图 10-16　两种状态下的顶点智能图素

(4) 弯曲图素的编辑工具

弯曲图素编辑手柄允许编辑弯曲角度、弯曲半径以及曲面板料的长度。除图素工具外,实体设计还引入了用于修改弯曲展开的展开工具,使用者可选择是否显示弯曲展开以及是否增加或减少弯曲的角展开。

(5) 弯曲图素编辑手柄

默认状态下,弯曲图素编辑手柄在智能图素编辑状态出现。如果图素视图在弯曲图素中尚未激活,则可通过两种方法进行:在"手柄开关"图标上单击;在图素上右击,选择"显示编辑手柄",然后选择"图素",如图 10-17 所示。

(6) 角度编辑手柄

智能图素编辑状态的弯曲角度编辑方形手柄■ 在功能上与零件编辑状态显示的手柄相同。参阅前文"1. 零件编辑状态的编辑手柄"中的"角度编辑手柄"。

(7) 半径编辑手柄

球形的半径编辑手柄❀ 可用于对弯曲半径进行可视化编辑。把光标移向球形半径编辑手柄,直至光标变成带双向圆弧的小手形状👌。用双向圆弧小手把球形手柄拖向圆弧表面或拖离弯曲表面,可减小或增大弯曲半径并对齐某条曲线。在半径编辑手柄上右击以显示其唯一的菜单项,也可编辑弯曲的半径值,见图 10-18。

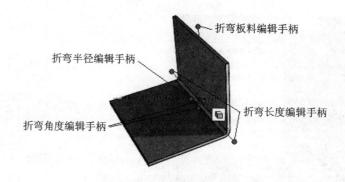

图 10 - 17　弯曲图素编辑手柄

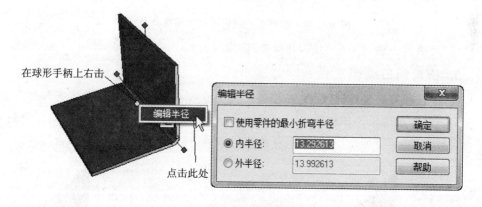

图 10 - 18　编辑半径

　　"编辑半径"对话框：可指定是否应把零件的最小折弯半径用做弯曲的内半径，或者确定是否为半径指定一个精确的内径或外径值。

　　(8) 弯曲长度编辑手柄

　　球形手柄显示在弯曲图素的两端，可用于对弯曲图素的长度进行可视化编辑。把光标移动到相应的手柄，直至光标变成带双向箭头的小手形状，然后拖动光标即可增加或缩短弯曲图素的长度。在弯曲长度编辑手柄上右击，可显示与"移动弯曲"可用的选项相同的菜单选项。

　　"编辑折弯长度"：可精确地编辑弯曲的长度，方法是在"编辑折弯长度"对话框中输入对应的值，然后单击"确定"按钮。

　　(9) 折弯板料编辑手柄

　　这是一个球形手柄，显示在折弯板料的上表面，可用于折弯板料长度的可视化编辑。进行精确编辑的方法是：把光标移到折弯板料编辑球形手柄❀附近，这时光标变为带双向箭头的小手形状☝。右击，显示"编辑折弯板料长度"对话框，如图 10-19所示。

　　"编辑折弯板料长度"对话框：对折弯板料的长度进行精确编辑。在"编辑折弯板

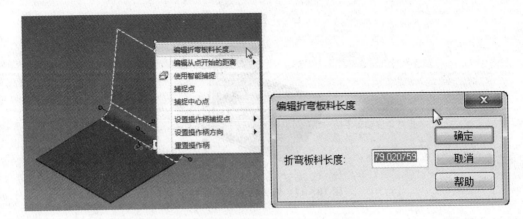

图 10-19　折弯板料编辑手柄的快捷菜单

料长度"对话框中输入对应的值,并单击"确定"按钮。

3. 折弯切口编辑工具

在"手柄切换开关" 图 上单击切换到"切口"视图 图,或者通过在实体折弯部分上右击,选择"显示编辑操作柄"选项,然后选择"切口"选项显示切口编辑工具。之后,系统会显示出"切口显示"按钮和折弯角切口编辑手柄,如图 10-20 所示。

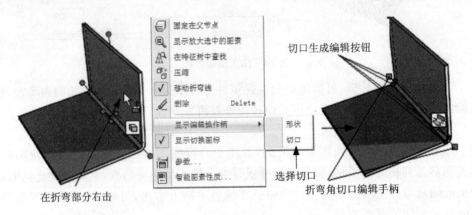

图 10-20　折弯切口编辑按钮及手柄

(1) 切口生成按钮

切口生成编辑按钮的作用是让使用者选择是否在钣金件上生成切口。这些方形的按钮显示在弯曲两端与板料相接处,它们的默认状态为禁止。若要生成一个切口,应在相应的按钮上移动光标,直至光标变成一个指向手指加开关的图标 ,然后单击选定。按钮颜色加亮,而指定的折弯切口被显示,如图 10-21 所示。在"切口生成"按钮上右击即可访问本章后文中介绍的"折弯属性"的相关内容。

(2) 折弯角切口编辑手柄

这些棱形手柄在弯曲图素两端显示,用于对其弯曲长度进行可视化增加或减小。

图 10 - 21　单击生成切口按钮到生成切口

在手柄上移动光标至光标变成带双向箭头的小手🖐形状时单击并拖动即可编辑弯曲长度。若要精确地编辑折弯缩进尺寸,可在相应的手柄上右击。此时将显示出"编辑折弯角切口距离"编辑手柄可用的菜单选项。但"编辑弯曲对齐"选项除外,取而代之的是如图 10 - 22 所示的"编辑切口"对话框。

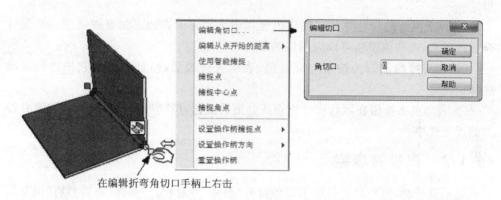

在编辑折弯角切口手柄上右击

图 10 - 22　折弯角切口手柄的快捷菜单

"编辑折弯缩进距离":可精确地编辑折弯缩进的距离。在"缩进距离"对话框中输入相应的值,然后选择"确定"按钮即可实现编辑。输入的数值不可为负。

4. 冲压模变形和型孔图素编辑按钮

实体设计系统用"上、下箭头键"作尺寸设置按钮来修改冲压模变形设计和冲压模钣金设计。利用这些按钮可以为选定图素选择实体设计中包含的默认尺寸。相应的图素定位后,选择"应用"按钮可以应用到指定的图素上。如果默认图素中没有符合要求的图素,可以利用本章随后讨论的方法生成自定义图素,如图 10 - 23 所示。

在智能图素编辑状态选择冲压模变形或型孔图素时,会显示出"上、下箭头键"选择按钮。这些按钮在选定图素的相关工具表标记之间循环。红色箭头按钮表示该按钮处于激活状态,而图素的其他尺寸可通过单击该按钮切换各选项进行访问。被灰掉的箭头按钮表示该按钮处于禁止状态,单击该按钮不能访问任何选项。

若要为新选定的图素切换实体设计默认的尺寸,可把光标移动到红色上箭头键

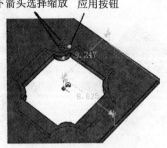

图 10-23 冲压模变形和冲压模编辑按钮

按钮上,直至光标变成一个指向手指而箭头变成黄色(表示其被选中),然后单击。此时,会发生如下改变:

① 选定图素上的黄色显示区发生变化而显示新的选择,可在应用图素前进行预览。

② 一个圆形的绿色"应用"按钮出现在箭头按钮的右边。如果查找到一个尺寸合适的图素,按住该按钮可以应用该图素。

③ 被灰掉的下箭头按钮变成红色,表示它被激活,而且也可用它来进行滚动选择。

④ 利用箭头按钮在默认尺寸中查找合适的图素,用"应用"按钮选择该图素并添加到钣金件中。

10.1.5　属性查看栏

显示设计树,选择属性选项卡即可打开"属性"查看栏。"属性"查看栏有"消息"、"动作"、"属性"和"智能渲染"设置 4 个菜单以及"参数"、"智能渲染"、"更多属性" 3 个对话框按钮。

① "消息"　显示"属性"查看栏中的消息提示。选择需要的命令来操作钣金件或者修改普通属性。其他属性可以通过右击钣金件获得。

② "动作"　在"动作"菜单中可对选定的钣金件进行如图 10-24 所示的操作。

"三维球"(F10):定位装配、零件或智能图素。

"展开":展开选中的钣金件。

"添加斜接法兰":给选定的薄金属毛坯添加斜接法兰。

"增加钣金封闭角":在选定的折弯钣金件之间增加封闭角。

"装配":用所选择的零件或装配生成装配。

"截面":零件/装配截面。

"拉伸零件/装配件":拉伸选中的零件/装配件。

"取消关联":生成链接图素的复制并切断关联属性。

"接触外部链接":解除所选择的外界链接零件。

图 10 - 24　"属性"查看栏动作菜单

"打开零件/装配"：打开外部链接的零件/装配。

"保存零件/装配"：保存选中的外部链接零件。

"统计"：写零件数据的统计文件。

"隐藏选中图素"：隐藏选中的图素。

"隐藏未选中图素"：隐藏未选中的图素。

"显示所有"：显示所有隐藏的图素。

③ "参数"　可参考第 9 章中的参数化设计。

④ "智能渲染设置"　详见第 13 章中的"智能渲染"的"属性"查看栏。

⑤ "更多属性"　单击"更多属性"按钮，打开"钣金件"对话框，修改板材牌号、厚度、最小折弯半径和 k 系数等参数，如图 10 - 25 所示。

图 10 - 25　"钣金件"对话框

10.2 钣金件设计技术

设计开始时,应先把钣金智能图素拖放到设计环境中,生成最初的设计。然后可利用可视化编辑和精确编辑方法对初步设计的零件进行自定义和精确设计。

10.2.1 选择设计技术

可以把钣金件作为一个独立零件进行设计,也可在已有零件的适当位置上进行钣金件设计。若对独立零件进行精确编辑,必须进入编辑对话框并输入相应的值,见图 10 - 26。

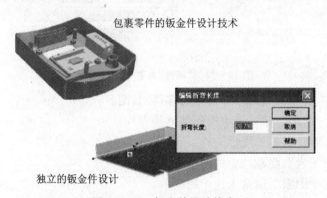

包裹零件的钣金件设计技术

独立的钣金件设计

图 10 - 26　钣金件设计技术

10.2.2 生成钣金件

本节将从板料图素开始介绍利用板料、弯曲、冲压模和冲压模变形等图素生成最初零件各个阶段的操作方法。

1. 板料图素

实体设计中有两种板料图素,即基础板料图素和增加板料图素。这两种图素都有平直型和弯曲型的两种类型。基础板料图素是生成钣金件的第一个图素。

2. 钣金件设计

钣金件设计的操作步骤如下:

① 从"钣金件"设计元素库中单击灰色"板料"图标,然后把它拖动到设计环境后释放。平面板料图素成为钣金件设计的基础图素,如图 10 - 27 所示。尽管本例中采用的是平面板料图素,但也可用"弯曲板料"图素作基础图素。

图 10 - 27　基础平面板料图素

② 如果必须重新设定图素的尺寸,则应在智能图素编辑状态选定该图素。默认状态下,板料图素的图素轮廓手柄处于激活状态。记住,在把光标移动到某条边的中

心之前,图素轮廓手柄不会显示在图素上。若要显示板料图素的包围盒手柄,可在"手柄开关"上单击或在图素上右击,从弹出的快捷菜单中选择"显示编辑操作柄"选项,然后选择"包围盒"选项。

③ 按需要编辑平面板料图素。拖拉包围盒或图素手柄对图素进行可视化尺寸重设。若要精确地重新设置图素的尺寸,可在编辑手柄上右击并分别从弹出的快捷菜单中选择"编辑包围盒"或"编辑距离"选项,编辑可用的值,然后单击"确定"按钮。如果需要修改截面,则只需在图素上右击,从弹出的快捷菜单中选择"编辑截面"选项,并按需要对该截面进行修改。

"添加板料"图素允许把扁平板料添加到已有的钣金件设计中。"添加板料"将自动设定尺寸,使图素在添加载体边沿的宽度或长度匹配。可从"钣金件"设计元素库中选择"添加板料"图素,并把它拖拉到添加表面的一条边上,直至该边上显示出一个绿色的智能捕捉显示区。该显示区一旦出现,即可松开"添加板料"图素。图素到位后,可按照前文所述的平面板料图素尺寸的设定方式进行尺寸重设,如图 10 - 28 所示。

3. 曲面板料添加到基础图素

具体操作步骤如下:

① 把"添加曲面板料"图素添加到基础图素的其他边上。注意,图素在松开前是扁平的,如图 10 - 29 所示。

图 10 - 28　外接在平面图素的平面板料图素图　　　**图 10 - 29　"添加曲面板料"图素**

② 在智能图素编辑状态下,右击弯曲板料图素并从弹出的快捷菜单中选择"编辑截面"选项。

③ 从"二维绘图"工具条上选择"连续圆弧"工具编辑弯曲图素的轮廓。"连续圆弧"工具可生成对钣金件构建有效的相切截面曲线,如图 10 - 30 所示。

④ 待弯曲截面完成后,在"编辑截面"对话框中选择"顶部"|"中心线"或"底部",指定"编辑轮廓位置",从而确保得到平滑连接的相切截面。

⑤ 在"编辑截面"对话框中选择"完成造型"选项,如图 10 - 31 所示。

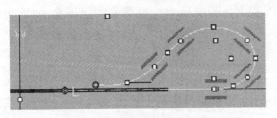 

图 10-30 利用"添加曲线板料"图素生成曲线几何图形　　图 10-31 已完成的曲线板料图素

4. 弯曲板料属性

"折弯容限":提供弯曲图素折弯容限确定办法的选项。

"使用 k 系数公式":可在折弯容限的计算过程中采用 k 系数公式。

"显示标尺":显示"折弯容限计算"对话框。

"使用零件 k 系数":在确定折弯容限时采用为零件指定的 k 系数。

"k 系数":利用它可以为折弯容限指定一个精确的 k 系数。

"指定自定义值":指定弯曲图素的展开长度,用于确定折弯容限。

"展开长度":输入弯曲图素展开长度的精确值。

"宽度":定义弯曲图素相对于板料上放置图素点的宽度。

"点以上":用于指定放置图素的板料上基准点以上的选定曲线的宽度。

"点以下":用于指定放置图素的板料上基准点以下的选定曲线的宽度。

若要执行下面介绍的内容,应从基础图素中选择并删除"添加曲面板料"图素。

"顶点图素":顶点图素用于在扁平板料的直角处生成圆角或倒角。它可智能地在角的内侧作增料处理而在角的外侧则作除料处理。顶点图素可以进行如下编辑:

"可视化编辑":拖动图素的包围盒或图素手柄,以得到满意的尺寸。

"精确编辑":在距离编辑手柄上右击并输入相应的长度和宽度值。

5. 圆锥钣料属性

在圆锥板料上右击,选择智能图素属性,弹出"圆锥钣金图素"对话框,在对话框中选择"圆锥属性"选项,如图 10-32 所示。

"顶部半径":指定顶部锥形相关的内部、外部及中间的半径。

"底部半径":指定底部锥形相关的内部、外部及中间的半径。

"延长量":在图素的中间指定锥形图素的高度。

"角度":指定圆锥形钣金件的旋转角。

6. 弯曲图素

"弯曲图素"最适合用于特定的设计要求。这些图素具有特殊的编辑手柄和按钮,"钣金件"设计元素库为其提供了多种弯曲类型。

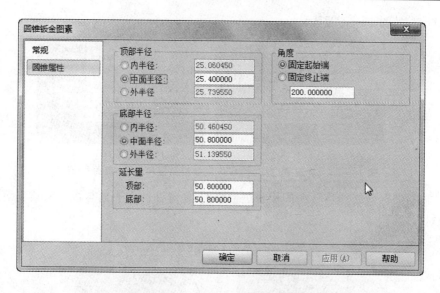

图 10 - 32　"圆锥钣金图素"对话框

7. 弯曲图素的类型

查看"钣金件"设计元素库并浏览黄色的弯曲图素,可知它包括 3 种类型:

"卷边"　可添加一个 180°角、内侧弯曲半径为 0 的弯曲。

"弯边连结"　可添加一个 180°角、半径为板的厚度一半的弯曲。

"无补偿折弯"　可添加一个 90°角的弯曲,并为零件指定弯曲半径。

以上 3 种类型("无补偿折弯"除外)都是"自动尺寸"图素,即是说,它们会立即作出尺寸设置,以便与它们添加到曲面的宽度或长度匹配。

"弯曲"类型有多种变体,能使弯曲类型轻易地满足特殊设计需求。例如,除普通"弯曲"外,还有"内弯曲"和"外弯曲"图素。3 种"弯曲"变体如图 10 - 33 所示。

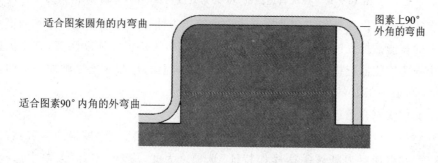

适合图案圆角的内弯曲———　　　　　　　———图素上90°外角的弯曲

适合图素90° 内角的外弯曲———

图 10 - 33　应用于已有造型的 3 种弯曲图素的直视图

上述 3 种弯曲的形式相同,其区别在于它们相对于添加弯曲曲面的对齐方式。

"外弯曲":对施加该弯曲的板料进行修剪,使弯曲的外表面与板料末端表面的原位置对齐，如图 10-34 所示。

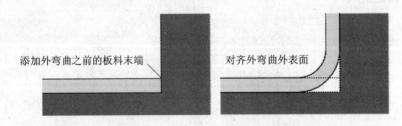

图 10-34 在现有造型的 90°内角处应用板料的"外弯曲"示例

"内弯曲"：对施加该弯曲的板料进行修剪，使弯曲的内表面与板料末端表面的原位置对齐，如图 10-35 所示。

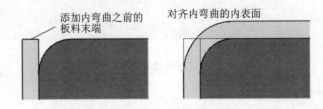

图 10-35 沿现有造型的过渡边应用板料的"内弯曲"示例

"弯曲"：应用于板料上，但不作修剪，如图 10-36 所示。

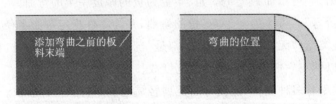

图 10-36 在现有造型的 90°外角处应用板料的"弯曲"示例

实体设计提供一种指定弯曲图素方向的简单方法。该方法使用了添加曲面上下底边上的智能捕捉反馈。在已有板料相应曲面上部的长边上拖动图素，直至该边出现一个绿色智能捕捉提示时释放，即可添加一个向上的弯曲。反之添加一个向下的弯曲，见图 10-37。

下面以实例介绍添加弯曲图素的操作方法。

新建一个设计环境并从"钣金件"设计元素库中拖出一个"板料图素"。若有必要，应激活"以捕捉为默认手柄操作特征"选项。为此，应从"工具"菜单中选择"选项"、"交互"标签，然后选定该选项。

添加向上的钣金弯曲图素的方法如下：

① 使用视向工具条上的"动态旋转"和"显示窗口"工具，以得到板料图素一侧面

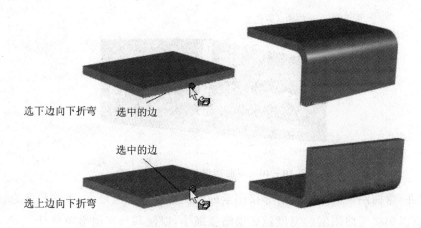

选下边向下折弯　选中的边

选中的边

选上边向下折弯

图 10 - 37　折弯方向的选择

的清晰视图,然后单击"选择"工具。

② 显示"钣金件"设计元素库的内容,并查找黄色"内弯曲"图标。

③ 单击该图标,拖动到设计环境中并移动到板料的上部边上,直至该边显示出绿色智能捕捉提示,然后释放。一个向上的弯曲就被添加到板料图素上,而其宽度则自动调整以与板料的宽度匹配。

④ 利用"显示"工具转动零件视图,以显示板料的相临边,然后单击"选择"工具。

⑤ 按第③步中指示,在该侧添加第二个"内弯曲"图素。弯曲图素被添加到板料图素上以后,可用智能捕捉特征快速拉长其中一个弯曲图素而缩短其他图素。然后可调整各个图素的角展开,以完善钣金件设计,如图 10 - 38 所示。

⑥ 利用视向工具条上的"动态旋转"和"显示窗口"工具,得到邻接弯曲图素内侧的局部放大视图(见图 10 - 39),然后单击"选择"工具。

图 10 - 38　有两个向上的"内弯曲自动尺寸"图素的板料

图 10 - 39　板料一角处弯曲图素的内视图

⑦ 在智能图素的右边选择弯曲图素,把光标移动到延展编辑手柄,直至光标变成带双向箭头的小手形状。这是一个从弯曲一段延伸到板料之共享角的球形手柄。

⑧ 按住 Shift 键,然后单击并把手柄拖向该角,同时把十字准线拖向弯曲图素顶面侧边,直至出现其绿色智能捕捉提示,然后释放,如图 10 - 40 所示。

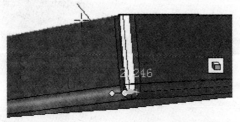

选中边（绿色加亮显示）

图 10 - 40　弯曲距离手柄的正确对齐

现在，弯曲图素的末端就与邻接图素的外侧边对齐。但是，由于该图素为钣金件图素，所以邻接弯曲图素的宽度就必须略微缩小，以使其与其他弯曲分开。

⑨ 在智能图素左面选择弯曲图素。

⑩ 在其距离编辑手柄上右击，选择"编辑折弯长度"选项，把距离缩短 .005 并单击"确定"按钮。左侧弯曲图素的宽度稍微缩短。

注意：为了在钣金件设计完成时展开它，就必须注意在各侧面间留有空隙。

8. 调整角切口

操作步骤如下：

① 在智能图素编辑状态下，选定前一示例中右侧的弯曲图素后，右击该图素，选择"显示编辑手柄"选项，然后选择"切口"选项。默认的图素视图将被切口视图和编辑工具所替代。

② 在弯曲的角展开手柄上移动光标，直至光标变成带双向箭头的小手形状。

③ 按住 Shift 键，然后在手柄上单击并把它从该角处拖开，同时把十字准线移到邻接弯曲图素和基础板料图素的公共边，直至该边显示出一个绿色的智能捕捉提示后释放，弯曲图素的弯曲段出现切口，如图 10 - 41 所示。

重复步骤①～③，重新设置左侧弯曲图素弯曲段的尺寸，结果如图 10 - 42 所示。

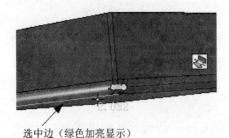

选中边（绿色加亮显示）

图 10 - 41　角切口的正确对齐

图 10 - 42　修改后的角切口

9. 添加一个圆形角切口

操作步骤如下：

① 从"钣金件"设计元素库选择蓝色"圆形冲压模"图标，并把它拖放到板料图素的顶点位置，直至出现一个绿点，如图 10-43 所示。

② 把型孔图素拖至顶点。圆形型孔图素的边上将显示一个黄色提示及其编辑箭头按钮。

③ 利用箭头按钮滚动显示圆形型孔图素的各个尺寸，直至找到需要的尺寸，然后单击圆形的绿色"应用"按钮使用该尺寸。

注意：如果两个垂直板料截面的边与该角重叠，圆形角切口就无法添加到钣金件上。

此时会显示出圆形冲压模图素，它以指定的顶点为中心，如图 10-44 所示。

图 10-43 用于"圆形冲压模"图素精确　　图 10-44 新生成的圆形角切口
　　　　　定位的智能捕捉提示

10. 添加一个向下的钣金弯曲图素

① 利用显示工具以获取板料图素其余两个开放侧面之一的视图，然后单击"选择"按钮。

② 显示"钣金件"设计元素库的内容并定位在黄色"不带料折弯"图标处。

③ 单击该图标，把它拖入设计环境并拖放到板料的底边中心处，直至该边出现一个绿色的中心点和智能捕捉提示后释放，如图 10-45 所示。

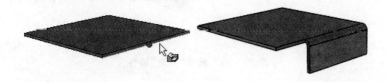

图 10-45 用于向下弯曲的智能捕捉反馈及"不带料折弯"智能图素的放置

完成以上操作后，一个向下"弯曲"图素添加到板料图素中。由于它不是一个"自动尺寸"图素，所以该"弯曲"采用默认宽度并在板料的边上以其松开点为基准取定位中心。

11. 添加弯曲切口

操作步骤如下：

① 在智能图素编辑状态下选定新"弯曲"图素后，单击"手柄"。默认图素视图将被切口视图和编辑工具所取代，如图 10 - 46 所示。

② 把光标移到与板料图素相连的弯曲边的"切口生成"按钮上，直至光标变成带开关的指向手指图素为止，然后单击，结果如图 10 - 47 所示。

该按钮的颜色将加亮，而关联的默认弯曲切口则显示在该图素上。利用"弯曲智能图素"属性即可编辑切口。

图 10 - 46   选择弯曲图素   图 10 - 47   生成的弯曲切口

12. 折弯智能图素属性

实体设计中的"三脚架"弯曲智能图素(如图 10 - 48 所示)有 3 种属性，即常规、折弯和切口。通过在弯曲智能图素上右击并选择"智能图素属性"选项对它们进行访问。因"常规"属性的选项对所有智能图素都是相同的，所以下面只讨论折弯和切口属性的选项。

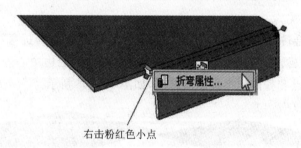

右击粉红色小点

图 10 - 48   激活"折弯"属性

(1)"折弯"属性

"折弯"属性对话框如图 10 - 49 所示。

"半径"选项组：提供指定用于弯曲半径的功能选项。

● "使用零件的最小折弯半径"：可为零件指定最小折弯半径。如果此选项不能选择，则可以采用下面两种选项。

- "内半径":利用本字段可为弯曲设定精确的内半径。
- "外半径":利用本字段可为弯曲设定精确的外半径。

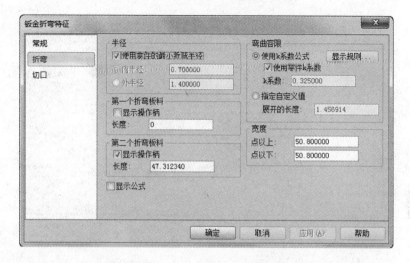

图 10-49　"折弯"属性对话框

"第一个折弯板料"选项组:

- "显示操作柄":可显示弯曲图素上第一个曲面板料上的设计手柄。
- "长度":在本字段输入一个值来指定第一个曲面板料部分的长度。

"第二个折弯板料"选项组:

- "显示操作柄":可显示弯曲图素上第二个曲面板料上的设计手柄。
- "长度":在本字段输入一个值来指定第二个曲面板料部分的长度。

"弯曲容限"选项组:提供有关弯曲图素折弯容限确定方法的选项。

- "使用 k 系数公式":可利用 k 系数公式进行折弯容限计算。
- "显示规则":可弹出下一节中讨论的"折弯容限计算"对话框。
- "使用零件 k 系数":可在确定折弯容限时使用零件的指定 k 系数。
- "k 系数":可利用此选项为折弯容限指定一个精确的 k 系数。
- "指定自定义值":指定弯曲的展开长度,以用于确定折弯容限。
- "展开的长度":此选项仅在未选择前一个选项时处于激活状态,在此文本框中可为弯曲图素的展开长度输入一个精确的值。

"宽度"选项组:可确定弯曲图素相对于放置该图素的板料上对应点的宽度。

- "点上方":指定选定弯曲在放置该图素的板料上对应点上方的宽度。
- "点下方":指定选定弯曲在放置该图素板料上对应点下方的宽度。

"显示公式"复选项:查看或创建用于计算本属性表中数值的公式。

(2)"切口"属性

"切口"属性对话框如图 10-50 所示。

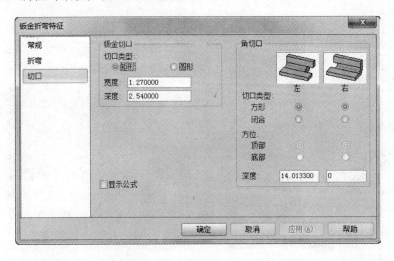

图 10-50　"切口"属性对话框

"钣金切口"选项组:定义用于选定弯曲图素上弯曲切口的参数。

● "切口类型":允许指定弯曲图素上将采用的切口类型:

　　-"矩形":如图 10-51 所示。

　　-"圆形":如图 10-52 所示。

图 10-51　矩形切口　　　　　**图 10-52　圆形切口**

● "宽度"和"深度":在未选定图素之上弯曲展开设定精确的宽度和长度。

"显示公式"复选项:查看或创建用于计算本属性表中数值的公式。

13. 折弯容限计算

折弯容限是在弯曲角度、材料厚度和内半径的基础上计算的。如果钣金材料是均匀且未超过弹性限度,它的临界面(或其在二维中的轴)都将与材料的中心线相符。然而,当弯曲力超过弹性限度时,临界面就会向弯曲的内曲面移动。

一般情况下,平面的重新定位距离为材料厚度的 1/3～1/2。描述临界面重定位位置的值称为"k 系数"。

注意:这是 ANSI(美国国家标准化组织)对 k 系数的定义。

折弯容限(BA)采用如下通用公式计算：

$$BA = A \times (R + kt)$$

式中：A 为弯曲的补角(弯曲外表面上的测得值)；R 为内半径；t 为板料厚度，如图 10-53 所示。

当弯曲角度大于 174°而内半径小于钣金件厚度的一半时，可以卷边或弯曲(Benson,1997)。为了计算包边的折弯容限(即：包边容限)，采用表 10-1 (Suchy,1988)中的经验数据。标准的 ANSI 折弯容限公式适用于钣金件厚度超过包边容限表范围的材料。

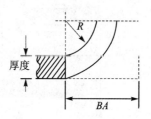

图 10-53　折弯容限计算

表 10-1　折弯的包边容限

材料厚度/in	包边容限/in
0.030	0.050
0.036	0.060
0.047	0.080
0.062	0.090
0.093	0.140
0.109	0.160
0.125	0.190

14. 把折弯曲线传递到工程图中

实体设计具有把折弯曲线显示在包含弯曲图素的钣金件的相关工程图中的功能。在折弯曲线上右击，显示出相应的快捷菜单，之后便可使用"移动折弯曲线"选项，该选项的默认状态为选定。若要取消该选定状态，只需取消该选项的复选标记即可。当指定"移动折弯曲线"时，选定弯曲图素的折弯曲线将出现在平滑(展开的)钣金件的相关视图中。

15. 冲压模变形或型孔图素

将"冲压模变形智能图素"添加到钣金件上，可使现有板料变形。

冲压模变形设计或型孔图素有一个特别针对钣金件设计的编辑系统，该系统通过按钮在预置默认设计中选择其他备用尺寸。当然，默认设计并不一定总能满足设计的需求，为此，实体设计提供了"加工属性"。

若要使用"加工属性"，应在智能图素编辑状态右击冲压模变形或型孔图素，并从弹出的快捷菜单上选择"加工属性"选项，如图 10-54 所示。

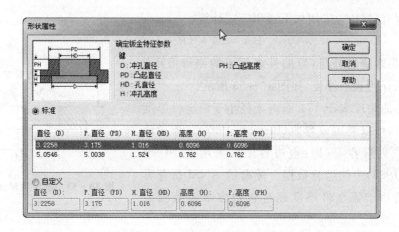

图 10 - 54　冲压模变形的加工属性

注意:为方便"型孔"图素的选择,应选用"设计树"来选择设计环境中的"除料型孔"图素。

这个对话框显示了针对选定物件的默认图素的全部参数。这些图素与利用箭头编辑按钮访问的图素相同。列表中各条目的显示顺序与使用上或下箭头键浏览它们时的顺序一样。在使用滚动条浏览整个列表时,会看到其中有一个选项处于加亮显示状态。该选项为应用于选定图素的当前选项。

在对话框的底部,是用于为图素生成自定义尺寸的选项。可在相应字段输入其他值来对某个图素进行定义,然后单击"确定"按钮即可把输入值应用到图素中。但是,自定义冲压模变形或型孔图素一旦生成并应用,编辑按钮就会被禁止,直至从"加工属性"列表再次选定某个默认尺寸。

16. 把型孔图素添加到弯曲或曲面图素中

在如图 10 - 55 所示的区域,添加型孔图素到弯曲或曲面图素的方法是:从设计元素中拖动型孔图素到扁平板上一点后释放,该扁平板与弯曲板连接的中心就在那一点上,如图 10 - 55 所示。

图 10 - 55　型孔图素在弯曲上相对于附加板料定位

但是,在弯曲图素上任意一点释放的型孔图素,其本身将以弯曲图素上的曲线为中心,如图 10 - 56 所示的第一个图中弯曲左侧的绿色中心点。

图 10 - 56 相对于弯曲本身把型孔图素定位在弯曲上

注意:型孔图素可相对于扁平或展开状态的弯曲定位在弯曲或弯曲图素上。在其中任何一种情况下,型孔图素都将保持它们在展开和未展开状态下的结构完整性。

型孔图素可相对于展开状态的弯曲/曲线或相对于其扁平状态定位在弯曲/弯曲图素上。若要改变当前的默认定位操作特征,应从"工具"菜单中选择"选项"并选择"钣金"。单击"高级选项"按钮,并在"冲压模定位模式"下选择或取消"相对于平滑状态定位新的'弯曲上的冲压模'特征",单击"确定"按钮,然后再次单击"确定"按钮。则以该点为起点,型孔图素将相对于其应用卷曲或弯曲图素的新指定状态而定位,如图 10 - 57 所示。

(a)相对于展开状态定位的冲压模　　(b) 相对于平滑状态定位的冲压模

图 10 - 57 冲压模定位

17. 圆锥钣金增料

实体设计 2009 包含了生成圆锥形钣金件的功能。实体设计 2013 扩展圆锥形的钣金,允许对有展开条件的圆锥形钣金增料和折弯,如图 10 - 58 所示。

18. 自定义轮廓

利用"自定义轮廓智能图素"可向钣金件添加定义的型孔图素。在"钣金件"设计元素库的末尾查找其蓝色图标,然后把它拖放到零件相应的位置上。默认状

图 10 - 58 圆锥形板金增料

态下,把它作为一种圆孔图素进行添加。但是"自定义轮廓"图素可在智能图素编辑状态利用包围盒或图素手柄进行编辑,其方式与其他标准智能图素的编辑方式相同。若要编辑截面,可在智能图素编辑状态的图素上右击,从弹出的快捷菜单中选择"编

辑截面"选项,然后按需要修改该截面。

10.2.3　钣金件切割工具

实体设计具有修剪展开钣金件的功能,并支持展开钣金件的精确自定义设计。这一过程在实施时,采用标准图素或钣金件作切割工具,如图 10-59 所示。

切割时,当前设计环境必须包含需要修剪的钣金件和其他用于切割的钣金件或标准图素。切割图素必须放置在钣金件中且完全延伸到需要切割的所有曲面上,如图 10-60 所示。

图 10-59　钣金件切割工具   图 10-60　切割钣金件

操作步骤如下:

① 选定需要修剪的钣金件,按住 Shift 键,然后选择切割图素。

② 从"钣金"功能面板或工具条中单击"实体切割"工具按钮，如图 10-59 所示。

尽管设计环境显示保持不变,但"设计树"中显示出钣金件上已经实施了一个切割操作。切割图素仍然保留在设计环境中,如图 10-61 所示。

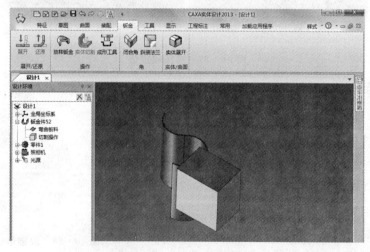

图 10-61　钣金件切割前

③ 选定切割图素,然后按 Delete 键即可删除之。尽管切割图素(本例中为 1 号零件)已被删除,但切割操作仍然保留,如图 10-62 所示。

如果采用钣金件图素充当切割图素,则选择"实体切割"选项可激活一个如

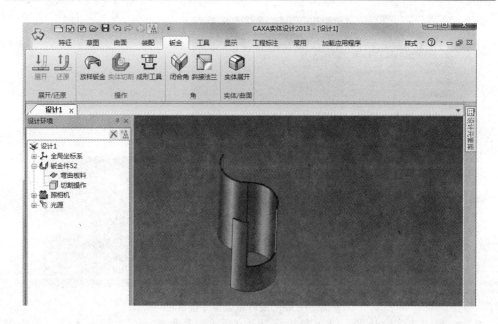

图 10 - 62 切割钣金件后

图 10 - 63所示的"钣金切割工具"对话框。"切割方向"选项组中有"顶部"、"底部"、"交叉"3个选项。其方向根据切割钣金件设计的定位锚位置确定。例如,向上为定位锚的正高度方向。之后,切割操作便可切割掉钣金件上表面以上的任何部分。

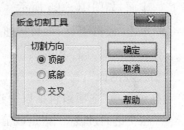

图 10 - 63 "钣金切割工具"对话框

10.2.4 放样钣金

此功能可以使用放样功能生成钣金件。

单击"钣金"功能面板中的"放样钣金"工具按钮，出现如图 10 - 64 所示的命令管理栏。

"选择草图":可选择已有的草图或面,也可单击 按钮创建新的草图。

"钣金选项":选择生成的放样钣金相对于草图的位置。

板料选择:默认使用当前软件选定的板料,也可单击"修改板料"按钮进行更改。

选择如图 10 - 64 所示两个草图,生成"天圆地方"的钣金件。

10.2.5 成形工具

利用此功能可以定制冲头的形状并应用到钣金件上。操作过程如下:

① 定制冲头的形状,可采用以下两种方法:

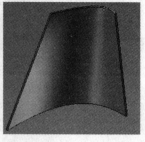

图 10－64　放样钣金命令管理栏

● 利用实体设计的设计工具生成冲头的形状,需要有一个比较大的平面作为停止面,如图 10－65 所示。

● 单击"成形工具"工具按钮 ，出现如图 10－66 所示命令管理栏。

"停止面":冲压停止的面。

"要移除的面":在冲压过程中去除的面,如果没有,此项可以空白。

"高级选项"选项组包括以下选项:

－"相交边的过渡"　指定数值后,在冲压工具和板料相交的位置生成圆角过渡。

－"偏置"　与停止面的偏置距离。

② 设置完成后确定,生成一个冲压工具,可将其放到设计元素库中,见图 10－67。

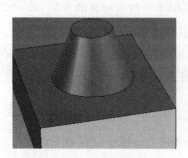

图 10－65　实体形状　　　　　图 10－66　命令管理栏　　　图 10－67　设计元素

③ 拖放一个板料到设计环境中,然后将成形工具从设计元素库文件.icc 中拖放到该板料上,如图 10 - 68 所示。可以看到冲压形状及冲压处的圆角过渡和偏置距离。

④ 若要修改冲头形状,右击选择"编辑设计元素项"选项,见图 10 - 69。

图 10 - 68　冲压成形工具

图 10 - 69　编辑设计元素项

10.2.6　实体展开

单击"钣金"功能面板中的"实体展开"工具按钮 ⬡,打开如图 10 - 70 所示的命令管理栏。

"面选择":在设计环境选择要展开的面,选择后"面列表"显示在下面的列表框中。若选择错误,可以通过右击选择"删除"选项进行更改。

"自动拾取连接的面":自动拾取已选面的连接面。

"标准板料":展开计算时,根据软件目前选择的标准板料的参数进行计算。

"定制板料":可以使用在下方定制的板料参数展开计算,如图 10 - 71 所示。

图 10 - 70　实体展开命令管理

图 10 - 71　定制板料

- "厚度"：板料的厚度。
- "k-因子"：在钣金折弯展开时依据的折弯系数。应用实例见图 10 - 72。

图 10 - 72　实例展开

10.2.7　钣金件属性

钣金件属性包含以下内容：

"板料属性"　定义选定钣金件的板料属性。

"名称"　这是一个不可编辑的字段，显示当前默认板料的类型。

"重量"　输入选定钣金件的重量。

"厚度"　显示当前默认板料的厚度。尽管在本文本框中插入其他值并不改变设计环境中的板料厚度，但在进行零件分析时，有必要插入其他数值。

"最小折弯半径"　输入的数值为当前钣金件需要采用的最小折弯半径。

"代码"　这是一个不可编辑的字段，显示当前默认板料类型的代码。

"标尺"　这是一个不可编辑的字段，显示当前默认板料类型的相关标尺。

"k 系数"　输入希望用于选定钣金件板料的 k 系数。

"选择一个新毛坯"　显示出"选择板料"对话框，浏览并指定选定钣金件的替代板料类型。

"采用 DIN 6935 标准"　指定选定钣金件采用 DIN 6935 折弯容限标准。

"显示公式"：显示 CAXA 实体设计用以计算折弯容限的公式。

10.2.8　展开/复原钣金件

钣金件设计一经完成，下一步的操作应该是生成零件的二维工程图。由于钣金件设计需要使用以加工为目的的展开工程图视图，为此实体设计提供了一个简单过程来展开已完成钣金件设计，然后返回到它的弯曲状态。

展开和复原钣金件的操作步骤如下：

① 在零件编辑状态下选定待展开的钣金件。

② 从"钣金"功能面板（见图 10 - 73）上单击"实体展开"按钮或在"工具"菜单中选择"钣金展开"选项，零件将在设计环境中以展开状态显示。

图 10 - 73 展开或复原钣金件工具条

③ 此时,应按照第 12 章中的"生成钣金件的二维工程图"中描述的步骤进行操作。

④ 展开工程图完成并返回到设计环境后,可以从"工具"菜单中选择"钣金复原"选项,以返回到零件的未展开状态,如图 10 - 74 所示。

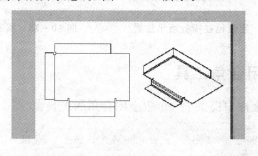

图 10 - 74 未展开和展开零件视图下的钣金件工程图示例

展开钣金件时,实体设计将自动为其展开和未展开状态生成配置文件,该文件参照"格式"菜单中的配置生成。如不需要重新折叠钣金件,对展开钣金件的任何修改都不予保存。

使用者可以利用展开钣金件的定位锚指定其方向和方位。零件的定位锚可移动到其他板料或弯曲特征上,从而使选定特征作为展开基础的参考。图 10 - 75 中的最初定位锚位置在指针所指的图素上。零件展开时,最初定位锚位置决定了零件的下属方向或方位。

若要对定位锚重新定位,则应选定钣金件,从"图素"菜单选择"移动定位锚"选项,然后单击其他弯曲或板料图素,以重定位定位锚。或者可选定定位锚,然后用三维球重定位。

注意:如果把定位锚置于弯曲特征上,展开方位的参考位置将以选定弯曲的"第一个"曲面板料为基准,如图 10 - 76 所示。

图10 - 75 定位锚在指针所示位置　　**图 10 - 76 展开后的结果**

当零件的定位锚移动到图 10 - 77 所示指针所指的图素上时,展开方位图调整如图 10 - 78 所示。

图 10 - 77　定位锚在指针所示位置　　　　图 10 - 78　展开后的结果

10.2.9　钣金闭合角工具

实体设计在钣金件中提供了一个钣金闭合角的工具,如图 10 - 79 所示。

图 10 - 79　钣金封闭角工具

钣金件设计过程中,经常要处理一些细节的部位,比如钣金封闭角的处理。实体设计 2013 中提供了一个自动封闭角的功能,以提高钣金件设计的效率。该功能支持斜角的封闭处理。

操作步骤如下:

① 在"钣金"工具条上单击"闭合角"工具,如图 10 - 79 所示。

② 选择将要封闭的钣金件的两个折弯处,如图 10 - 80 所示。

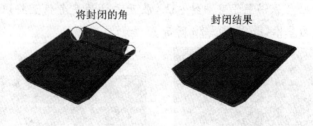

图 10 - 80　封闭角

③ 在图 10 - 81 所示的封闭角命令管理栏中选择将要封闭的类型。

- "对接封闭",如图 10-82 所示。
- "正向交迭封闭"。如果定义先选的折弯边为正向,那么这种交迭的方式,如图 10-83 所示。

　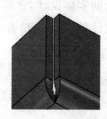　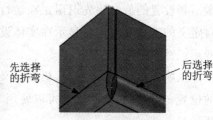

图10-81　封闭角命令管理栏　　图 10-82　对接封闭　　　图 10-83　正向交迭封闭

- "反向交迭封闭"。如果定义先选的折弯边为正向,那么这种交迭的方式刚好相反,如图 10-84 所示。

④ 单击"确定"按钮,完成封闭角。

注意:在进行添加封闭角功能时,必须先观察钣金折弯边的边界是否重合为一点,如果没有重合,先将其调整重合后,再添加封闭角,否则将不能被封闭,如图 10-85 所示。

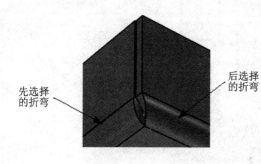　　

图 10-84　反向交迭封闭　　　　图 10-85　折弯边的边界重合为一点

10.2.10　钣金件板料列表的修改和添加

虽然实体设计中包含有许多用于设计钣金件的默认工具和材料,但仍可能需要自定义工具或材料。如果需要一些常规的自定义工具或材料,可以选择实体设计中已有的工具或材料,或选择对新的工具或材料进行编辑,这个过程可通过操作"工具表"完成。

"工具表"是一个数据文件,用于指定特定的钣金件工具或钣金板料图素的参数。要访问使用该文件应显示出系统文件,然后在 VDS 目录下查找实体设计子目录。滚

动显示实体设计的文件列表，查找名为 Toolbl.txt 的文件。打开该文件即可显示
"工具表"的内容。

在进行任何修改或添加之前，最好先生成"工具表"文件的备份。建议采用相同
的文件名，但扩展名采用.bdk。修改或添加操作完成后应保存并关闭该文件。若要
激活新设置的值必须先退出正在运行的实体设计，然后再重新启动应用程序。这时，
自定义的工具和材料将显示在实体设计的默认值列表中，供生成钣金板料和冲压模
变形或型孔图素时使用。

从实体设计 2011 开始，板料定义文件的路径可以更改，用户可以自定义该文件
的位置，方便查找修改。还可以使用"导入"、"导出"按钮将该文件共享，如图 10－86
所示。

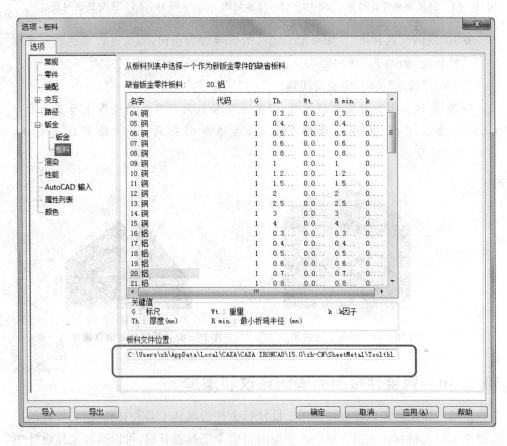

图 10－86　板料定义文件

思考题

1. 钣金元素库中的"板料"、图素元素库中的"板"可否通用？为什么？试比较钣金元素与其他图素元素的应用特点。

2. 试说明钣金件设计方法与实体设计中的基本设计方法是否一致。

3. 如何进行钣金件的展开和复原操作？

4. 如何进行钣金件的切割操作？

5. 如何使用"折弯图素"使板料弯曲成形？试举例说明。

第 11 章　装配设计

CAXA 实体设计具有强大的装配功能。它将装配设计与零件造型集成在一起，不仅提供了一般三维实体建模所具有的刚性约束能力，同时还提供了三维球柔性装配方法，并快捷、迅速、正确地利用零件上的特征点、线和面进行装配定位。其中，三维球定位装配、无约束定位装配和约束定位装配是实体设计系统提供的零件定位有效装配方法。本章将集中介绍实体设计装配设计的有关内容。装配设计界面如图 11-1 所示。

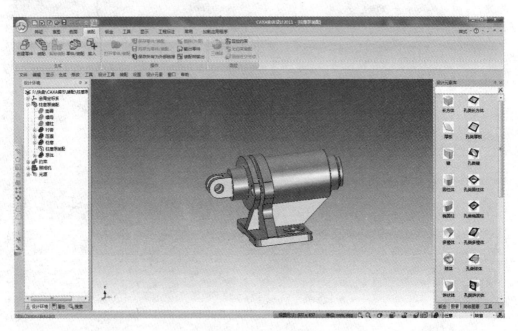

图 11-1　装配设计界面

11.1　零部件的插入和链接

11.1.1　插入零部件

在零件装配成产品的过程中，要将零件从设计文件调入到当前设计环境方能进行装配。本书将零部件调入设计环境的操作过程称为零件或部件的插入。

单击"装配"功能面板中的"插入零件/装配"工具按钮，即出现"插入零件"对话框，如图 11 - 2 所示。

在查找范围中选择零部件所在的地址，再选择文件名，然后单击"打开"按钮，则零部件插入到当前设计环境中。在"插入零件"对话框的"文件类型"中可以选择要插入的义件类型，从对话框中可以看到，插入零件支持多种三维软件的文件格式。

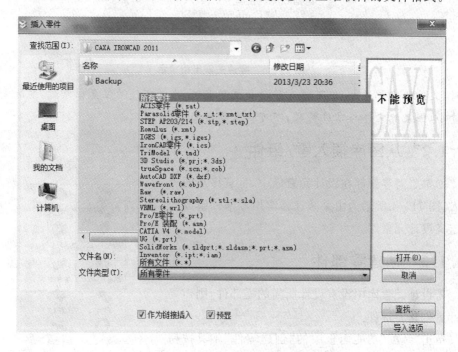

图 11 - 2 "插入零件"对话框

在图 11 - 2 中，有一个"作为链接插入"复选项，其功能如下所述：

① 选择该项，则插入的零件保持不变。装配时仅仅是调用该零件，而非将其存入装配件中。因此，可减少装配件容量，同时保持装配件与零件的联系。但若在后续工作中更改了零件的存储位置，则在打开该装配件时，会出现查找不到零件的情况，如图 11 - 3 所示。这时就需要用户自己寻找零件确切位置，直至打开该零件才能执行后续操作。

② 若不选择该项，则装配时会插入零件的完整信息。此时若零件较多，会使装配容量十分庞大。不仅增加系统负担，还影响运行速度。优点是移植文件时不必考虑路径匹配。

注意：实体设计系统并不区分零件设计和装配设计的文件类型和界面。一个装配文件既可以存储零件的全部信息（插入时不要选择"作为链接插入"复选项），也可以只存储零件的位置信息（插入时选择"作为链接插入"复选项）。存储零件的全部信

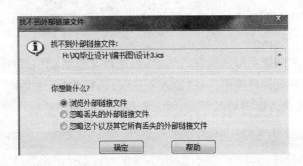

图 11-3　零件关联出错提示

息时,文件的容量虽大,但可随意移动和复制零件;存储零件的位置信息时,装配文件容量小,但装配文件与零件关联,不可随意移动文件。

11.1.2　从图库插入零/组件

如果所需零部件在设计元素库中,可直接从图库拖入,图 11-4 所示为由某减速器常用零部件组成的自定义设计元素库。

11.1.3　创建零部件

若设计元素库中没有设计所需的零部件,则需要设计者创建零部件。

单击"装配"功能面板中的"创建零件"工具按钮

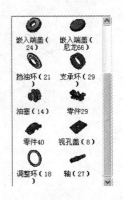

图 11-4　自定义设计元素库

,会出现如图 11-5 所示的"创建零件"对话框。单击"是"按钮,则新建的零件默认为激活状态。此时添加的图素都会属于该零件。

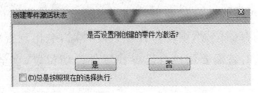

图 11-5　"创建零件"对话框

11.2　三维球装配

本节将介绍三维球在装配设计中的应用。激活三维球的操作方法有多种:

① 选定零件或装配后,单击"工具"菜单,并在其下拉菜单中选择"三维球"选项,如图 11-6(a)所示。

② 选定零件或装配后,直接用功能键 F10 打开三维球工具。

③ 在标注工具条中单击"三维球"按钮,如图 11-6(b)所示。

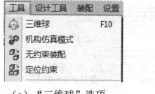

（a）"三维球"选项　　　　（b）部分标准工具条

图 11-6　选择三维球工具

三维球在装配过程中主要用于定向和定位。一般情况下,定向操作可利用三维球的定向控制手柄,定位操作主要利用三维球的中心控制手柄。激活三维球后,右击或单击三维球不同的控制手柄会弹出如图 11-7 所示的不同选项菜单。

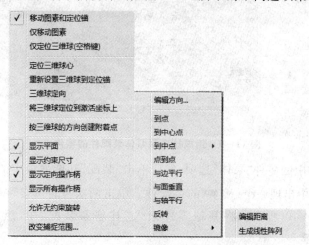

图 11-7　三维球操作菜单

下面以柱塞泵泵体装配件为例,介绍三维球在装配过程中的应用及装配操作方法。

11.2.1　柱塞泵装配件的组成

图 11-8 所示为柱塞泵泵体部件的装配示意图。

打开新的设计环境,按照 11.1 节介绍的插入方法,顺序插入柱塞泵泵体部件的所有零件。同时,单击"设计树"工具按钮 📊 ,则设计环境左侧显示出柱塞泵泵体装配件在设计树上的层次结构及所有零件列表与基本控制选项,如图 11-9 所示。

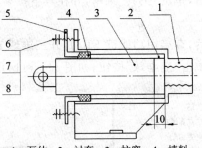

1—泵体；2—衬套；3—柱塞；4—填料；
5—填料压盖；6—垫片；7—螺柱；8—螺母

图 11-8　柱塞泵泵体部件装配示意图

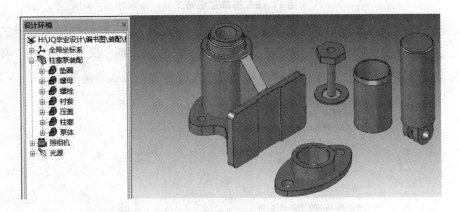

图 11-9　组成柱塞泵泵体装配件的零件

单击设计树中的零件"泵体"选项，然后单击"装配"功能面板中的"装配"工具按钮 ，则设计树中出现一个 的装配件。单击两次可将其名称修改为"柱塞泵装配"，如图 11-10 所示。将其他零件拖入"柱塞泵装配"中，组装后的设计树如图 11-11 所示。

图 11-10　装配件改名　　**图 11-11　组装后的设计树**

装配结束后，所有属于"柱塞泵装配"中的零件对外可以作为一个整体来操作，同时在装配件内部，各零件保持原有的属性不变。

11.2.2　孔类零件的三维球定向与定位

1. 定向操作

孔类零件在装配过程中，使用三维球定向的操作方法如下：

① 在设计工作区中拾取含有孔结构的"泵体"零件，然后激活三维球工具。在三维球上选择与孔的轴线相平行的控制手柄作为定向轴，此时该控制手柄呈亮黄色显示。右击，从弹出的快捷菜单中选取"与轴平行"选项。单击"衬套"零件的圆柱孔外圆面（自动捕捉会用高亮度绿色标志选定圆柱面），则使"泵体"的孔轴线与"衬套"的孔轴线相互平行，结果如图 11－12 和图 11－13 所示。

图 11－12　与轴平行定向选择

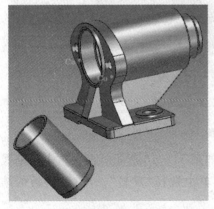

（a）与轴平行定向前

（b）与轴平行定向后

图 11－13　与轴平行定向前后

② 在完成上述操作后，"泵体"在空间相对于"衬套"的方向已确定，即定向已经完成，只是还没有将它摆放到正确的位置上。

注意：

① 使用"与轴平行"时，拾取的目标必须是有轴线的圆柱形表面、椭圆表面或圆柱体外轮廓等。

② 三维球的定向和定位仅仅是在装配过程中确定零件之间的相对位置，并没有在零件之间添加任何约束条件。用三维球定向和定位之后，如果没有用其他方法固定零件，则该零件在此装配件中还是可以移动或旋转的，所以用户应尽量避免将已定位的零件随意改变。

③ 若两个零件的方向与预期不同，可右击相应方向的定向控制柄，然后从弹出的快捷菜单中选择"反转"选项，这样将使该零件在选定轴线方向上翻转 180°。

2. 定位操作

利用三维球的"到中心点"定位操作确定"衬套"的准确位置。在选定零件并激活三维球的状态下，按空格键，则三维球的颜色变为白色，表明它处于"分离"状态，可以独立于零件而移动。其操作步骤如下：

① 选中衬套零件，激活三维球并使三维球与零件处于分离状态。

② 拖动三维球的中心点，依靠自动捕捉功能将其固定在衬套端面圆孔的中心点上，再次按下空格键，使零件和三维球重新建立关联关系，如图 11-14 所示。

③ 右击三维球中心点，在弹出的快捷菜单中选择"到中心点"选项，如图 11-15 所示。然后选取泵体上相应中心孔的轮廓，完成定位。

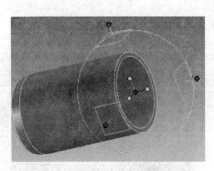

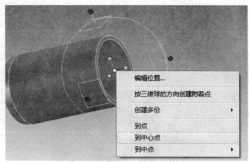

图 11-14　重新定位三维球中心点　　　图 11-15　选择"到中心点"定位

④ 定位后发现轴的方向与装配位置相反，如图 11-16 所示。再次右击与轴线平行的三维球定向控制手柄，在弹出的快捷菜单中选择"反转"选项，反转后的结果如图 11-17 所示。

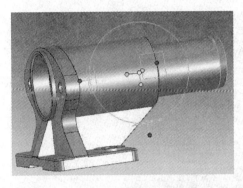

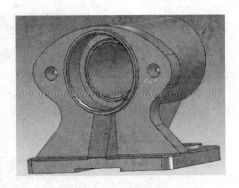

图 11 - 16　"反转"操作前的定位　　　　　图 11 - 17　"反转"操作后的定位

11.2.3　轴类零件的三维球定向与定位

1. 定向操作

下面以"柱塞"零件的定位为例,介绍轴类零件三维球定向的操作方法和步骤。

① 拾取柱塞零件并激活三维球,右击与柱塞轴线平行的三维球定向控制手柄,在弹出的快捷菜单中选择"与轴平行"选项。

② 右击与柱塞轴线垂直的三维球定向控制手柄,在弹出的快捷菜单中选择"与面垂直"选项,如图 11 - 18(a)所示,单击泵体上相应的垂直平面,如图 11 - 18(b)所示。

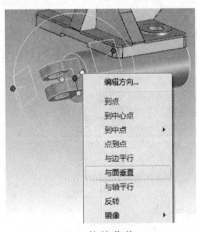

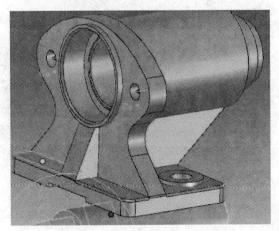

（a）快捷菜单　　　　　　　　　　（b）选择垂直面

图 11 - 18　与面垂直的定位

通过上述操作,即可完成柱塞与泵体的定向操作,效果如图 11 - 19 所示。

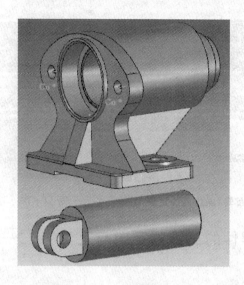

图 11 - 19   完成柱塞定向

2. 定位操作

操作步骤如下:

① 选中柱塞零件,激活三维球并使三维球与零件处于分离状态,拖动三维球的中心点,依靠自动捕捉功能将其固定在柱塞轴端面圆孔的中心点上。再次移动三维球,使其中心点位于距离柱塞右端面 10 mm 处,然后按下空格键,使零件和三维球重新建立关联关系,如图 11 - 20 所示。

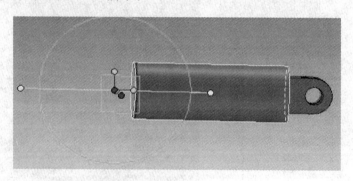

图 11 - 20   重新定位三维球中心点

② 右击三维球中心点,在弹出的快捷菜单中选择"到中心点"选项,然后选取衬套上相应中心孔的轮廓,则完成零件的定位。定位后的装配零件如图 11 - 21 所示。

同理,可根据"与轴平行"定向,"同轴"、"到中心点"定位等方法,装配填料压盖、螺柱、垫片及螺母等零件,这里不再赘述,装配效果如图 11 - 22 所示。

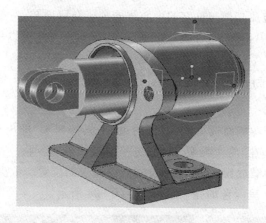

图 11－21　柱塞完全定位在衬套上

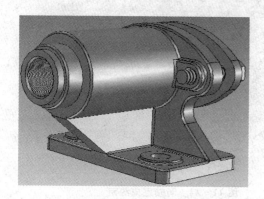 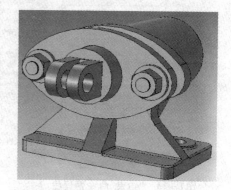

图 11－22　填料压盖零件装配效果

11.3　无约束装配与约束装配

　　实体设计系统在装配设计中,不仅提供了三维球的定向和定位方法,还提供了方便快捷的无约束装配与约束装配方法。

　　无约束装配与约束装配在零件的装配过程中都是需要的。约束装配可以添加固定的约束关系,添加后被约束的零件不能在视图中任意移动。无约束装配同三维球装配一样,仅仅是移动了零件之间的空间相对位置,没有添加固定的约束。因此,零件拖动或旋转操作仍可改变零件之间的相对位置。

　　下面以柱塞泵泵体部件中衬套与柱塞的装配为例,介绍无约束与约束装配的具体应用。

11.3.1　约束装配

　　在实现衬套与柱塞两个零件的定位之前,首先要分析二者间的装配关系。衬套安装在柱塞上,其内孔必须与柱塞的中心线同轴。众所周知,一条轴线可以约束 4 个空间自由度。本例中,衬套与柱塞端间距为 10 mm。为此可以用约束装配进行"同轴"和"距离"约束。

1. "同轴"定向约束

操作步骤如下:

① 单击"装配"功能面板上的"定位约束"工具按钮 🔧,即出现图 11 - 23 所示的"约束"命令管理栏,在"约束类型"选项栏中选择"同轴"选项。

② 适当旋转和缩放视图,使零件位于方便操作的位置。依次选择衬套与柱塞的外表面,被选中表面呈绿色加亮显示,如图 11 - 24 所示。

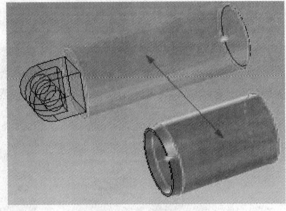

图1 - 23　"约束"命令管理栏　　　　图 11 - 24　同轴定向约束

③ 单击"生成约束"工具按钮 🔧,衬套与柱塞即实现同轴,如图 11 - 25 所示。

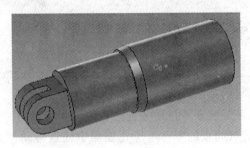

图 11 - 25　同轴定向约束结果

2. "距离"定位约束

操作步骤如下:

① 单击"装配"功能面板上的"定位约束"工具按钮 🔧,即出现图 11 - 26 所示的"约束"命令管理栏。

② 依次选择衬套与柱塞的端面,约束操作界面自动识别为"对齐"模式,如

图 11 - 26 所示。在偏移量一栏中输入"10",点击"约束"命令管理栏中的"应用并退出"工具按钮 ✔,确定约束。结果如图 11 - 27 所示。

图 11 - 26 "约束"命令管理栏

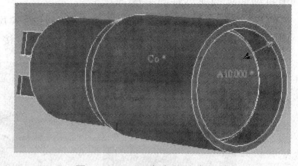

图 11 - 27 距离定位约束结果

③ 选中装配好的零件组合后,它们的装配关系会通过蓝色的字母或数值显示出来,如图 11 - 27 所示,当光标放于其上时,便呈小手状态。此时右击数值,出现图 11 - 28所示快捷菜单,可进行装配关系的编辑、锁定、删除等操作。

图 11 - 28 同轴定位约束结果

注意:

"约束"命令管理栏中各按钮的功能如下:

"切换对齐":改变零件的装配方向;

"生成约束":应用约束但不退出命令;

"取消约束生成":取消约束但不退出命令。

11.3.2　无约束装配

"无约束装配"工具可参照源零件和目标零件快速定位源零件。在指定源零件重定位/重定向操作方面具有极大的灵活性。

下面利用衬套与柱塞的定位介绍无约束装配:

① 单击衬套零件,使其处于零件编辑状态。

② 单击"装配"功能面板中的"无约束装配"工具按钮，将光标移动到零件上,一个带箭头的圆点将出现,用来指示参考轴的位置和方向。如图 11-29(a)所示,利用自动捕捉功能选择衬套端面圆心。

③ 将光标移至柱塞端面圆心上,此时将会出现一个蓝色边框的衬套轮廓,如图 11-29(b)所示。若参考轴的方向不正确,可按 TAB 键使其反向。

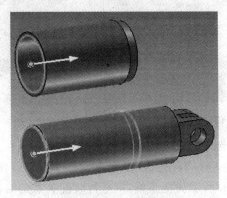

　(a) 显示带箭头的圆点　　　　　(b) 显示蓝色边框的衬套轮廓

图 11-29　无约束装配源零件图

④ 再次单击"无约束装配"工具按钮,取消"无约束装配"选项,结果如图 11-30 所示。

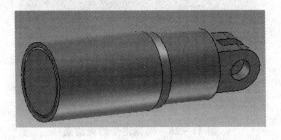

图 11-30　无约束装配结果

11.4　干涉检查

11.4.1　干涉检查的方法

装配设计是否正确必须通过装配干涉检查加以确认。干涉检查可以检查装配件、零件内部、多个装配件和零件之间的干涉现象。在干涉检查中,只有处于"设计树"同一树结构状态的组件才可选定进行比较。

干涉检查可以在设计环境中进行，也可以在"设计树"中通过选择组件进行。如果采用在"设计树"中选择组件进行检查，选择的方法通常有以下几种：

装配件中的部分或全部零件、单个装配件、装配件和零件的任意组合。

11.4.2 执行干涉检查

执行干涉检查的步骤如下所述：

① 选择需要作干涉检查的项。若在设计环境中进行多项选择，则应按住 Shift 键，然后在"主零件"编辑状态下依次单击零件进行选择。若在"设计树"中作多项选择，则应在单击的同时按住 Shift 键或 Ctrl 键。若要选择全部设计环境中的组件，可从"编辑"菜单中单击"全选"或用组合键"Ctrl＋A"。

② 单击"工具"菜单，然后在下拉菜单中选择"干涉检查"选项，或在"工具"功能面板下选择"干涉检查"按钮 ，如果所作的选择对干涉检查无效，或者若在零件编辑状态下未作任何选择，则此项将呈现为"不可用"状态。

③ 在允许进行干涉检查时，会出现下述信息之一，如图 11-31 所示。

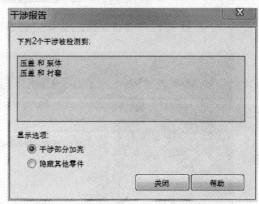

图 11-31 干涉报告

● 弹出一个信息窗口通知，其中报告未检测到任何干涉。

● 弹出"干涉报告"对话框，其中成对显示选定项中存在的左右干涉。

此时，在设计环境中，被选定的"项"会变成透明，而所有干涉零件将以红色加亮状态显示。

当"显示选项"为"干涉部分加亮"时，设计环境中的所有零件都会呈显示状态；当"显示选项"为"隐藏其他零件"时，则设计环境中只显示被选定的"干涉对"选项。而所有其他图素则暂时隐藏。如果单击"关闭"按钮，则可以返回设计环境，同时自动取消已隐藏的项。

图 11-32 所示为"显示选项"选择"干涉部分加亮"单选项时，"柱塞泵部件"干涉的情况。

图 11-33 所示为"显示选项"选择"隐藏其他零件"单选项时,"柱塞泵部件"干涉的情况。

通过"干涉检查"可以了解零件或装配的缺陷和错误,并且可根据列表中的干涉情况进行分析,以便进一步改进产品的结构设计。

图 11-32   干涉情况列表(选择"干涉部分加亮"单选项)

图 11-33   干涉情况列表(选择"隐藏其他零件"单选项)

11.5   生成装配剖视

实体设计的"截面"工具为设计者提供了利用剖视平面或长方体对零件/装配进行剖切的工具。它有以下激活方式:

① 选择设计环境中需要剖切的零件/装配件,单击"工具"功能面板中的"截面"工具按钮◁。

② 选择设计环境中需要剖切的零件/装配件,在"修改"菜单中选择"截面"选项。

激活该工具后,在设计环境的左侧将弹出"生成截面"命令管理栏,如图 11-34 所示。

图 11-34　"生成截面"命令管理栏

11.5.1　管理栏中工具的含义

"生成截面"命令管理栏中的工具的含义如下:

① "截面工具类型":截面工具类型有一个下拉列表,用于选择截面工具的位置类型。

● "X-Z 平面":沿设计环境格网 $X-Z$ 平面生成一个无穷的剖切平面;

● "X-Y 平面":沿设计环境格网 $X-Y$ 平面生成一个无穷的剖切平面;

● "Y-Z 平面":沿设计环境格网 $Y-Z$ 平面生成一个无穷的剖切平面;

● "与视图平行":生成与当前视图平行的无穷剖切平面;

● "与面平行":生成与指定面平行的无穷剖切平面;

● "块":生成一个可编辑的长方体作剖切工具。

② "定义截面工具" ：此选项可用于确定放置剖切工具的点、面或零件。

③ "反转曲面方向" ：此选项可用于使剖切工具的当前表面方位反向。

11.5.2　截面工具的使用方法

下面以"柱塞泵泵体部件"为例介绍截面操作的方法和步骤。

① 选择将要被剖切的装配件。

② 在"工具"功能面板中,或者在"修改"菜单中单击"截面"工具按钮 。

③ 从"截面工具类型"下拉列表中选择合适的剖面类型,本例选择"块"截面工具。

④ 单击"定义截面工具"工具按钮 。

⑤ 根据被选定的截面工具,将光标移动到放置截面工具的点、面或零件处。选择"衬套"内孔圆心,此时相应位置上出现显示包围盒操作手柄的灰色长方体,如图 11-35 所示。

⑥ 拖拉包围盒手柄设置长方体尺寸,使装配件中被剖切部分完全处于长方体的包围中。

⑦ 单击"应用并退出"按钮 ✔,结果如图 11-36 所示。

图 11-35　生成截面

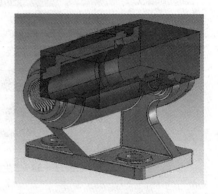

图 11-36　剖视结果

⑧ 右击截面工具,在弹出的快捷菜单中选择"隐藏"选项,即可隐藏截面工具,结果如图 11-37 所示。

如果"长方体"被指定为剖面工具,则可通过拖拉其包围盒手柄重新设置其尺寸,而且还可以激活三维球并重定位剖面工具。

(a) 截面工具快捷菜单

(b) 隐藏截面结果

图 11-37　隐藏截面工具

11.5.3　截面的编辑信息

截面生成后,被选定零件的截面平面或长方体剖面都以清晰的黑色出现在设计环境中。右击截面平面,弹出相应快捷菜单。根据截面工具类型,菜单将显示如图 11-38 所示的全部选项或其中几项。各选项功能如下所述:

"精度模式":当需要生成截面几何图形或零件/装配件的精确显示时,选择此选项从默认模式(图形模式)切换过来。精确模式比"图形"模式慢,但为了生成已剖切零件/装配件的后续工程图,就必须选择此模式。

　　"添加/删除零件"：将零件/装配件添加到即将被选定剖切工具剖视的群组中，或从群组中删除。一旦选择此选项，就会出现"编辑剖视"对话框，而当前为选定剖视的群组以白色加亮状态显示。选择需要添加到群组或从群组删除的零件/装配件（该群组可以是设计环境或"设计树"中的群组），选择对话栏上的"添加零件"或"删除零件"工具，然后选择"应用并退出"命令。设计环境中的显示信息立即被更新，以反映所作的任何变更。若要退出对话操作而不添加/删除对象，则应选择"退出"命令。图11-39 所示即为将"填料压盖"零件从剖视群组中删除，对比图 11-37 即可了解"添加/删除零件"选项的功能。

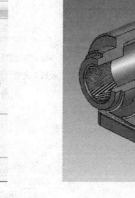

图 11-38　"截面工具"快捷菜单　　　　　　图 11-39　添加/删除零件

　　"隐藏"：为了观察零件/装配件的剖视效果，可选择此选项来隐藏被选定的截面工具。若要取消对该截面工具的隐藏，应访问该工具在"设计树"中的快捷菜单，并取消对"隐藏"的选择。

　　"压缩"：压缩被选定的截面工具，并返回到未剖视零件/装配件的显示状态。若要取消对该剖视工具的压缩，则应访问该工具在"设计树"中的快捷菜单，并取消对"压缩"的选择。

　　"删除"：从设计环境中删除选定的截面工具。

　　"反向"：使选定剖视工具的当前方向反向，并显示零件/装配件在设计环境的另一部分。

　　"生成截面轮廓"：从被选定表面生成一个二维图素。

　　"生成截面几何"：从被选定表面生成一个表面图素。

　　"零件属性"：为剖视工具访问零件属性。

11.6　装配的爆炸视图

在实体设计中,利用"装配爆炸"可生成各种装配件的爆炸图和表示装配过程的动画。下面以柱塞泵泵体部件为例,介绍生成爆炸图的操作方法。此操作不能应用"撤消"功能,所以建议在应用"装配爆炸"工具前保存设计环境文件。

从"工具"设计元素库中将"装配"拖入设计环境中,弹出"装配爆炸"对话框,如图 11 - 40 所示。

图 11 - 40　"装配爆炸"对话框

对话框中各条目含义如下:

(1)"爆炸类型"选项组

"爆炸(无动画)":只能观察到装配爆炸后的效果。此选项将在选定的装配中移动零件组件,使装配图以爆炸后的效果显示。

(2)"动画"选项组

"装配→爆炸图":通过把装配件从原来的装配状态变到爆炸状态,生成装配的动画效果。选定此选项将删除选定装配件上已存在的动画效果。

"爆炸图→装配":通过把装配件从爆炸状态改变到原来的装配状态,生成该装配件的装配过程动画。

(3)"选项"选项组

"使用所选择的装配":如果"装配爆炸"工具被拖放到设计环境中的装配件上,选择此选项将仅生成所选装配件的爆炸图。如果"装配工具"被拖放到设计环境中或者本选项被取消,那么设计环境中的全部装配件都将被爆炸。

"在设计环境重新生成"：用于在新的设计环境中生成爆炸视图或动画，从而当前设计环境不会被破坏。

"反转 Z-向轴"：可使动画的方向沿着选定装配件的高度方向。

"时间（秒/级）"：装配件各帧爆炸图面的延续时间。

（4）"高级选项"选项组

"重置定位锚"：可把装配件中组件的定位锚恢复到各自的原来位置。组件并不重新定位，被重新定位的仅仅是定位锚。

"限制距离"：可限制爆炸时装配件各组件移动的最小或最大距离。

"距离选项"选项组：输入爆炸时各组件移动的最小或最大距离值。

根据上述内容设置对话框中各项，"柱塞泵"最终生成的爆炸视图如图 11-41 所示。

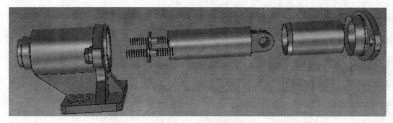

图 11-41　"柱塞泵"装配的爆炸视图

11.7　装配属性与 BOM 生成

若要使用装配属性的属性表，应在设计树上选中装配件，右击，并从弹出的快捷菜单中选择"装配属性"选项。系统会弹出"装配"属性窗口，如图 11-42 所示。

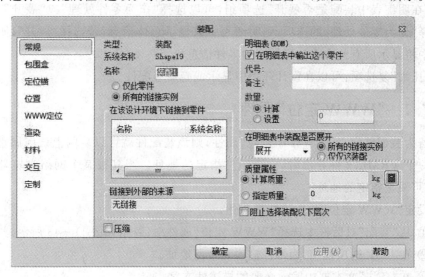

图 11-42　"装配"属性对话框

该窗口包含 9 个选项,可以通过单击某个选项选取不同的参数。下面仅就"常规"和"www 定位"两个选项进行介绍,其余选项的内容可参考书中参考文献[1]。

11.7.1 "常规"属性

"常规"属性对话框为装配件提供多种不适用于智能图素的功能选项,如:

"类型":表示该产品是装配件、零件或钣金件等。

"系统名称":指出该产品被系统默认的名称。

"名称":表明产品的外显名称,可以由设计者进行修改。

"链接到外部的来源"选项组:显示装配件与外部来源之间的链接。图示表示为无连接。

"明细表"选项组:使用下述选项可定义包含在材料单(BOM)中的装配件信息。

● "在明细表中输出这个零件"　把装配件数据包含在相关图样的材料单中。

● "代号"　在本文本框中输入分配给材料单上装配件的零件编号。

● "备注"　对材料单中装配件的描述输入到本文本框中。

● "数量"包括以下选项:

- "计算"　指示实体设计在设计环境内容的基础上自动计算材料单的装配件数量。

- "设置"　激活其相关字段并手工输入装配件数量。在设计环境中仅显示一个零件或装配件,但在材料单上显示多个零件或装配体时,可以选择此选项。

"在明细表中装配是否展开"选项组:可以选择"作为零件处理"或"展开"选项。若选择"作为零件处理"的选项,则明细表中只显示总体信息;若选择"展开",则在明细表中将显示所有包含在装配件中的零件信息。

"压缩"复选项:可以在设计环境中显示或隐藏装配件。

11.7.2 "WWW 定位"属性

若为装配件定义了"WWW 定位"属性,则该装配件就可以从网上访问属性。当作为一个 VRML 文件导出时,它会记住指定的地址。当其被某个网络浏览器选择时,它可跳至指定的地址。

设定"WWW 定位"的方法如下所述:

① 从"装配"对话框中选择"WWW 定位"属性对话框,如图 11-43 所示。

② 在 URL 选项框中,为零件输入万维网地址。

③ 在"备注"文本框中输入必要的描述性文字。

④ 单击"确定"按钮。

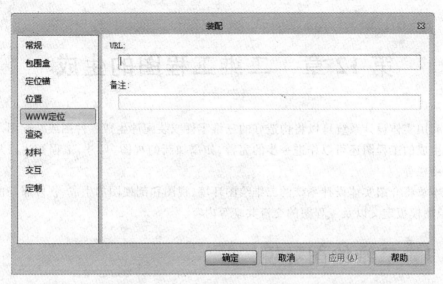

图 11-43　"WWW 定位"属性对话框

思考题

1. 试说明在"插入零件"对话框中选择"作为链接插入"选项的意义。

2. 本章介绍了哪 3 种装配方法？试说明 3 种装配方法的应用特点、使用条件及混合使用的方便性。

3. 试说明干涉检查的方法和意义以及爆炸视图的生成方法。

4. 按书中所举实例，从插入零件开始，应用 3 种装配方法完成零件装配，随后进行干涉检查，最后生成该装配的爆炸分解图。

5. 试说明如何生成装配剖视。

第 12 章　二维工程图的生成

利用实体设计系统可以将构造好的三维零件或装配件生成零件图或装配图。对已经生成的工程图还可以作进一步的完善,如添加新的视图、尺寸、工程标注以及产品明细栏等。

本章将介绍实体设计系统的二维绘图环境、视图和剖视图的生成、视图布局的更新、绘图模板定义以及工程图的交流共享等内容。

12.1　二维绘图环境

12.1.1　生成二维绘图环境

三维零件或装配件转换为二维工程图必须在实体设计的二维绘图环境中进行。

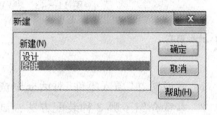

图 12-1　"新建"对话框

从"文件"菜单中选择"新文件"选项,弹出如图 12-1 所示的"新建"对话框。

在该对话框中选择"图纸"选项,并单击"确定"按钮弹出"工程图模板"对话框,如图 12-2所示。

图 12-2　"工程图模板"对话框

在"新建"对话框中,从"工程图模板"中选择一个绘图模板,如 GB-A1(CHS)。单击"确定"按钮,即可生成二维绘图环境。也可单击"常用"工具条上的"新的图纸环境"工具按钮 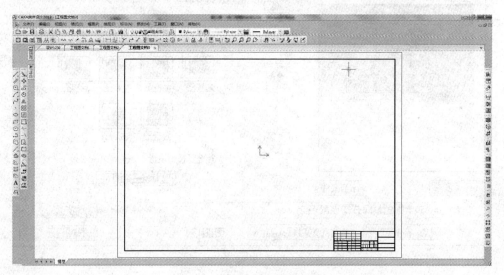，直接进入默认的图纸环境。

打开选定的绘图模板，屏幕上就会显示出二维绘图环境界面，与三维设计环境相比其菜单、工具条等都发生了相应的变化。其界面构成如图 12-3 所示。

图 12-3　二维绘图环境界面

12.1.2　从实体设计到二维工程图

从三维实体设计到生成二维工程图的一般过程图如下所述。

1. 精心设计，保存成果

在生成二维工程图之前，应对三维零件或装配体造型进行认真校核，装配体造型还应当进行干涉检查，以便及早发现问题。检查无误后，可通过"文件"菜单的"保存"命令将造型结果存储，以备后用。实体设计文件的文件名后缀为.ics。

2. 选择模板，进入环境

保存造型结果之后，应单击"文件"菜单中的"新文件"命令，并在弹出的对话框中选择"图纸"选项，如图 12-1 所示。在"新建"对话框中，从"工程图模板"中选择一个绘图模板，如 GB-A1(CHS)。单击"确定"按钮，即可生成二维绘图环境。

3. 选择三维文件，确定视图类型

在二维绘图环境下，单击"三维接口"功能面板中的"标准视图"工具按钮，弹出"标准视图"对话框，如图 12-4 所示。

在默认状态下，系统选择实体设计的当前文件，并将其显示在如图 12-4 所示的"标准视图"对话框的"浏览窗口"中。如果要调用其他文件，可使用"浏览"按钮查找并选定文件。

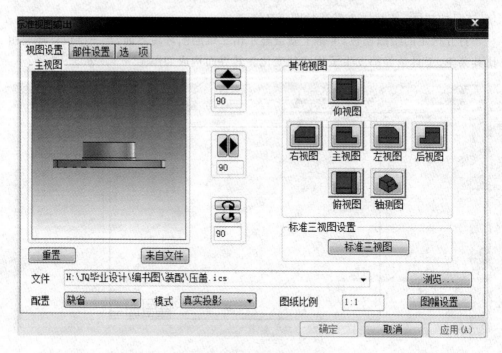

图 12 - 4　二维绘图环境界面

4．进一步完善视图，充分满足表达要求

生成基本视图以后，为满足表达要求，还可生成"局部放大图"、"剖视图"、"向视图"以及"断面图"等多种视图，也还可以对视图进行更新。

5．添加工程标注

对已经生成的视图，可利用"标注"工具添加工程标注，如尺寸、表面结构代号及文字等内容。

6．文件共享

完成工程图的全部内容以后，通过"文件"菜单中的"打印"命令，打印输出工程图纸。也可以将其直接传送到二维电子图板，以便完成更详细的标注。实体设计可以直接接收 CAXA 电子图板生成的二维轮廓图。同时，也支持 DXF/DWG 格式的输入和输出。

在二维绘图环境内连接 CAXA 电子图板的方式是：选择"工具"选项卡中的"数据迁移"按钮，选择本机所安装的电子图板的版本，然后启动电子图板，并在电子图板的"文件"菜单下，选择"数据接口"选项，选取"接受实体设计视图"选项，则实体设计二维绘图环境中生成的视图即被传送到电子图板的环境中。之后，操作者即可在电子图板环境中继续进行零件或装配件的设计工作。

12.2　二维工程图的编辑

实体设计系统可以生成各种视图,也可以生成轴测图。而且,对已经生成的视图还可以进行重新定位、添加标记,从而形成一套符合国家标准、满足表达要求的工程视图方案。

12.2.1　生成视图

用于表达零件或装配体外部形状的视图有基本视图、向视图和局部视图等。轴测图作为一种辅助图形常常与工程视图配合使用,以便帮助技术人员理解被表达对象的立体形状。

1. 生成标准视图

"标准视图"对话框包含了 6 个基本视图和 1 个轴测图。若要生成标准视图,操作者可从图 12-4 所示的对话框中进行选择。"标准视图"包含"视图设置"、"部件设置"、"选项"3 个选项卡。

(1)"视图设置"选项卡

在此选项卡中,预显的三维零件为主视图的投射方向。如果不满意,可通过右面的箭头按钮调节。单击"重置"按钮,恢复默认方向,单击"来自文件"按钮,则选择设计环境中的视角作为主视图投射方向。

"配置":在设计环境中,可添加不同的配置,零件的位置可以不同。单击下三角按钮,选择其中的一个配置,就会投射这个配置的视图。

"模式":可以选择"真实投影"和"快速投影"选项。"真实投影"是精确投影。

"图纸比例":图纸比例可单击"图幅设置"按钮,弹出如图 12-5 所示的"图幅设置"对话框,之后可在其对话框中进行设置。

(2)"部件设置"选项卡

如图 12-6 所示,此选项卡可以设置部件在二维图中是否显示,在剖视图中是否剖切。

在最左边显示的设计树上选择"零部件",单击它和"不显示部件"之间的向右箭头,该零部件名称就显示在"不显示部件"下方的文本框中。同时,右边的预览中该零部件的显示也消失了。这时,投影生成的标准视图中,将不显示该零件。

选择"零部件"选项,单击它和"非剖切部件"之间的向右箭头,该零部件名称显示在"非剖切部件"下方的文本框中。在生成剖视图时,该零件将不剖切。

对话框下方有"初始化"、"全部显示"和"全部剖切"3 个按钮。单击"初始化"按钮,回到最初的显示和剖切设置状态,上面进行的"不显示"和"非剖切零部件"则全部回归到显示和剖切状态。单击"全部显示"按钮,则设置的不显示零件可以全部显示。单击"全部剖切"按钮,则设置的不剖切零件被全部剖切了。

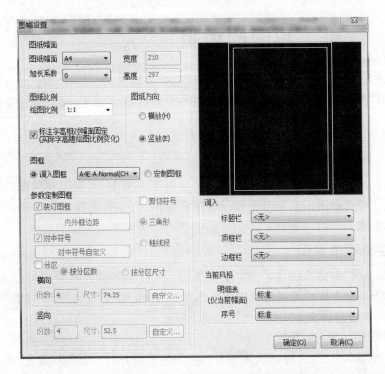

图 12-5　"图幅设置"对话框

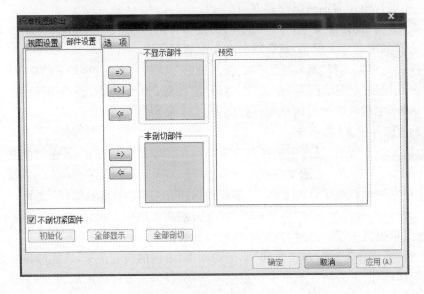

图 12-6　"部件设置"选项卡

(3)"选项"选项卡

如图 12-7 所示,其中各选项功能如下。

"投影几何"选项组：设置投影生成二维图时，隐藏线和过渡线的处理。

"投影对象"选项组：设置生成投影二维图时，是否生成下列的各项。如选择了"中心线"和"中心标志"复选项，则投影时回转体的投影就会自动生成中心线和中心标志。"中心线"为回转体非圆投影的对称中心；"中心标志"为回转体圆形投影的十字中心标志；"钣金折弯线"是钣金件展开投影时标注出来的折弯线；"螺纹简化画法"则是符合机械制图标准的简化画法。

"剖面线设置"选项组：可在列表中选择零件，然后在右边的"图案"、"比例"、"倾角"和"间距"选项中设置该零件剖切后的剖面线样式。单击"应用"按钮，完成该零件的剖面线设置。

"视图尺寸类型"选项组：可选择"真实尺寸"和"测量尺寸"选项。"测量尺寸"是直接在二维图上测量出来的尺寸。真实尺寸是从三维环境中读到的尺寸。

"单位"选项组："3D模型中的单位"是指待投影的 3D 模型的单位；视图的单位是指设置待生成的视图单位，一般默认为毫米。

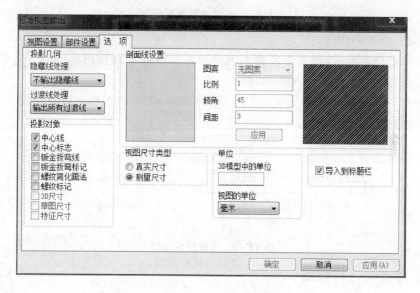

图 12 - 7　"选项"选项卡

3 个选项卡全部设置完成后，单击"确定"选项。稍作等待，即有相应的视图跟随光标在绘图区域内移动，在合适位置单击，即可定位该视图。视图定位结果见图 12 - 8。

2. 生成投影视图

投影视图是基于某一个存在视图（即主视图）而生成的左视图、右视图、仰视图、俯视图和轴测图等。生成投影视图的操作步骤如下：

① 在"三维接口"功能面板中单击"投影视图"工具按钮，或者在"工具"菜单的"视图管理"子菜单中选择"投影视图"选项。

② 状态栏提示"请选择一个视图作为父视图"，单击一个视图，稍作等待，即跟随

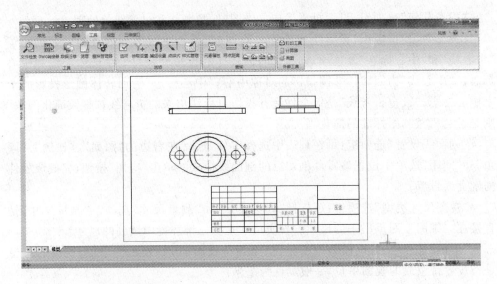

图 12 - 8　　生成标准视图

光标出现一个投影视图。

③ 状态栏又提示"请单击或输入视图的基点",向着原视图的不同方向移动光标,会以亮绿色显示相应的视图,如图 12 - 9 所示。

④ 单击即可生成视图。可生成多个投影视图,当不需要再生成投影视图时,可以单击或者按 Esc 键退出命令。

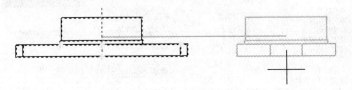

图 12 - 9　　生成投影视图

3. 生成向(斜)视图

向视图是基于某一个存在视图的给定视向的视图。生成向视图的操作步骤如下:

① 在"三维接口"功能面板中单击"向视图"工具按钮,或者在"工具"菜单的"视图管理"子菜单中选择"向视图"选项。

② 状态栏提示"请选择一个视图作为父视图",单击选择一个视图,如主视图。

③ 状态栏又提示"请选择向视图的方向",应选择一条线作为投射方向。这条线可以是视图上的线或单独绘制的一条线。此例中,单独绘制了一条直线,然后选择这条直线作为向视图的方向,生成的向视图如图 12 - 10 所示。

注:若投射方向与基本投影面垂直,则生成的视图称为向视图,否则称为斜视图。

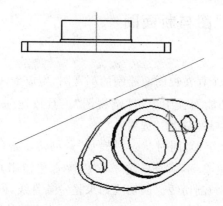

图 12 - 10　绘制直线生成斜视图

4. 生成局部放大(视)图

局部放大视图是基于某一个存在视图的局部,将其放大并单独画出。生成局部放大视图的操作步骤如下:

① 在"三维接口"功能面板中单击"局部放大图"工具按钮,或者在"工具"菜单的"视图管理"子菜单中选择"局部放大视图"选项。

② 状态栏提示"中心点"。把十字光标移到需要放大的图形中心点上,然后单击,确定圆心的位置;此时会出现如图 12 - 11(a)所示的菜单。第 1 项可以设置局部放大视图的边界形状(圆形或矩形)。选择圆形以后,第 2 项可以选择是否加引线;第 3 项可以设置放大倍数;第 4 项可以输入标注的符号。如果第 1 项选择矩形,则立即菜单如图 12 - 11(b)所示。第 2 项可选择边框是否可见。

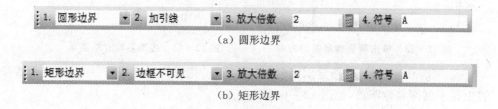

(a) 圆形边界

(b) 矩形边界

图 12 - 11　局部放大视图立即菜单

③ 把光标从该中心点移开,定义包围局部放大区域圆的半径,向外移动光标时将出现一个绿色边界圆。

④ 当局部放大图的相应轮廓被包围在该圆内时,单击确定该圆的半径。

⑤ 把光标移动到需要定位局部放大图的位置,单击确定视图的位置,但放大图仍随光标的移动变换角度,在合适的角度单击,完成放大视图定位。

12.2.2　生成剖视图与断面图

1. 生成剖视图

剖视图是基于某一个存在视图而绘制的剖视图,生成剖视图的操作步骤如下:

① 在"三维接口"功能面板中单击"剖视图"工具按钮 🔒,或者在"工具"菜单的"视图管理"子菜单中选择"剖视图"选项。

② 此时光标变为十字形,同时状态栏提示"画剖切轨迹(画线)"。可以选择"垂直导航" 1.垂直导航 ▾ 按钮或"不垂直导航" 1.不垂直导航 ▾ 按钮用光标在视图上画线。利用导航功能捕捉特殊点画剖切线。剖切线如果是一条直线,可以得到一个全剖视图;如果是成一定角度的两条直线,可以得到一个旋转剖视图;如果是一条折线,则可得到一个阶梯剖视图。

③ 本示例中绘制一条直线作为剖切线,完成后右击,此时出现两个方向的箭头,如图 12－12 所示,单击选择一个箭头,即选择剖切的投射方向。

④ 此时出现"视图名称"菜单,如图 12－13 所示。

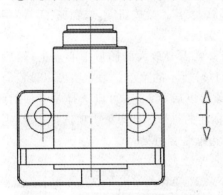

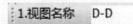

图 12－12　单击箭头确定剖切方向　　　　图 12－13　视图名称立即菜单

⑤ 同时状态栏提示"指定剖面名称标注点"。用鼠标左键选择一个位置,则该位置上显示剖面名称字母,如图 12－14 所示。

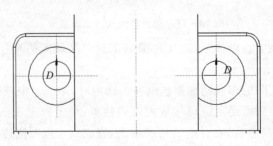

图 12－14　标注剖视图名称

⑥ 右击,则以亮绿色显示剖视图。生成剖视图后,在合适的位置单击即可完成

剖视图定位,结果如图 12 - 15 所示。

2. 生成断面图

断面图是基于某一个存在视图绘制的断面图,以表达断面上的结构。生成断面图的过程和剖视图的过程基本相同,这里不再赘述,生成的断面图如图 12 - 16 所示。

断面图与剖视图的区别是,断面图不表达断面后面的部分,而剖视图除了表达断面外,其后边的物体都应该画出来。

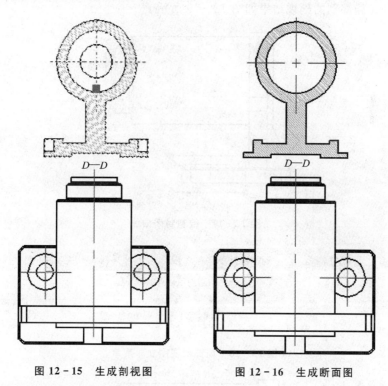

图 12 - 15　生成剖视图　　　　　　图 12 - 16　生成断面图

12.2.3　生成局部剖视图

局部剖视图是在某一个存在的视图上,给定封闭区域以及深度的剖切视图。局部剖视也可以是半剖视图。

在"三维接口"功能面板中单击"局部剖视图"工具按钮 ⬚,或在"工具"菜单下的"视图管理"子菜单中选择"局部剖视图"选项,出现立即菜单,再选择"普通局部剖"或"半剖"。

1. 普通局部剖视图

操作步骤如下:

① 使用绘图工具在需要作局部剖视的部位绘制一个封闭曲线,如图 12 - 17 所示。

② 选择"普通局部剖"选项,此时状态栏提示"请依次拾取首尾相接的剖切轮廓线"。

③ 拾取①中绘制曲线,右击,则出现立即菜单。第 2 项可选择"动态拖放模式"或"直接输入深度"选项,如图 12 - 18(a)所示。在本示例中选择"直接输入深度"选项,并在第 4 项中输入深度值,如图 12 - 18(b)所示。

④ 其他选项可以设置是否预显剖切深度,是否保留剖切轮廓线。选择结束后右击,显示普通局部剖的剖视结果如图 12 - 19 所示。

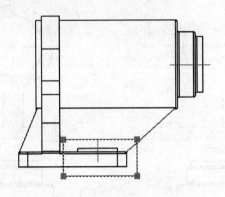

图 12 - 17　绘制封闭曲线

| 1. 普通局部剖 ▼ | 2. 动态拖放模式 ▼ | 3. 预显 ▼ | 4. 不保留剖切轮廓线 ▼ |

(a) 动态拖放模式

| 1. 普通局部剖 ▼ | 2. 直接输入深度 ▼ | 3. 预显 ▼ | 4. 深度: 16 | 5. 不保留剖切轮廓线 ▼ |

(b) 直接输入深度

图 12 - 18　局部剖视图立即菜单

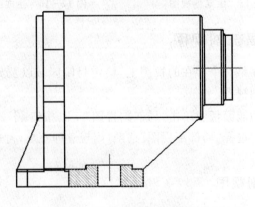

图 12 - 19　普通局部剖视图

2. 半剖视图

操作步骤如下：

① 使用绘图工具在需要作半剖视的部位绘制一条中心线，如图 12-20 所示。

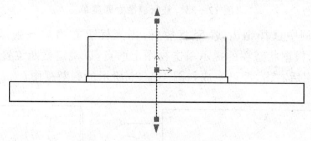

图 12-20　在视图中绘制中心线

② 选择"半剖"选项，此时状态栏提示"请拾取半剖视图中心线"。

③ 拾取①中绘制曲线，右击，出现两个方向的箭头，移动光标选择一个方向（即半剖视图方向）则出现立即菜单，如图 10-21 所示，其含义同上文，不再赘述。

图 12-21　半剖视图立即菜单

④ 显示半剖视图的剖视结果如图 12-22 所示。

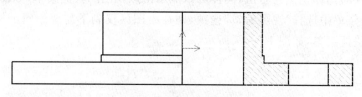

图 12-22　半剖视图

12.2.4　截断视图

当工程图上不需要表示某个零件全部相同的形状时，可采用"截断视图"的表达方式。"截断视图"工具可定义现有的标准视图、轴测图或剖视图中的部分视图，然后将该部分进行分割，隐藏不需要的部分，将需要的部分呈现在工程图上。

生成截断视图的操作步骤如下：

① 在"三维接口"功能面板中单击"截断视图"工具按钮，或者在"工具"菜单中的"视图管理"子菜单中选择"截断视图"选项。

② 出现立即菜单，可以设置截断间距数值，如图 12-23(a)所示。状态栏提示"请选择一个视图，视图不能是局部放大图"。

③ 选择需截断的视图，出现立即菜单，如图 12-23(b)所示，第 1 项设置截断线的形状有"直线"、"曲线"和"锯齿线"3 种，第 2 项设置是水平放置还是竖直放置。

(a) 设置间距　　　　　　　　　　　　　(b) 立即菜单

图 12 - 23　截断视图立即菜单

④ 在本示例中选择锯齿线、竖直放置,则光标上方出现一条绿色的锯齿线如图 12 - 24 所示,根据状态栏的提示单击视图上两点,以确定截断位置。

⑤ 选择结束后右击,即可生成如图 12 - 25 所示的截断视图。

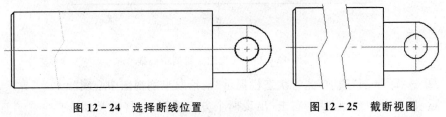

图 12 - 24　选择断线位置　　　　　　图 12 - 25　截断视图

注意:一个视图只能使用一种截断方法,即竖直分割或水平分割。

12.2.5　视图的编辑

视图生成以后,可通过视图编辑功能对视图的位置进行编辑。与实体设计中的其他功能一样,选择视图并右击,同样可以显示出该视图的快捷菜单,如图 12 - 26 所示。在快捷菜单中选择"视图编辑"选项,则在绘图区仅剩下需要编辑的视图。此时右击,出现快捷菜单,如图 12 - 27 所示。

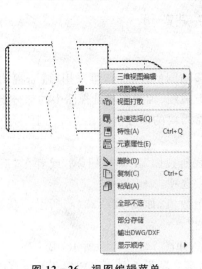

图 12 - 26　视图编辑菜单　　　　　　图 12 - 27　编辑菜单

1．视图移动

用光标选择某个视图时，被选中状态如图 12-28(a)所示。视图中间有个蓝色的小方块，单击小方块并拖动便可实现视图的移动，如图 12-28(b)所示。视图之间存在父子关系时，若移动父视图，则子视图也会跟随移动。比如移动主视图，会带动其他视图移动，这是由视图的父子关系决定的。也可通过快捷菜单移动视图，如图 12-29 所示。

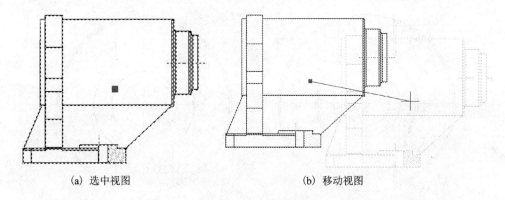

(a) 选中视图　　　　　　　　　　　(b) 移动视图

图 12-28　视图移动

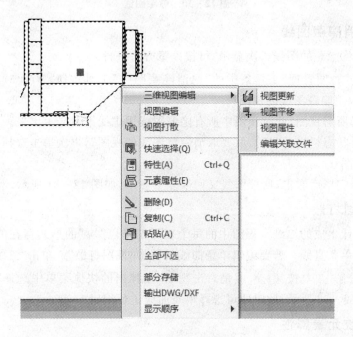

图 12-29　视图移动

2. 隐藏图线

已经生成的二维工程图,有时需要将某些图线隐藏,其操作方法如下:

① 单击"三维接口"功能面板中的"隐藏图线"工具按钮![icon],此时状态栏提示"请拾取视图中的图线"。

② 单击或者框选选择图线,选择完毕后右击,即可隐藏这些图线,如图 12 - 30 所示。

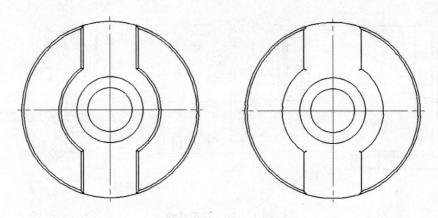

图 12 - 30   隐藏图线

3. 取消隐藏图线

若需要将隐藏的图线再次显示,可按以下方法进行:

① 单击"视图管理"工具条中的"取消隐藏图线"工具按钮![icon],此时状态栏提示"请拾取要取消隐藏图线的视图"。

② 选择所需视图,此时视图中所有隐藏图线用虚线重新显示出来。

③ 此时状态栏提示"请拾取要取消隐藏图线的视图",再次单击选择或框选需要恢复显示的图线。

④ 选择完毕后右击,所选图线又回恢复了显示,如图 12 - 31 所示。

4. 视图打散

实体设计生成的二维工程图中的每个视图都是以"块"的形式存在的,故无法拾取视图中的单条直线。若要编辑单条曲线就需将"视图打散"。单击"三维接口"功能面板上的"分解"工具按钮![icon],或是右击视图,在弹出的快捷菜单中选择"视图打散"选项,如图 12 - 32 所示,此时便可选择单条曲线进行编辑。

5. 修改元素属性

若修改视图上元素的属性,如层、线型、线宽和颜色等,可以利用"修改元素属性"功能,方法如下:

① 在"三维接口"功能面板上单击"修改元素属性"工具按钮![icon],或者在视图上右

击,从快捷菜单中选择"特性"选项,即可进入该命令。

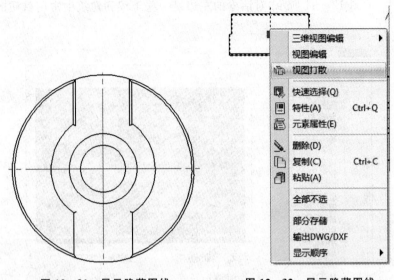

图 12-31　显示隐藏图线　　　　　图 12-32　显示隐藏图线

② 此时出现立即菜单,有 `1.根据零件 ▾` 及 `1.根据元素 ▾` 两种方式选择元素。

● "根据零件":选择整个视图。

● "根据元素":选择视图上单条曲线。

③ 选择完毕后右击,即弹出"编辑元素属性"对话框,如图 12-33 所示。

④ 可在此对元素的层、线型、线宽和颜色等属性进行更改,然后单击"确定"按钮。

图 12-33　"编辑元素属性"对话框

6. 编辑剖面线

对生成的剖面线也可进行更改,其方法如下:

① 在"三维接口"功能面板上单击"编辑剖面线"工具按钮。

　　② 状态栏提示"请拾取视图中的图线",拾取某区域内的剖面线,弹出"剖面图案"对话框,如图 12-34 所示,对话框的左边是一些工程和建筑中常用材质的剖面线名称。

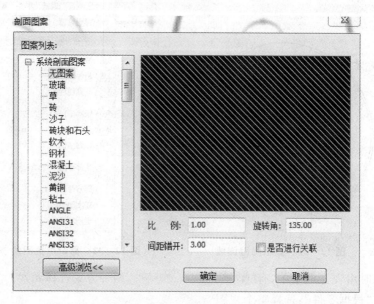

图 12-34　"剖面图案"属性对话框

　　③ 单击"高级浏览"按钮,出现如图 12-35 所示各种图案的预览,选择表达所需的剖面线形式。

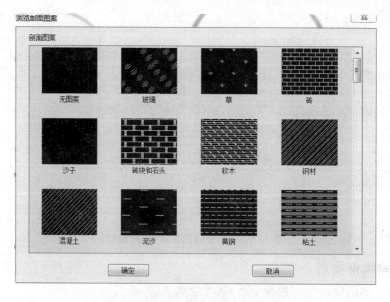

图 12-35　"浏览剖面图案"对话框

④ 在图 12-34 中设置合理的"比例"、"旋转角"、"间距错开"数值,单击"确定"按钮即可修改剖面线,如图 12-36 所示。

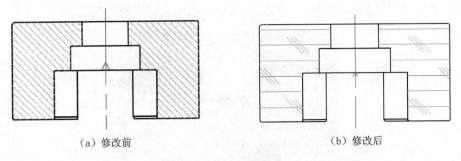

（a）修改前　　　　　　　　　　　　　　　（b）修改后

图 12-36　编辑剖面线

注意:在 CAXA 实体设计 2013 中,编辑其中一个视图中的剖面线,相同零件不同视图中的剖面线会同时发生更改。

12.3　工程图标注

实体设计不仅提供了多种造型手段,还提供了大量用于工程图标注的实用工具。这些标注工具不仅可用于自动标注从三维设计环境中传递的尺寸,也可以用于添加新的尺寸、中心线、工程符号、引出说明和参考线等内容。

12.3.1　投影尺寸

生成标准视图时,在"标准视图输出"对话框的"选项"选项卡中,首先在"视图尺寸类型"选项组中选择"真实尺寸"单选项,然后通过"投影对象"选项组下的选项控制是否自动生成"3D 尺寸"、"特征尺寸"、"草图尺寸",如图 12-37 所示。

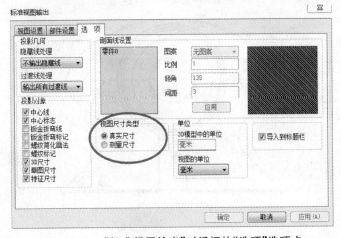

图 12-37　"标准视图输出"对话框的"选项"选项卡

　　"3D 尺寸":在三维设计环境中使用智能标注功能(如  、 等)标注的尺寸,并且在该尺寸上右击,从快捷菜单中选择将该尺寸"输出到工程图"选项,如图 12-38 所示,此后该尺寸后面出现一个小箭头,表示该尺寸会输出到图纸。

图 12-38　3D 尺寸

　　"草图尺寸":在草图编辑状态,单击"尺寸约束"工具按钮 ,标注草图上的尺寸,并且在尺寸上右击,从快捷菜单中选择"输出到工程图"选项,在尺寸后面带一个小箭头。此后,在二维投影图上此尺寸即可自动生成。

　　"特征尺寸":生成特征时操作的尺寸,如拉伸的高度、旋转的角度、抽壳的厚度、圆角过渡半径和拔模斜度等。

　　在"标准视图输出"对话框中的"选项"选项卡中分别选择这 3 种尺寸,然后生成投影视图,图 12-39 所示为自动生成的各种尺寸。

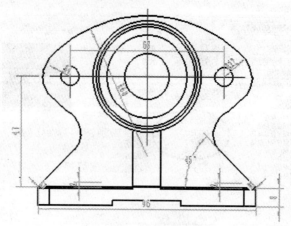

图 12-39　自动生成的尺寸

12.3.2 标注尺寸

除了通过投影自动生成尺寸外,在二维工程图上还可以标注尺寸。在"标注"功能面板中单击"尺寸标注"工具按钮![icon],则可以标注需要的尺寸。

标注尺寸分为测量尺寸和真实尺寸。在"标准视图输出"对话框中的"视图尺寸类型"选项组中确定尺寸类型,如图 12-37 所示。

- "测量尺寸":现有电子图板中的尺寸标注是根据测量值和比例等因素标注尺寸,与三维设计环境没有关联。这种标注比较适合在标准视图上进行。
- "真实尺寸":在视图上标注出 3D 模型中测量出来的尺寸,是 3D 智能标注在 2D 视图上的一种表示。这种标注比较适合在轴测图上进行标注。

12.3.3 尺寸修改

尺寸生成或标注完成以后,可对它们的数值或位置进行编辑。

1. 编辑位置

编辑尺寸标注位置的方法很简单,单击待修改的尺寸,如图 12-40 所示;然后拖动尺寸到合适的位置释放即可,如图 12-41 所示。或选择待修改的尺寸,然后右击,从快捷菜单中选择"标注编辑"选项,如图 12-42 所示。通过拖动尺寸来修改尺寸的位置。

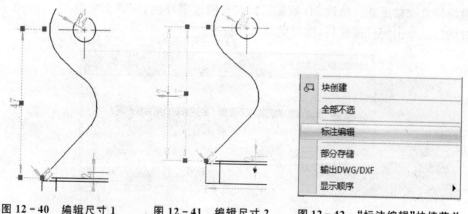

图 12-40　编辑尺寸 1　　　图 12-41　编辑尺寸 2　　　图 12-42　"标注编辑"快捷菜单

2. 编辑尺寸值

尺寸数值编辑的方法如下所述:

① 选择需编辑的尺寸,右击,从弹出的快捷菜单中选择"标注编辑"选项。

② 此时软件界面下方出现立即菜单如图 12-43 所示,编辑立即菜单中包括需要修改的项,如添加前缀或修改基本尺寸值。

例如将 47 改为 50,此时光标前出现新修改的尺寸值,如图 12-44 所示。在合适

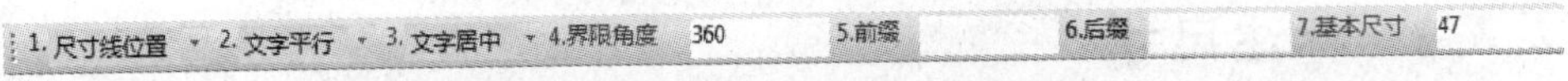

1. 尺寸线位置
2. 文字平行
3. 文字居中
4.界限角度
360
5.前缀
6.后缀
7.基本尺寸
47

图 12-43　尺寸值编辑立即菜单

的位置单击,显示的尺寸是修改后的数据,如图 12-45 所示。

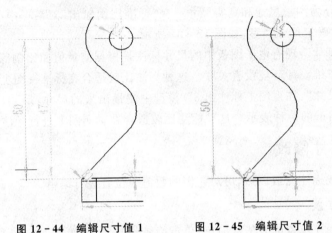

R4
50
47

图 12-44　编辑尺寸值 1

R4
50

图 12-45　编辑尺寸值 2

3. 尺寸标注更新

尺寸标注完成以后,会随着三维设计的更新而更新。3D 数据更新后,未经修改的尺寸标注自动更新;经过修改的尺寸标注则维持修改后的状态。但是尺寸背后的原始信息会被更新。修改 3D 数据后回到投影视图环境,则弹出如图 12-46 所示的对话框。单击“是”按钮后,即可更新尺寸标准。

CAXA实体设计2013
当前有3D视图数据源更新，要更新对应所有视图吗?
是(Y)
否(N)

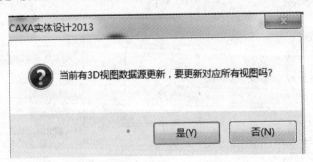

图 12-46　提示对话框

如果因为 3D 数据的变化(如删除、退化等)导致现有的尺寸无法关联到 ID,那么该尺寸保持悬挂状态,无法更新;如果 ID 再次恢复,那么尺寸会再次保持关联,维持可更新状态。当尺寸相关的图素删除以后,尺寸也会消失。

12.4　生成钣金件的工程布局图

在生成二维工程图方面,钣金件有特殊的要求。在大多数情况下,钣金件的工程图都需要表现未展开视图和展开视图。为了从同一设计环境中获得未展开和已展开的工程视图,并在修改时保留这些视图,实体设计系统提供了展开钣金件的简便操作过程如下:

① 在三维零件设计状态选择钣金件,然后从"工具"主菜单选项中选择"钣金"|"展开"选项,展开的零件将显示在设计环境中。

② 从"文件"菜单中选择"新建"|"绘图"选项,然后选择一个绘图模板。二维工程图中将出现一个空白的图纸。

③ 在"三维接口"功能面板中单击"标准视图"按钮,选择"主视图"选项,并通过箭头调节,使绘图环境中显示出带有钣金件展开视图的工程图。

④ 从"窗口"菜单选择当前设计环境文件,返回到设计环境显示三维展开钣金件。

⑤ 选中零件,从"工具"主菜单选项中选择"钣金|还原"选项,则钣金回到展开前状态。

⑥ 从"窗口"菜单回到工程图文件,实体设计回到绘图环境。

⑦ 在三维接口功能面板中单击"标准视图"按钮,选择标准的三视图,单击"确定"按钮。此时,工程图中显示了一个钣金件生成展开视图和未展开视图的工程图,如图 12-47 所示。

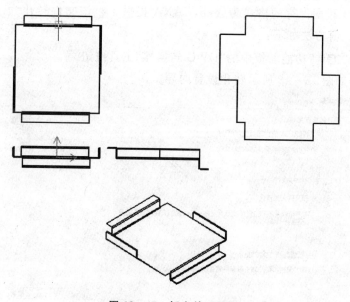

图 12-47　钣金件工程图

此后,对钣金件所作的任何修改都将在工程图的视图中得到相应更新。

12.5　工程图的交流共享

实体设计提供了多种与他人共享工程图的方法,CAXA 电子图板也提供了多种格式的共享数据接口。

12.5.1　由 CAXA 电子图板输出图纸

完成视图的布局后,可将该工程布局图输出到实体设计内置的 CAXA 电子图板系统,然后再进行各种尺寸标注和工程标注。还可以生成明细表和标题栏,并在"绘图输出"菜单下输出工程图文件。

在实体设计的二维环境中,连接 CAXA 电子图板的方法如下:

① 单击"工具"功能面板中的"数据迁移"按钮。

② 弹出"迁移向导"对话框,选择本机上安装的电子图板版本,完成迁移向导。

③ 启动电子图板,并在电子图板的"文件"菜单下,单击"数据接口"选项。

④ 选取"接受实体设计视图"选项,则实体设计二维环境中生成的视图被传送到电子图板的环境中。

操作者可以在 CAXA 电子图板环境中继续进行二维工程图设计工作。

12.5.2　直接输出 DXF/DWG 格式图纸

CAXA 工程图保存的格式为.exb,CAXA 提供了将该文件转化为.dxf 和.dwg格式的功能。其方法如下:

① 单击"工具"功能面板中的"DWG 转换器"工具按钮 。

② 弹出如图 12-48 所示转化设置向导。

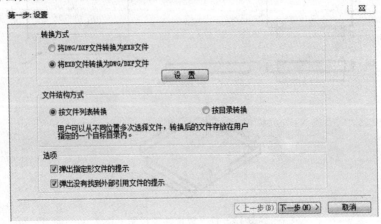

图 12-48　转换文件设置(第一步)

③ 选择"将 EXB 文件转换为 DWG/DXF 文件"单选项,单击"设置"按钮,可选择如图 12 - 49 所示的转换格式。

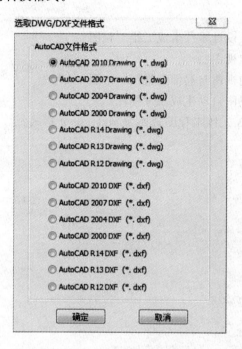

图 12 - 49　选择转换文件格式

④ 单击设置向导"下一步"按钮,选择需转换格式的文件及转换后文件路径,单击"开始转换"按钮,即可以指定如图 12 - 50 所示的 AutoCAD 版本格式输出该文件。

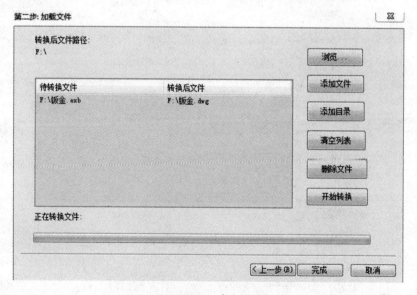

图 12 - 50　转换文件设置(第二步)

思考题

1. 如何利用三维设计零件生成二维工程图？
2. 如何生成标准视图？
3. 如何生成全剖视图与局部剖视图？
4. 如何为投影视图自动生成尺寸标注？
5. 如何将 CAXA 二维工程图转换为.dxf、.dwg 格式？

第 13 章　渲染设计

渲染设计是指利用颜色、纹理、光亮度、透明度、凸痕、反射、散射和贴图等表面装饰，借助背景、雾化、光照和隐形等环境渲染技术，制作形象逼真的零件即产品图像。

13.1　智能渲染元素的应用

13.1.1　渲染元素的种类

实体设计系统预定义了多种智能渲染元素，如图 13－1 所示。按其特征可分为色彩类、纹理类、凸痕和贴图等。其中，后 3 种元素可以在渲染对象上移动或编辑。色彩类包括颜色、表面光泽和金属光泽。纹理类包括石头、木材、编织物、材质、样式、抽象图像和背景。如果没有找到上述渲染元素，可以从菜单"设计元素"中单击"打开"按钮，在目录 Catalogs 文件夹，选择所需渲染元素，例如 Metal，打开，此元素被添加到设计元素库中，如图 13－2 所示。

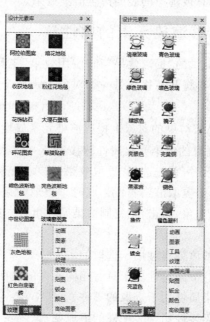

图 13－1　智能渲染元素

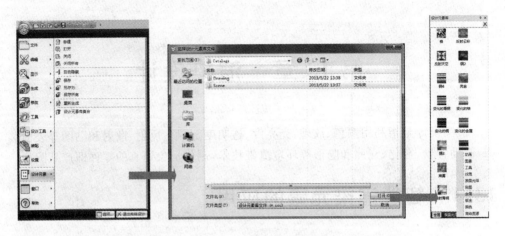

图 13 - 2   智能渲染元素

13.1.2   渲染元素的使用方法

从设计元素库中选用渲染元素时,首先选择渲染元素的属性表,例如凸痕。然后,在设计元素浏览器中单击所需渲染元素的属性,并将其拖放到渲染对象上,即可产生渲染效果。渲染元素被拖入设计窗口时,光标自动变成小刷子形状,示意将元素属性"刷"到渲染对象上。如果所选对象为零件或智能图素,则整个零件被渲染;如果对象为某一个表面,则只有被选中的表面产生渲染效果。

13.1.3   复制与转移渲染元素的属性

利用实体设计系统提供的"提取效果"和"应用效果"工具,可以方便地从一个渲染对象上复制渲染属性,再将其转移到另一个对象上。两个工具位于工具栏"显示"选项中。

"提取效果":在已被渲染的对象上提取渲染元素属性。

"应用效果":将提取的渲染元素属性转移到另一个对象上。

提取与转移渲染元素时,首先选用"提取效果"选项,光标变成空的提取工具,将其指向要提取的表面,单击提取渲染属性。此时,"提取效果"工具自动变为"应用效果"工具。将其指向渲染对象,单击,则复制渲染属性生效。或者右击,在弹出的菜单上指定渲染对象:

"单个表面"   提取的渲染属性用于选取的表面。

"相似表面"   提取的渲染属性用于具有相同属性的表面。

"零件"   提取的渲染属性用于选取的零件。

"组件"   提取的渲染属性用于装配件的组成要素。

使用"应用效果"工具转移渲染属性后,系统自动记忆已复制的属性,直到提取新的属性为止。

13.1.4　移动和编辑渲染元素

利用实体设计提供的"移动"工具,可以移动和编辑纹理、凸痕及贴图,但对色彩渲染元素无效。实体设计提供的移动工具包括:

 "移动纹理"　移动和编辑石头、木材、编织物、材质、样式、抽象图案和背景图像。

 "移动凸痕"　移动和编辑凸痕图像。

 "移动贴图"　移动和编辑贴图图像。

1. 移动纹理

使用"移动纹理"工具移动和编辑纹理的方法如下:

① 选择带有纹理的渲染对象。

② 在工具栏中单击"纹理"工具按钮,或在"工具"菜单中选择"纹理"选项,在弹出的"纹理工具"对话框中按提示选择图像投影方式,并单击"确定"按钮。

③ 在渲染对象上出现一个带有红色方形手柄的白色半透明框体。拖动位于边框上的手柄可以调整渲染图像的大小,如图 13-3 所示。对于平面投影方式,拖动位于对象中心的手柄,可以改变图像的位置。选择球形投影方式时无任何手柄,只能借助三维球调整位置。

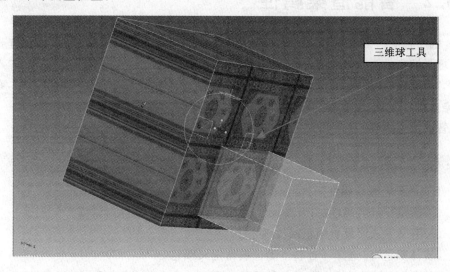

图 13-3　移动或编辑纹理

④ 右击设计窗口,在弹出的快捷菜单上指定以下选项:

"图像投影"　按所选的投影方式(自动投影、平面 投影、圆柱、球形和自然)生成纹理图像。

"区域长宽比"　设定纹理图像的长宽比。此选项对于圆柱和球形投影方式无效。

　　"左右切换"　翻转纹理图像,即原始图像的镜像。

　　"贴到整个零件"　根据当前图像的投影方式及方位,将纹理图像匹配到渲染对象上。

　　"选择图像文件"　输入或选择新的纹理图像名,将其应用于渲染对象。

　　"设置"　按选定的投影方式,设置图像投影到零件表面的控制值。

　　"重置"　撤销对纹理图像所作的全部更改。

　　移动纹理的方法是:单击"三维球"工具,三维球展现在半透明框体上,拖动三维球手柄可移动或旋转半透明框体,重新定位纹理图像。

2. 移动凸痕

　　移动选择带有凸痕的渲染对象,再在工具栏中单击"移动凸痕"工具按钮,或在"工具"菜单中选择"凸痕"选项。移动凸痕的方法同移动纹理。

3. 移动贴图

　　移动和编辑贴图时,先选择带有贴图的渲染对象,再在工具栏中单击"移动贴图"工具按钮,或在"工具"菜单中选择"贴图"选项。移动贴图的方法同移动纹理。

13.2　智能渲染属性

　　利用智能渲染属性对话框设置或更改零件的渲染元素及其属性,可优化外观设计,增强渲染效果。对话框中共有 7 个属性表,它们分别是"颜色"(含纹理)、"光亮度"、"透明度"、"凸痕"、"反射"、"贴图"和"散射"。当渲染对象处于编辑状态时,右击渲染对象,在菜单中单击"智能渲染"按钮或在"显示"菜单中选取"智能渲染"选项,调出"智能渲染属性"对话框。

13.2.1　颜　色

　　使用"智能渲染属性"对话框设置颜色、纹理渲染属性的方法如下:

　　① 选择"颜色"属性,打开如图 13-4 所示的"颜色"属性对话框。

　　② 用以下选项设置颜色或纹理:

　　"实体颜色"　选择一种基本颜色或自定义颜色。

　　"颜色"　在颜料板上选择一种颜色,或单击"更多颜色"按钮,在"颜色"对话框中选择基本颜色或自定义颜色。

　　"图像材质"　选用图像文件表示材质。

　　"图像文件"　选择图像材质后,在文本框中输入或利用"浏览文件"查找表示材质的图像文件名。按路径\CAXASOLID\Images\文件名.JPEG(.Tif),可找到系统自带图像文件。

　　"图像投影"　指二维图像按一定的几何特征变形后,将其应用于零件或产品的表面。利用图像文件进行渲染设计时,要选定一种图像投影方式,可选的投影方式包括"自动"、"平面"、"圆柱"、"球形"和"自然"5 个选项。

　　"设置"　选定投影方式后,单击"设置"按钮,在弹出投影或映射方式的对话框中,设置图像投影到零件表面的控制值。

　　③ 单击"应用"按钮,在不编辑渲染属性的情况下,预览渲染效果。

　　④ 单击"确定"按钮,渲染对象具有新的颜色或纹理属性。

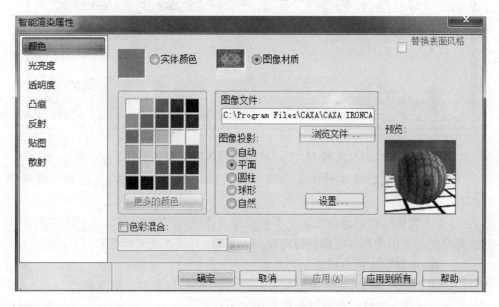

图 13 - 4　"颜色"属性对话框

13.2.2　光亮度

　　设置渲染对象的光亮度,可以生成一些材料的真实外观,例如钢铁、铜。利用"智能渲染属性"对话框设置或更改光亮度的方法如下:

　　① 选择"光亮度"属性,打开如图 13 - 5 所示的"光亮度"属性对话框。

　　② 从 12 种预定义的光亮度中直接选用一个"漫反射强度"、"光亮强度"和"光亮传播"的特定组合,设置渲染对象的外观。

　　③ 如果预定义的光亮度设置不能满足设计要求,则可用以下选项自行设置光亮度。

　　"漫反射强度":拖动滑块或在文本框中输入 0～100 之间的数,调整渲染对象的漫反射强度。

　　"光亮强度":拖动滑块或在文本框中输入 0～100 之间的数,改变高亮区的光亮强度。

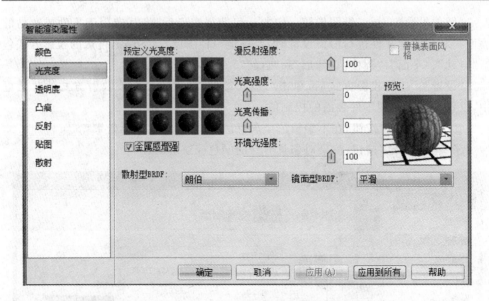

图 13 − 5　"光亮度"属性对话框

"光亮传播":拖动滑块或在文本框中输入 0～100 之间的数,使高亮区增大或缩小。

"环境光强度":拖动滑块或在文本框中输入 0～100 之间的数,调整渲染对象周围的照明度。使用此选项时即使没有任何光照,也可以改变表面色彩。

"金属感增强":生成金属表面的亮度。

④ 单击"应用"按钮,在不编辑渲染属性的情况下,预览亮度的变化。

⑤ 单击"确定"按钮,渲染对象具有指定的亮度。

13.2.3　透明度

设置"透明度"属性可以改变渲染对象的可透视性,生成各种透明体,如水、玻璃和冰等。使用"智能渲染属性"对话框设置和调整透明度的方法如下:

① 选择"透明度"属性,打开如图 13 − 6 所示的"透明度"属性对话框。

② 从 4 种预定义的透明度中直接选用一种,设置渲染对象的透视效果。

③ 如果预定义的透明度不能满足要求,则可用以下选项综合设定透明性:

"透明度"　拖动滑块或在文本框输入 0～100 之间的数,增加或减小渲染对象的透明度。

"向零件边修改透明性"　改变零件边缘的透明度,使其不同于零件中心的透明度。

"在边的透明性"　选择修改边缘的透明度后,拖动滑块或在文本框中输入 0～100 之间的数,设置零件边缘的透明度。

"折射系数"　拖动滑块或在文本框中输入 0～5 之间的数,调整折射率。

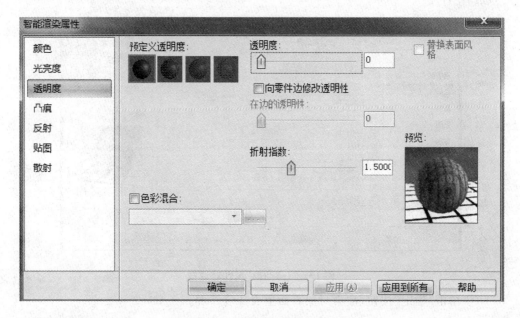

图 13 - 6　"透明度"属性对话框

④ 单击"应用"按钮,在不编辑渲染属性的情况下,预览透明度变化。

⑤ 单击"确定"按钮,渲染对象具有指定的透视效果。

13.2.4　凸　痕

为了描述零件或产品表面的粗糙程度,可是用凸痕进行渲染设计,用以增强材料的真实感。使用"智能渲染属性"对话框设置和修改凸痕的方法如下:

① 选择"凸痕"属性,打开如图 13 - 7 所示的"凸痕"属性对话框。

② 用以下选项设置凸痕:

"用颜色材质做凸痕"　利用渲染对象的颜色材质图像生成凸痕。系统根据特殊像素的亮度增加或减少像素。

"用图像做凸痕"　选用图像材质生成凸痕。

"图像文件"　指定用图像材质做凸痕后,在文本框中输入或利用"浏览文件"查找图像文件名。

"图像投影"　选定一种图像投影方式,可选的投影方式包括"自动"、"平面"、"圆柱和球形"。

"设置"　选定投影方式后,单击"设置"按钮,在弹出的投影或映射方式对话框中,设置图像投影到零件表面的控制值。

"凸痕高度"　拖动滑块或在文本框中输入 -100~100 之间的数,设定凸痕高度,负数表示降低凸痕高度,正数表示增加凸痕高度。

③ 单击"应用"按钮,在不编辑渲染属性的情况下,预览凸痕外观。

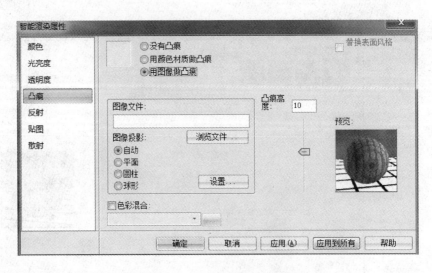

图 13-7 "凸痕"属性对话框

④ 单击"确定"按钮，渲染对象表面生成凸痕外观。

13.2.5 反　射

为描述光反射现象，实体设计系统设有反射渲染功能。使用"智能渲染属性"对话框设置反射特性的方法如下：

① 选择"反射"属性，打开如图 13-8 所示的"反射"属性对话框。

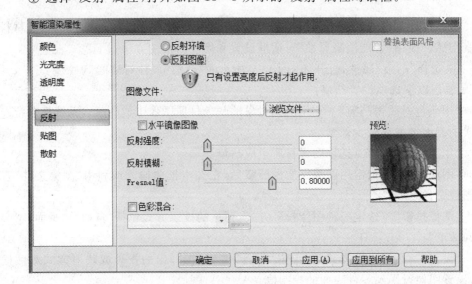

图 13-8 "反射"属性对话框

② 选择"反射图像"单选项，使反射功能生效。

③ 用以下选项设置反射特性：

"图像文件"　选择"反射图像"后,在文本框中输入或单击"浏览文件"按钮查找图像文件名。

"水平镜像图像"　反射图像按镜向反转显示。

"反射强度"　拖动滑块或在文本框中输入 0~100 之间的数,调整渲染对象表面反射图像的强度。

"反射模糊"　拖动滑块或在文本框中输入 0~100 之间的数,调整图像和光线跟踪的反射模糊效果,增加模糊度可使反射减弱,而且超出焦距之外。

注意:只有选择了渲染属性对话框中的真实感图,才能使用此选项。单击"应用"按钮,在不编辑渲染属性的情况下,预览反射效果;单击"确定"按钮,渲染对象表面产生反射效果。

13.2.6　贴　图

贴图与纹理一样,也是由图像文件生成的。用贴图的方法可以将各种符号化的图像附在零件表面上。使用"智能渲染属性"对话框设置和更换贴图的方法如下:

① 选择"贴图"属性,打开如图 13-9 所示的"贴图"属性对话框。

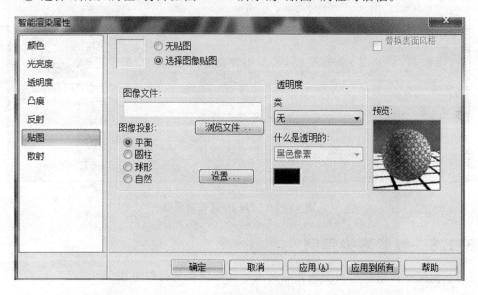

图 13-9　"贴图"属性对话框

② 用以下选项设置贴图:

"选择图像贴图"　用图像文件以贴图的形式进行渲染。

"图像文件"　在文本框中输入或单击"浏览文件"按钮查找用于贴图的图像文件名。

"图像投影"　选定一种图像投影方式。可选的投影方式包括"自动"、"平面"、"圆柱"和"球形"。

"设置"　在选定投影方式后,单击"设置"按钮,在弹出的映射方式对话框中,设定图像映射到零件表面的控制值。

③ 单击"应用"按钮,在不编辑渲染属性的情况下,预览贴图效果。

④ 单击"确定"按钮,渲染对象表面生成贴图效果。

13.2.7　散　射

利用智能渲染属性可以设置零件或某一表面发光。右击渲染对象,弹出"智能渲染属性"对话框中的"散射"属性对话框,如图 13－10 所示。此属性对话框只有散射度设置。拖动滑块或在文本框中输入 0～100 之间的数,调整散射度。散射度为 0 时,表面不发光,但反射光;散射度为 100 时,表面反射光特别明亮。

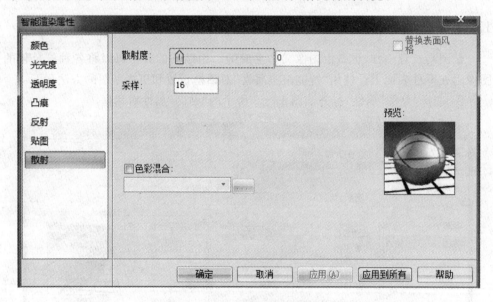

图 13－10　"散射"属性对话框

13.2.8　智能渲染示例

下面简单介绍对桌面上的花瓶和台灯进行渲染的操作方法。

1. 渲染花瓶

① 创建一个新的设计环境。

② 插入装配体。

③ 单击"花瓶"选项,使其处于编辑状态(蓝色轮廓线)。

④ 右击"花瓶"选项,在弹出的快捷菜单中单击"智能渲染"选项。

⑤ 在弹出的"智能渲染属性"对话框中,单击"颜色"属性对话框。在颜料板上选用粉红色。

⑥ 设置花瓶的亮度,在"光亮度"属性对话框中选择第 4 种"预定义光亮度"。

⑦ 在"透明度"属性对话框中,选择第 3 种"预定义透明度"。

⑧ 单击"确定"按钮返回设计环境。花瓶的渲染效果如图 13 – 11 所示。

图 13 – 11　渲染花瓶

2. 渲染桌面和墙

① 单击"桌面"按钮,使其处于编辑状态。

② 在渲染元素库中单击"表面光泽"选项,将"亮白色"渲染属性"刷"到桌面上。

③ 右击"桌面"按钮,在弹出的快捷菜单中单击"智能渲染"选项。

④ 在弹出的"智能渲染属性"对话框中单击"光亮度"属性对话框,选用第 3 种"预定义光亮度"。

⑤ 单击"确定"按钮返回设计环境。桌面产生渲染效果。

⑥ 用上述方法渲染桌面上的球和环。渲染元素为"表面光泽",渲染属性为"亮黑色"。

⑦ 单击"提取效果"工具,单击"桌面"按钮,提取渲染属性。

⑧ 利用"应用效果"工具、依次将复制的渲染属性转移到墙、球和圆环上,如图 13 – 12 所示。

图 13 – 12　渲染墙面、球和圆环

3. 渲染台灯

① 单击"台灯"选项,使其处于编辑状态。

② 右击"台灯"选项,在弹出的快捷菜单中单击"智能渲染"选项。

③ 在弹出的"智能渲染属性"对话框中单击"颜色"属性对话框,在颜料板上选用

深绿色。

④ 在"光亮度"属性对话框中,选择第 3 种"预定义光亮度",选择"金属感增强"选项。

⑤ 单击"确定"按钮返回设计环境,台灯产生渲染效果。

⑥ 选择"灯罩"选项。

⑦ 在设计元素库中单击"表面光泽"渲染元素,将"暗色玻璃"渲染属性拖到灯罩上。

⑧ 单击"确定"按钮返回设计环境。台灯的渲染效果如图 13 - 13 所示。

图 13 - 13　渲染台灯

13.3　智能渲染向导

实体设计系统设有"智能渲染向导"。使用向导进行渲染设计时,先选择渲染对象,然后在"显示"菜单中选择"智能渲染向导"选项,或在"生成"菜单中选择"智能渲染"选项,调用渲染向导(共 6 页)。依次按向导提示选择渲染元素或修改渲染属性。各向导页的设置功能如下:

第 1 页为颜色和纹理设置向导,如图 13 - 14 所示。单击"颜色"按钮,在颜色对话框中选用基本颜色或自定义的颜色,或者选择一个预定义的图像作为纹理,也可以单击"浏览"按钮选用其他图像文件。

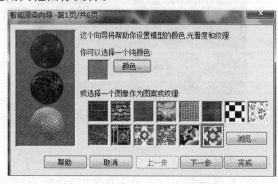

图 13 - 14　颜色和纹理设置向导

第 2 页为表面光泽及透明度形式设置向导,如图 13 - 15 所示。按预定义的 12 种模式设置表面光泽。按预定义的 4 种模式选定透明度。

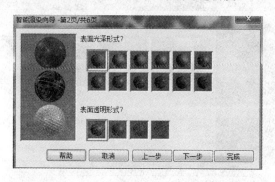

图 13 - 15 表面光泽及透明度形式设置向导

第 3 页为凸痕设置向导,如图 13 - 16 所示。选择预定义的图像作为凸痕或单击 "浏览"按钮选用其他图形文件,并可拖动滑块,调整凸痕高度。

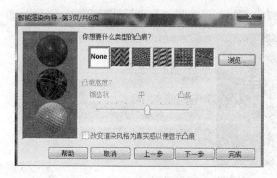

图 13 - 16 凸痕设置向导

第 4 页为表面反射的设置向导,如图 13 - 17 所示。选择预定义的表面反射图像 或单击"浏览"按钮选用其他图形文件,并可拖动滑块,调整反射值。

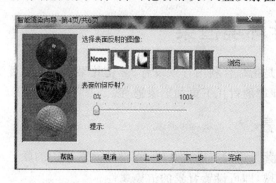

图 13 - 17 表面反射的设置向导

第 5 页为贴图设置向导,如图 13 - 18 所示。选择预定义的图像作为贴图或单击

"浏览"按钮选用其他图形文件。

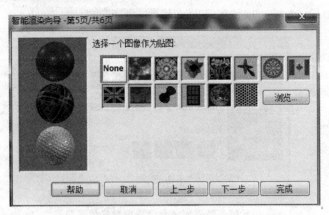

图 13 - 18   贴图设置向导

第 6 页为纹理、凸痕、贴图的图像投影方式、尺寸的设置向导,如图 13 - 19 所示。

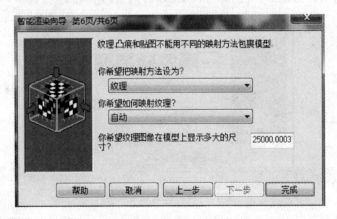

图 13 - 19   投影方式设置向导

13.4   设计环境渲染

设计环境渲染是指综合利用背景设置、雾化效果和曝光设置渲染零件或产品的环境,使图像在此环境的衬托下更加形象逼真。

13.4.1   背   景

对设计环境的背景进行渲染设计时,将设计元素库中的颜色或纹理直接拖放到设计窗口的空白区域,即可设置背景的渲染属性。

使用"设计环境属性"对话框中的"背景"属性对话框,也可以设置或修改背景的渲染属性。右击设计窗口的空白区域,在弹出的快捷菜单中单击"背景"选项,屏幕上显示"设计环境属性"对话框及"背景"属性对话框,如图 13 - 20 所示。

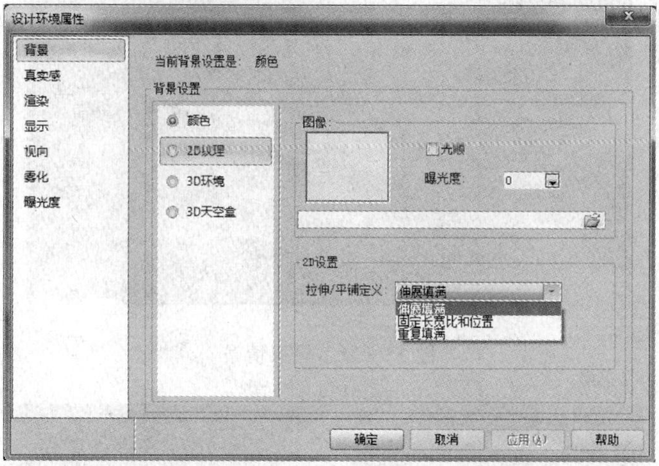

图 13 - 20　"背景"属性对话框

设置或修改背景的颜色时,单击"颜色"选项,然后在颜料板上选用一种颜色,或单击"颜色"选项,在弹出的"颜色"对话框中选基本颜色或自定义颜色,单击"确定"按钮,则设计背景颜色改变。

设置或修改背景的纹理时,单击"2D 纹理"选项,然后选择用于背景的图像。

"2D 纹理"的"2D 设置"显示选项如下:

"伸展填满"　图像覆盖全部背景。如果图像的长宽比与显示窗口的长宽比不相等时,图像会失真。

"固定长宽比和位置"　图像的长宽比不变,可减少失真。

"重复填满"　制作多份图像覆盖全部背景。

CAXA 实体设计 2013 还提供了"3D 环境"和"3D 天空盒"背景。使用方法如下:

选择"3D 环境"选项。单击"浏览"文件,找到合适的 3D 环境。需要注意的是这里只能贴 hdr 格式的文件。CAXA 在安装路径下提供了这样的文件,路径为:CAXA\CAXA IRONCAD\2011\Images\EnvironmentImages\StudioEnvironments。用户可以通过 Hdr shop 软件生成这种格式的文件。设置好 3D 环境后,旋转实体,则背景也旋转变换,模拟实体在真实环境中的情景,如图 13 - 21 所示。

选择"3D 天空盒"选项。单击浏览文件,找到合适的 3D 天空盒。需要注意的是这里只能贴 ∗.icskybox 格式的文件。CAXA 实体设计 2013 在安装路径下提供了一些这样的文件,路径为:CAXA\CAXA IRONCAD\2011\Images\EnvironmentImages\Skybox。设置"3D 天空盒"后,对设计环境进行动态旋转时,可以看到一个 3D 的背景一起旋转,产生 3D 空间的视觉效果,如图 13 - 22 所示。

图 13－21　模拟情景

图 13－22　"3D 天空盒"设置效果

13.4.2　渲　染

右击设计窗口的空白区域,在弹出的快捷菜单中单击"渲染"选项,显示"设计环境属性"对话框及"渲染"属性对话框,如图 13－23 所示。

在"渲染"属性对话框的左侧,渲染风格按图像质量由上至下排列。图像质量越好,所要求的渲染时间越长。在制作零件过程中,要注意选择较为简单的渲染方法来节省时间。完成零件渲染设计时,为了获得更为逼真的外观,可以转入较高质量的渲染。

渲染"风格"选项组中有以下几种选项:

"线框"　利用由网状几何图形组成的线框图显示零件的表面,线框图不显示表面渲染元素,如颜色或纹理。

"多面体渲染"　显示由小平面组成的零件的实心近似值。每个小平面都是一个四边的二维图素,由更小的三角形表面沿零件的表面创建,每个都显示一种单一的颜色。实体设计通过向它的小平面分配越来越浅或越来越深的阴影,为零件添加深度。

"光滑渲染"　将零件显示为具有平滑和连续阴影处理表面的实心体。光滑阴

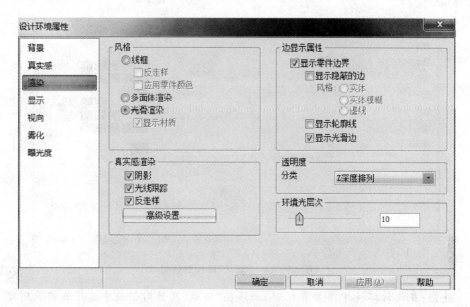

图 13 - 23　"渲染"属性对话框

影处理比小平面阴影处理更加逼真,而后者则比线框图逼真。

"显示材质"　选择光滑渲染的风格时,为保证此选项对零件有效,必须选择一种纹理应用于其表面。为了避免在零件设计过程中出现渲染的延迟,可以暂时启用"显示材质"选项,迅速浏览操作者向每个表面分配的纹理。

"真实感渲染"选项组中的选项如下:

"阴影"　显示光线对准物体时产生的阴影。

"光线跟踪"　通过反复追踪来自设计环境光源的光束,提高渲染的质量。光线跟踪可以增强零件上的反射和折射光。

"反走样"　使显示的零件带有光滑和明确的边缘。实体设计通过沿零件的边缘内插中间色像素,提高分辨率。选择此选项时,还可以启用真实的透明度和柔和的阴影。

"环境光层次"选项组:环境光是为三维设计环境提供照明的背景光。环境光可以改变阴影、强光和与设计环境有关的其他特征。与实体设计的其他光线不同,环境光并不集中于某个具体的方向。拖动滑动或在文本框中输入 1~100 之间的数,可以调整环境光水平。在前景物体非常明亮的高反差的设计环境中,可以使用环境光提高背景的清晰度。

13.4.3　雾　化

利用实体设计提供的雾化渲染技术可以在设计环境生成云雾的景象。添加雾化效果时,右击设计窗口的空白区域,在弹出的快捷菜单中选择"雾化"选项,打开"设计环境属性"对话框及"雾化"属性对话框,如图 13 - 24 所示。

图 13 - 24　"雾化"属性对话框

　　注意：在设计环境中添加雾化时，必须在"渲染"属性对话框中选择真实感图及其相关选项。

　　"雾化"渲染的选项如下：

　　"使用雾化效果"　在设计环境中添加雾化效果。

　　"从视点到雾化效果开始的距离"　在文本框中输入数字，此数表示从视点到雾化开始点的距离，如果视向的距离小于此值，不会产生雾化效果。

　　"雾化效果不透明距离"　在文本框中输入数字，此数表示从视点到渲染对象完全被雾遮盖的距离。

　　"使距离适合设计环境"　自动设置从视点到雾化效果开始的距离、雾化效果不透明距离，确定有效的雾化区域。

　　"雾覆盖背景的数量"　拖动滑块或在文本框中输入 0～100 之间的数、设定雾覆盖背景的程度。输入值为 0 时，背景十分清楚；输入值为 100 时，雾完全遮盖背景。

　　"颜色"　默认的雾化效果呈灰色。制作彩雾时，可在颜料板上选择一种色彩，或者单击"更多颜色"按钮，在"颜色"属性对话框中选择一种基本颜色或自定义颜色。

13.4.4　视　向

　　利用实体设计提供的视向向导和视向属性，可以设置和调整镜头的方位，从不同的角度观看渲染对象。

1. 插入和显示视向

　　插入视向时，在"显示"菜单中选择"渲染器"选项，打开"插入视向"对话框，单击设计环境的空白区域，弹出"视向向导"对话框的首页（共 2 页），如图 13 - 25 所示。选择"视向方向"下的选项，并在"视向距离"文本框中输入指定距离，单击"下一步"按钮,在向导第 2 页上确定是否使用透视和启用视向。单击"确定"按钮后,屏幕上出现表示视向的照相机及表示视点的红色方形手柄。

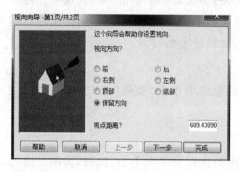

图 13 – 25　"视向向导"对话框

在默认状态下,虽然设置了视向,但系统将设计环境中表示视向的照相机隐藏。如果要显示视向,在菜单"显示"中单击"显示相机"选项,屏幕上显示设计环境中所有视向的摄像机。

注意:打开设计树,单击照相机图标旁边的展开符号"＋",可查看设计环境中的照相机数量。单击任一展开的照相机图标,可以观察照相机当前方位。

2. 调整视向

为了显示特定的三维图像,有时需要调整当前的视向。实体设计提供了以下3 种设置视向的方法:

① 拖动照相机的图标,改变其位置,而拖动红色方形手柄可调整视点和视点距离。

② 利用三维球精确地移动或旋转照相机。

③ 使用"编辑视向"对话框调整照相机的视向。右击设计环境中的照相机图标,或单击设计树中展开的照相机图标,在弹出的菜单上单击"视向属性"选项,如图 13 – 26 所示,改变位置、视点和方向等参数后,单击"确定"按钮。

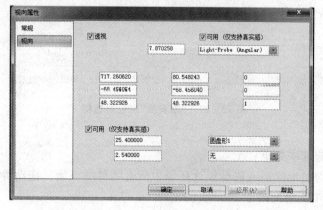

图 13 – 26　"视向"属性对话框

3. 复制视向

复制某一视向时,右击照相机图标,在弹出的快捷菜单中单击"复制"选项。再次右击屏幕上显示的任一照相机,在弹出的快捷菜单中单击"粘贴"选项,新复制的照相机(视向)与原相机重合,可单击新相机并将其拖到指定的位置。

4. 删除视向

删除某视向时,右击照相机图标,在弹出的菜单中单击"删除"或"剪切"选项,该照相机(视向)消失。

5. 启用视向

启用所选视向时,右击照相机图标,在弹出的快捷菜单中单击"视向"选项。也可以在设计树中右击展开指定的照相机图标,在弹出的快捷菜单中单击"视向"选项。系统按所选择的视向显示零件。

13.4.5 曝光设置

调整设计环境的亮度和反差可使层次分明,主题突出。修改曝光设置时,右击设计窗口空白区域,在弹出的快捷菜单中选择"曝光度"选项,显示"设计环境属性"对话框及"曝光度"属性对话框,如图 13-27 所示。

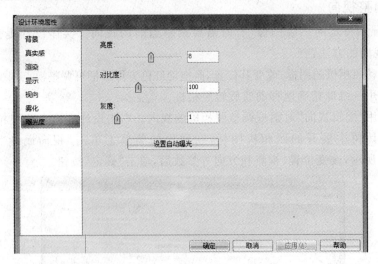

图 13-27 "曝光度"属性对话框

"曝光度"的选项如下:

"亮度" 均匀地提高或降低设计环境中所有零件的亮度。拖动滑块或在文本框中输入-100~100 之间的数。

"对比度" 提高或降低设计环境中所有零件的反差。拖动滑块或在文本框中输入 0～300 之间的数。

"灰度" 增强图像灰度,提高图像亮度又不影响背景的亮度。拖动滑块或在文本框输入 1～4 之间的数。

"设置自动曝光" 系统自动确定设计环境的最佳曝光度。此选项仅适用于当前的设计环境。

13.5 光源与光照

用三维图像显示零件或产品时,光源设置与光照调整尤为重要。

13.5.1 光 源

实体设计系统提供了以下 3 种光源:

"平行光" 光源投射平行光束,沿指定方向照射所有组件。

"聚光源" 光源投射锥形光束,在设计环境中沿一定的方位照射渲染对象。

"点光源" 光源沿各方为均匀投射光线,照射周围的渲染对象。

另外,"区域灯光"实质上就是一个面光源,由一个面发光,照亮零件。它可以照亮设计环境中所对准零件的平面区域。

13.5.2 光源设置

1. 插入和显示光源

插入光源时,在菜单"显示"中选择"渲染器"选项,打开"插入光源"对话框,光标变成光源图标。在设计窗口单击放置光源的地方,弹出"插入光源"对话框,如图 13-28 所示。

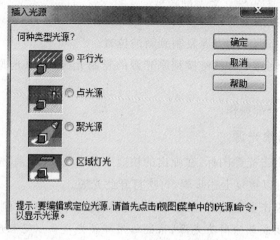

图 13-28 "插入光源"对话框

选用一种光源，单击"确定"按钮，弹出"光源向导"对话框。按向导各页中的提示依次确定选项后，单击"完成"按钮。

默认状态下，虽然设置的光源产生了光照效果，但系统将设计环境中的光源隐藏。若要显示光源，需在"显示"菜单中选择"光源"选项，显示设计环境中的所有光源。

注意：打开设计树，单击光源图标旁边的展开符号"＋"，可查看设计环境中的光源配置及数量，单击任一展开的光源图标，可以观察光源的当前方位。

2. 调整光源

为满足渲染设计要求，有时需要调整光源的方位。调整方法有以下 3 种：

① 拖动"平行光"的图标，可调整照射角度，但不能改变光源与渲染对象之间的距离；拖动"聚光源"和"点光源"的图标只改变位置。

② 使用三维球可以移动或旋转"聚光源"和"点光源"，但是旋转"点光源"毫无意义。

③ 使用"插入光源"对话框可以精确地修改"聚光源"和"点光源"的方位。右击设计环境中的光源图标，或者单击设计树中展开的光源图标，在弹出的快捷菜单中单击"光源属性"选项。利用"现场光特征"对话框中的"位置"属性对话框，设定方位参数。

3. 复制和链接光源

复制和链接"聚光源"和点光源"的操作方法如下：

① 单击"选择"工具。

② 用右键选择光源图标，按住右键将其拖到需要添加光源的位置。

③ 在弹出的菜单中选择以下选项：

"移动到此"　将选中的光源移到新的位置。

"拷贝到此"　将选中的光源复制到新的位置。

"链接到此"　创建一个被链接到原光源的复制光源，对原光源所作的修改可自动应用于链接光源。

"取消"　撤销全部操作。

4. 关闭或删除光源

关闭光源时，右击光源图标，在弹出的快捷菜单中选择"取消"按钮。如果重新选择"光源开"选项可以重复上述步骤，再次打开此光源。

删除光源时，右击要删除的光源，在弹出的快捷菜单中单击"删除"按钮。

注意：即使关闭或删除所有光源，系统仍用环境光提供一定程度的照明。环境光是"渲染"属性对话框中的一项设置。

13.5.3　光照调整

1. 用光源向导调整光照

利用光源向导调整光照时,右击设计环境中的光源图标,或者右击设计树上展开的光源图标,从弹出的菜单中单击"光源向导"选项,屏幕上显示"光源向导"的首页(共 3 页)。

第 1 页为光源亮度和颜色设置向导,如图 13-29 所示。拖动滑块或在文本框中输入 0～3 之间的数可以调整光源亮度。单击"选择颜色"按钮,在"颜色"对话框中选择基本颜色或自定义颜色。

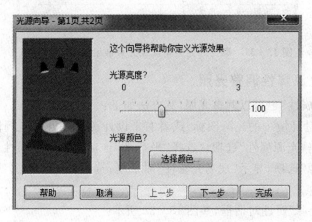

图 13-29　光源亮度和广元颜色设置向导

第 2 页为阴影设置向导,如图 12-30 所示。当设计环境的渲染风格为"真实感图"时,才能显示阴影。

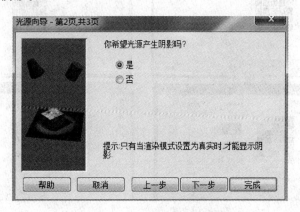

图 13-30　阴影设置向导

第 3 页为聚光源光束角度及光束散射角度设置向导,如图 13-31 所示。拖动滑块或在文本框中输入 0～160 之间的数,设定聚光源光束角度。拖动滑块或在文本框中输入 0～80 之间的数，设定光束散射角度。

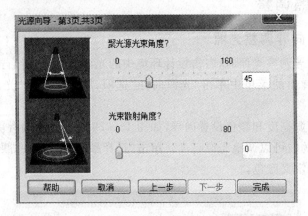

图 13 - 31 聚光源光束角度及光束散射角度设置向导

2. 更改光源属性调整光照

改变"光源属性"也可以调整光照，其方法如下：

① 右击设计环境中的光源图标、或者右击设计树上展开的光源图标，从弹出的快捷菜单中单击"光源属性"选项。选择"平行光"选项，显示"方向性光源特征"对话框；选择"聚光源"选项，显示"现场光特征"对话框；选择"点光源"选项，显示"点光源特征"对话框。

② 单击"光源"属性对话框，如图 13 - 32 所示。

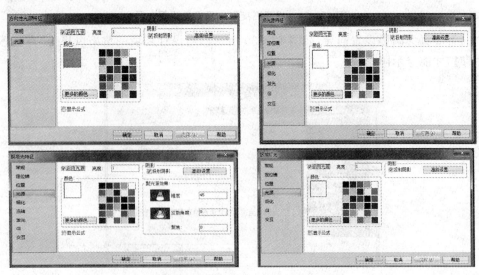

图 13 - 32 不同光源属性对话框

③ 利用以下各选项调整光照。光源设置选项如下：

"启用光源" 开启所需光源。

"亮度"　在文本框中输入 0～3 之间的数,设定亮度。

"颜色"　在颜料板上选取一种颜色,或者单击"更多的颜色"按钮,在弹出的"颜色"对话框中选择基本"颜色"或自定义颜色。

"阴影"　在渲染对象上生成阴影效果。修改设计环境后,经过几秒钟阴影才会出现。

注意:为保证设置投射阴影有效,设计环境的渲染风格应选用"真实感图"。在"设置"菜单中选择"渲染"选项,或者右击设计环境的背景,弹出"设计环境属性"对话框及"渲染"属性对话框。选择"真实感图"选项,单击"确定"按钮,返回设计环境。

"光锥度、发散角度和聚焦"　对于"聚光源",还需在聚光效果的文本框输入数字,可设置 3 种参数。

④ 单击"确定"按钮,返回设计环境。

13.6　输出图像

1. 输出图像文件

输出图像文件的操作步骤如下:

① 单击"文件"菜单中的"输出"按钮,在弹出的级联菜单中选择"输出图像"选项,如图 13 - 33 所示。

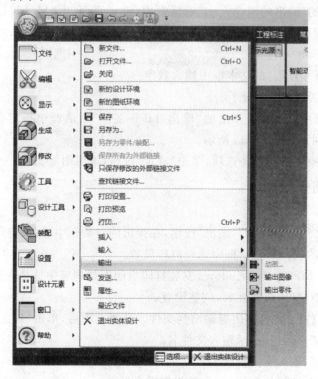

图 13 - 33　输出图像菜单

② 在"输出图像文件"对话框的"文件名"文本框中输入要输出图像文件的名称，并在"保存类型"的下拉列表中选择一种文件类型，单击"保存"按钮，如图 13 - 34 所示。

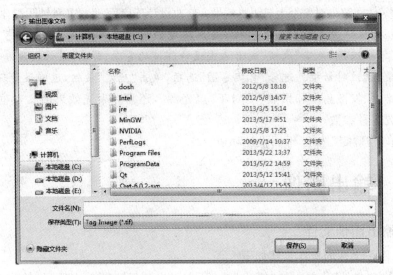

图 13 - 34　输入文件名及选择文件类型

③ 在弹出的"输出的图像大小"对话框中，设定页面，由"尺寸规格"的下拉列表中选择适当的页面规格或"定制大小"。如果选择"定制大小"选项，应选定度量"单位"，指定"宽度"和"高度"。

④ 在"每英寸点数"的文本框中输入数字。

⑤ 确定是否锁定长宽比。

⑥ 单击"选项"按钮，在弹出的"输出 TIFF 文件"对话框中指定有关项目，单击"确定"按钮返回，如图 13 - 35 所示。

⑦ 选择渲染风格及相关选项，单击"确定"按钮，输出图像文件。

2. 打印图像

具体操作步骤如下：

① 单击"文件"菜单中的"输出"按钮，在弹出的对话框中单击"打印"按钮。

② 在弹出的"打印"对话框中选择打印设置。

"名称"：从 Microsoft Windows 安装打印机的下拉列表中选择一台打印机。

"属性"：查看打印机属性表，调整设置。

"打印到文件"：将打印内容输出到文件。选择此项后，单击"确定"按钮，系统显示"打印到文件"对话框，提示输入文件名。

"打印份数"：输入所需份数。

"打印质量"：选择打印机、默认或草稿质量设置。

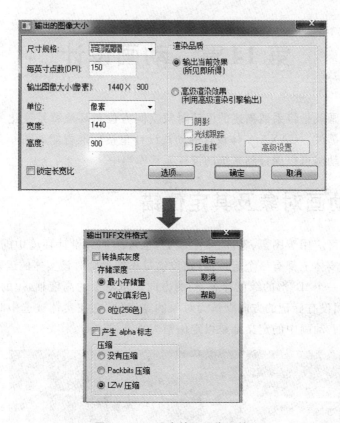

图 13-35　设定输入图像文件

③ 单击"确定"按钮,打印图像。

思考题

1. 利用智能渲染向导进行渲染设计时,其工作方式与使用智能渲染属性表相比有何区别?

2. 如何渲染设计环境?

3. 如何正确设置光源,调整光照?

4. 根据本章内容,运用颜色、贴图、凸痕和散射等功能,将第 6 章所设计的零件进行渲染。

5. 如何输出图像? 试举例说明输出图像的打印步骤。

第14章 动画设计

计算机动画就是将系列描述的设计对象空间方位与环境背景变化的图像,按预定的时间序列播放。CAXA 实体设计的动画设计包括标准智能动画和自定义动画。自定义的智能动画可以保存到系统的设计元素库当中。

14.1 动画对象及其定位锚

智能动画可应用于图素、零件、装配体上,也可添加到设计环境中的视向和两种光源上。这些实体上都有一个定位锚,定位锚是添加动画时该实体的运动中心。

定位锚是一个"L"形的绿色标志,长的方向表示对象的高度轴,短的方向表示对象的长度轴,而没有标记的方向默认为对象的宽度轴,它在实体被选中时才出现,如图 14-1 所示。动画中的定义都是以定位锚为基准描述的。

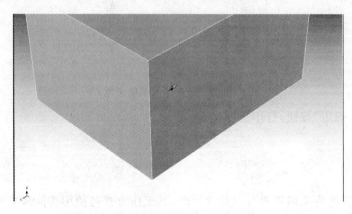

图 14-1 定位锚

当默认的定位锚位置不能满足需求时,有 3 种方法可以改变定位锚与实体的相对位置。

(1) 移动定位锚功能

这个功能可以方便地改变定位锚在实体表面的位置。选择实体后,选择工具栏中"工具"项中的"移动锚点"图标,此时移动光标到实体上会出现一个定位锚标志,单击新的位置可以更新锚点位置,如图 14-2 所示。

(2) 使用三维球工具

这种方法适用于定位锚位于实体内部或者是要求高的定位精度时使用。选择现有的定位锚,单击使之变成黄色。选择工具栏中"工具"项中的"三维球"工具。利用三维球的手柄定位新的定位锚。

（3）利用定位锚选项卡

这种方法适用于高精度的定位位置和角度的情况。右击实体，选中"属性"中的"定位锚"属性对话框进行设置，如图 14 - 3 所示。

图 14 - 2　移动锚点　　　　　　　　图 14 - 3　"定位锚"属性对话框

14.2　智能动画设计元素

CAXA 实体设计带有预定义动画设计元素库，如图 14 - 4 所示。利用这些设计元素可以直接为设计对象添加动画，并借助智能动画编辑器调整片段长度和播放起始时间。

图 14 - 4　动画设计元素库

14.2.1　简单动画设计

使用 CAXA 特有的拖放方式是生成动画的最简单方法。智能动画不但可应用于实体零件,还可以添加到设计环境中的视向和光源上。本小节将以为实体添加简单动画为例,介绍生成动画的方法,具体步骤如下:

① 从设计元素库"动画"选项中单击"高度向旋转"按钮,拖放到实体上。

② 在"动画"功能面板上有"打开"、"播放"、"停止"和"回退"等选项,如图 14 - 5 所示。单击"播放"按钮,实体沿高度方向取轴旋转,通过移动定位锚可以调整旋转轴的位置。

③ 单击"停止"按钮,动画停止播放,或者等待播放自动结束。

④ 单击"回退"按钮,返回初始状态。

图 14 - 5　"智能动画"功能面板

14.2.2　智能动画编辑器

智能动画编辑器可用于调整播放动画的起始点,设置动画片段长度,控制多个动画同步播放或互相衔接配合。编辑器还可以访问动画路径,设置关键点及编辑高级动画。

动画编辑器中带有零件(实体、光源、视向和设计环境)名称及图标的灰色矩形条表示动画片段。动画片段从左到右进行播放,调整片段的位置可以改变开播和停止时间。拖动动画片段的右边缘,可加长或缩短片段长度。图 14 - 6 所示编辑器中的动画为长方体沿高度方向旋转,片段长度 31 帧,动画序列从 0 开始。

动画编辑器的工具包括以下两种:

① 标尺显示动画播放时间(单位为帧)。

② 帧滑块蓝色滑块表示动画的当前帧,播放时与"智能动画"工具条上的滑块同步。如果观察动画的某一剪辑,可将帧块拖到片段指定点,然后播放后续片段。

动画编辑器的另一个重要功能是利用"片段属性"对话框设置动画参数。从"编辑"菜单中单击"展开"按钮,或右击长方体的片段,在弹出的快捷菜单中单击"展开"。右击"高度向旋转"动作片段,在弹出的的快捷菜单中单击"属性"按钮。此时,将显示"片段属性"对话框及附带的 3 个选项卡。各选项卡的功能如下:

"常规"　定义动画名称,设置起点时间和动画持续时间。

"时间效果"　指定运动类型,设置重复次数、强度、重叠和反向。

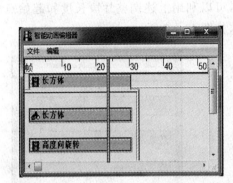

图 14-6 智能动画编辑器

"路径" 定义动画路径,如关键点设置、关键点之间的插值类型、插入和删除关键点。

1. 设置关键点的参数和时间效果

下面举例说明设置关键点的参数和时间效果的方法。

若将沿高度方向旋转 360°的长方体改为 540°,并逐渐增加角速度,操作步骤如下:

① 在"高度向旋转"的"片段属性"对话框中单击"时间效果"选项卡,从"类型"下拉列表中选择"加速"选项。

② 选择"路径"选项卡,用微调按钮将"当前关键点"改为 2。

③ 单击"关键点设置"按钮,打开"关键点设置"对话框,选择"关键点参数"为"平移",将数值改为"540"。返回设计环境后,播放加速旋转 540°。

2. 调整动画片段长度和起始点

下面举例说明调整动画片段长度和起始点的设置方法。

若修改沿高度方向旋转 360°的长方体动画片段长度和起始点,可按下述步骤进行:

① 单击动画编辑器中的动画片段,当该片段由灰色变为蓝色时,动画处于编辑状态。

② 加长动画播放时间。将光标移至动画片段的右边缘,光标变为两个水平指向箭头。单击片段的右边缘并向右拖动,直至与标尺的 45 帧对齐。

③ 重新定位片段的起始点。单击动画片段,光标变为带箭头的十字。单击并向右拖动,直至片段的左边缘与标尺的 10 帧对齐,如图 14-7 所示。

重新定位长方体的动画片段只改变了播放的起始时间,不改变播放长度。当使用如"2"的方法拖动起始位置时,将改变播放长度。

3. 同时动画和先后衔接动画合成

当一个实体上存在多个动画片段时,可以利用上述调整片段长度和起始点的方法设置同时动画和先后衔接动画的合成,如图 14 - 8 所示。

图 14 - 7　重新定位片段的起始点　　　　图 14 - 8　同时动画和先后衔接动画

4. 删除动画

右击动画片段,单击"清除"按钮,即可删除动画。也可在编辑器的"编辑"菜单中选择"清除"选项,可删除所有动画片段。

14.2.3　设计环境动画

利用实体设计既可为对象设计动画,也可为设计环境设计动画。后者可以使设计环境中的所有对象产生动画效果。

制作设计环境动画不能使用智能自定义路径,只能利用设计元素库中预定义的动画,其设置方法如下:

① 在设计环境中再选择一个对象并拖放到设计窗口。

② 从设计元素库"动画"选项中选择"收缩"选项,并拖放到设计窗口的空白区域。

③ 播放动画,两个对象都将逐渐缩小。

编辑设计环境动画时,必须借助智能动画编辑器改变路径和设置时间效果。

14.3　自定义动画路径

当设计元素库已有预定义动画不能满足动画要求时,可利用"智能动画向导"创建自定义动画路径。

14.3.1 用智能动画向导设计动画

利用智能动画向导可创建 3 种类型的动画,即绕某一坐标轴旋转、沿某一坐标轴移动和自定义动画。这些运动的定义都是以定位锚为基准的。例如,添加绕高度向旋转动画,则物体会围绕自身的定位锚的长轴旋转。

下面以长方体移动动画为例,说明动画向导的使用方法。

① 创建一个新的设计环境。

② 从设计元素库"图素"中选择长方体,并将其拖放至设计窗口。

③ 单击"智能动画"工具条中的"添加新路径"工具按钮 🖼。在弹出的"智能动画向导"对话框的第 1 页选择"移动"运动属性,在下拉列表中选择"沿长度方向"选项,距离为 100,单击"下一步"按钮,结果如图 14-9 所示。

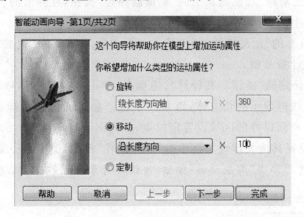

图 14-9 "智能动画向导第 1 页"对话框

④ 在第 2 页中的"运动持续的时间"文本框中输入 2,单击"完成"按钮,见图 14-10。

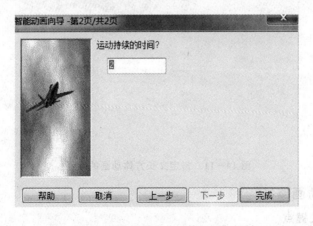

图 14-10 "智能动画向导第 2 页"对话框

⑤ 依次单击"智能动画"工具的"打开"和"播放"按钮,即可实现长方体沿长度方

向移动。

14.3.2 自定义动画路径

利用智能动画向导及路径设置工具,可自行创建和修改特定的动画路径。这些工具位于"智能动画"功能面板(见图 14-5)中"延长路径"的下拉列表中。

1. 设置动画路径

以长方体为例设置特定的动画路径,其操作步骤如下:

① 创建一个新的设计环境。

② 从设计元素库"图素"中选择长方体,将其拖到设计窗口。

③ 单击长方体,使其处于编辑状态(具有蓝色边线框)。

④ 单击"智能动画"功能面板中的"添加新路径"按钮,在弹出的"智能动画向导"对话框的第 1 页上选择"定制"运动属性,单击"下一步"按钮。

⑤ 在第 2 页上的"运动持续的时间"文本框中输入 2,单击"完成"按钮。显示带有栅格的路径设计参考面。

⑥ 单击"延长路径"按钮。在设计参考面上,单击控制长方体移动的定位点,出现一个用蓝色边线框表示的长方体,以及一个位于参考面上的关键点,如图 14-11 所示。如果在参考面以外的区域设置定位点,参考面会自动扩展。

⑦ 可依次设置其他关键点。再单击"延长路径"按钮,退出路径编辑状态。

注意:可以再次单击"智能动画"按钮,为设计对象设置第二个动画路径。

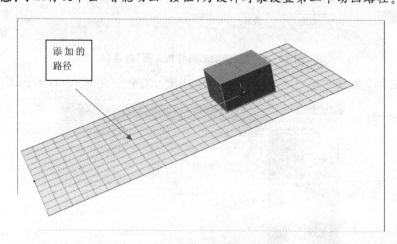

添加的
路径

图 14-11 自定义长方体动画的路径

2. 编辑动画路径

(1) 调整关键点

如果动画路径不符合设计要求,可调整关键点的位置。单击实体对象会显示白色的动画路径,再次单击路径可显示其参考面。将光标移动至红色关键点附近,光标变成小手形的图标,关键点变成黄色。选择关键点,并将其拖到目标位置。单击"下一个关键点"按钮,编辑对象自动转移到邻近的关键点。

(2) 添加和删除关键点

添加关键点时单击路径,显示参考面。单击"插入关键点"按钮。将光标移动到红色关键点,光标变成小手形的形状,在路径上单击插入关键点的位置,如图 14 - 12 所示。

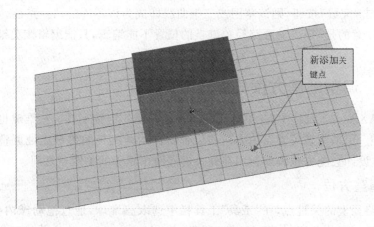

图 14 - 12　添加关键点

删除关键点时,将光标移近关键点,光标变成小手形的形状,关键点变成黄色。右击要删除的关键点,选择"删除"按钮。

(3) 设置空间关键点

在路径参考面上单击关键点,出现一个蓝色线框长方体,其中心处有一个红色的方形手柄。用光标移动手柄,光标变成小手形的形状,手柄的颜色变成黄色。单击此手柄,以参考面为基准,向上或向下拖到指定位置,如图 14 - 13 所示。

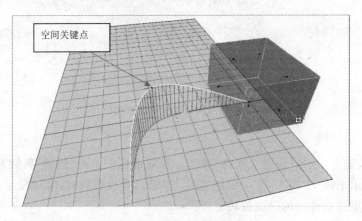

图 14 - 13　设置空间关键点

(4) 导入路径

在 CAXA 实体设计 2013 中,可使用已有的草图或三维曲线作为动画路径。这些路径可以是草图或三维曲线中的公式曲线绘制的。

① 单击"延长路径"工具的下三角按钮,显示所有选项,从中选择"导入路径"选项。

② 按照状态栏的提示,选择设计环境中的草图或三维曲线。

③ 单击"完成"按钮,则该草图或三维曲线即成为该零件的动画路径。

值得注意的是,导入动画路径关键点的位置不能编辑,只能编辑该关键点处实体的角度。

14.3.3　调整动画方位与旋转

在 CAXA 实体设计中,三维球无疑是非常方便的定位工具。三维球也可以附着在关键点上,用来调整关键点的方向和位置。在动画路径的关键点处调整零件的方位时,实体设计会把方位调整运用在此关键点两个相邻的关键点之间。

1. 调整方位

单击路径上的关键点,在"工具"工具栏中选取三维球,通过拖动球内小手柄,将关键点旋转一定的角度,如图 14－14 所示。

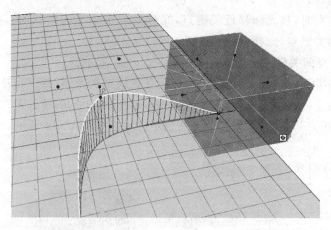

图 14－14　调整动画方位

2. 添加旋转

右击关键点,选择"关键点属性"按钮。在对话框中单击"位置"属性对话框,在旋转栏的"显示平铺"中输入 360,单击"确定"按钮。播放动画时,实体除沿着路径移动外,还会绕定位锚确定的轴线旋转。

14.3.4　旋转动画路径

利用三维球可以旋转动画路径参考面,进而整体改变路径方向。选择动画路径,显示路径参考面,选择三维球工具,并根据需要拖动手柄调整设计参考面的方位,如图 14 - 15 所示。播放动画时,长方体沿新的路径移动。

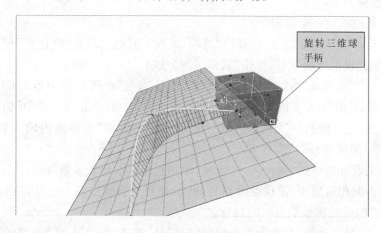

旋转三维球
手柄

图 14 - 15　旋转动画路径

14.4　光源动画

利用实体设计中的动画技术可以为聚光源或点光源添加动画,使渲染效果更加完美。

1. 设置光源动画路径

选择一个聚光源或点光源。单击"智能动画"功能面板上的"机构动画"按钮。在"动画向导"对话框中选择运动属性,单击"下一步"按钮。在向导第 2 页上设置运动持续时间,单击"完成"按钮。本章 14.3 节中自定义动画路径的设置方法,适用于聚光源或点光源动画设计。

2. 编辑光源动画路径

参照 14.3.3 小节介绍的调整动画方位与旋转的方法,可以调整光源的动画路径。由于点光源本身特点,调整其旋转没有实际意义。因此,修改点光源的动画路径时只需调整位置。

14.5　视向动画

利用实体设计中的动画技术,可为视向添加动画,产生推、拉、摇镜头的虚拟运动。通过合理地编排可使动画充满艺术效果。

在默认状态下,设计窗口中不显示视向(照相机)。但设计环境中始终有一个不可见的视向为设计工作提供方便。

1. 设置视向动画路径

操作步骤如下:

① 选择或添加一个视向。

② 从菜单"显示"中单击"设计树"选项,或在工具栏上单击"设计树"按钮。展开设计树中照相机的所属项目,单击"视向××"选项。

③ 单击"智能动画"功能面板上的"添加新路径"按钮,在弹出的"智能动画向导"对话框中单击"移动"按钮,在下拉列表中选择"沿长度方向"选项,单击"下一步"按钮。

④ 在"智能动画向导"第 2 页中的"运动持续的时间"文本框内输入数字,单击"完成"按钮,关闭动画向导。

⑤ 单击设计树中的"视向××"选项,照相机镜头前出现黄色视线。

⑥ 单击照相机镜头,出现动画路径端点,垂直于视线方向有一个红色的方形手柄。拖动手柄可以调整端点空间位置。

⑦ 单击"智能动画"功能面板上的"延长路径"按钮,设置视向动画路径。

⑧ 右击设计树的"视向××"选项,选择"视向"选项,启用指定视向。

2. 编辑视向动画路径

编辑视向动画路径的方法见 14.3.2 小节。

14.6　动画设计实例

1. 减速器装配动画设计

操作步骤如下:

① 创建一个新的设计环境。

② 插入减速器装配体。

③ 利用三维球工具将装配体分解,如图 14 - 16 所示,并记录移动的距离。

④ 单击轴承,使其处于编辑状态。

⑤ 单击"智能动画"功能面板上的"机构动画"按钮,在弹出的"智能动画向导"对话框中单击"移动"按钮,并在文本框中输入已知距离,取负值;在"运动持续的时间"文本框中输入 2,单击"完成"按钮。

⑥ 单击其他零件,按上述方法依次设置动画,其移动方向与分解方向相同,但位移量为负值。

⑦ 打开"智能动画编辑器",按照装配顺序衔接各动画片段,调整片段的长度。拖动编辑器上的帧滑块,依次观察各个零件的装配位置。然后关闭编辑器,返回设计环境。

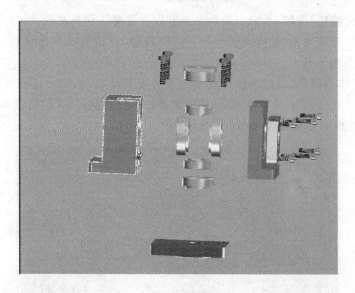

图 14 - 16　减速器分解结果

　　⑧ 单击"智能动画"功能面板上的"打开"按钮，然后单击"播放"按钮，即可实现减速器装配动画效果。

2. 装配体爆炸分解动画

具体操作步骤如下：

① 打开减速器装配文件。

② 从设计元素库"工具"中单击"装配"，将其拖到减速器装配体上。

③ 在弹出的"装配"对话框中单击"爆炸"|"动画"选项，如图 14 - 17 所示。

图 14 - 17　"装配"对话框

④ 单击"确定"按钮,系统自动为各个零件设置爆炸动画路径。

⑤ 单击"智能动画"功能面板上的"打开"按钮,然后将滑块拖到右端点,实现装配体的爆炸分解动画。

⑥ 装配体分解后,一些零件可能互相重叠或间距过小,需要进一步调整爆炸动画路径。单击需要调整的零件,显示动画路径。单击此路径,在编辑状态下调整关键点的位置,或添加关键点,如图 14 - 18 所示。

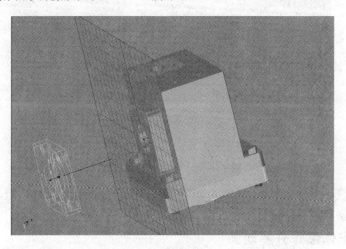

图 14 - 18　调整关键点

⑦ 单击"智能动画"功能面板上的"打开"按钮,"播放"装配体的爆炸分解,如图 14 - 19 所示。

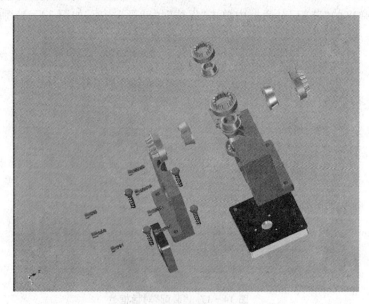

图 14 - 19　"播放"装配体的爆炸分解

14.7　机构仿真动画设计

CAXA 实体设计具有强大的机构仿真功能,下面以等臂四连杆和滑杆为例介绍机构仿真动画的制作方法。为了清楚起见,实例中的零件采用简化方法表示,相关的轴和销零件请自行添加。

14.7.1　等臂四连杆机构仿真动画设计

1. 造　型

根据实际需要设计机构形式,本例中的等臂四连杆机构如图 14-20 所示。

2. 运动方式

设定杆 1 为定杆,杆 2 为主动杆,杆 3 和杆 4 均为从动杆。

3. 添加约束

通过约束装配确定各零件间的运动关系:杆 2 是主动杆,本身不存在约束,只有一个运动。杆 3 是从动杆,要保证随杆 2 运动。为此,给定其右边一个孔与杆 1 上孔的共轴约束。根据等臂四连杆的运动特征,给定杆 3 一条长边与杆 1 的一条长边平行约束,即可确定杆 3 的运动。最后,给定杆 4 上下两孔与对应的杆 1、杆 3 孔的共轴约束,结果如图 14-21 所示。

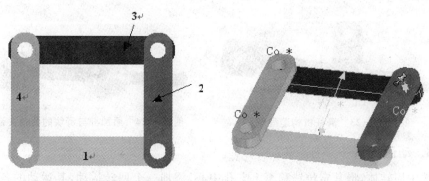

图 14-20　等臂四连杆机构　　　　　图 14-21　共轴约束

4. 动画实现

选择杆 2,将其定位锚移至下方孔的中心,添加一个互转运动,然后根据需要调整回转角度、时间等参数,其运动状态如图 14-22。

图 14-22　运动状态

14.7.2　滑杆机构

1. 设计造型

滑杆机构造型如图 14-23 所示。

2. 运动方式

回转体做回转运动。设定滑块从动,滑杆绕固定轴转动,保持与滑块的共轴关系。

3. 添加约束

设定滑块的侧面孔与回转体下方轴的共轴约束,滑块与回转体随动,从运动的原理分析,滑块随回转体运动的同时有一个与固定轴的固定关系,锁定滑块上表面与固定轴中心的距离,设定右边孔与固定轴加一个共轴约束,添加杆与滑块的共轴关系,结果如图 14-24 所示。

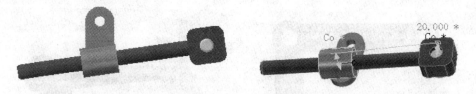

图 14-23　滑杆机构造型图　　　　　图 14-24　添加杆与滑块的共轴关系

4. 动画实现

选中回转体,将其定位锚移至上方孔中心,添加一个回转运动,其运动的各个状态如图 14-25 所示。

图 14-25　运动的各个状态

14.8　输出动画

14.8.1　输出动画文件

输出动画文件的方法如下：

① 从"文件"菜单中分别选择"输出"和"动画"选项。

② 在"输出动画"对话框中选择动画文件保存路径、文件名，文件类型选择 AVI，单击"保存"按钮，如图 14－26 所示。

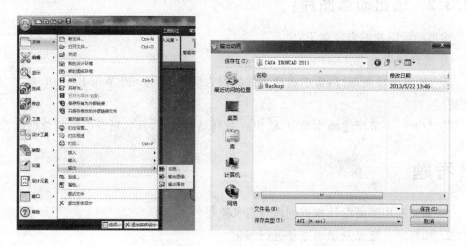

图 14－26　输出动画文件

③ 在弹出的"动画帧尺寸"对话框中选择"真实感图"选项，确定尺寸规格，单击"选项"按钮。

④ 在"视频压缩"对话框中选择"全帧"选项，如图 14－27，单击"确定"按钮。

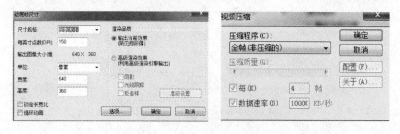

图 14－27　动画帧尺寸和压缩选择

⑤ 在"输出图像"对话框中，单击"开始"按钮即可，如图 14－28 所示。

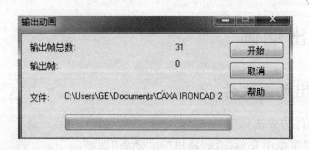

图 14 - 28　开始输出

14.8.2　输出动画图片

输出动画图片的方法如下：

① 选择输出动画。

② 在"输出动画"对话框中选择文件类型为 Tag Image 或 Win Bitmap，单击"保存"按钮。

③ 与上一小节所述操作类似，输出一系列动画图片，其数量等于动画总帧数。

思考题

1. 如何利用动画设计原理创建自定义路径？

2. 如何对关键点及动画路径进行编辑？

3. 改变零件或实体的定位锚位置对动画效果有何影响？

4. 仿照连杆机构动画示例，自行设计连杆，并生成动画。

5. 举例说明如何输出动画文件？如何输出动画图片？

第 15 章　协同设计

CAXA 的协同设计管理解决方案,可以实现产品设计制造过程中的各种图档、文档、业务、经验以及即时交流和沟通的数据的共享与协同,实现流程管理的协同和不同类型数据管理的协同。本章将就产品数据交换、与其他程序共享以及 3D PDF 数据接口应用说明等有关内容进行简单介绍。

15.1　数据交换

CAXA 实体设计的文件是 * . ics 格式,它可以通过数据交换输出为其他程序可打开的数据格式,也可通过数据交换读入其他程序的数据格式。实体设计新版本升级了数据接口功能。表 15 - 1 为实体设计 2013 支持的数据接口版本。

表 15 - 1　实体设计 2013 支持的数据接口的版本

文件格式	后缀名	支持的版本
CATIA V4	. model, . exp, . session	CATIA V5 R23
CATIA V5	. CATPart, . CATProduct, . CGR	R2 - R23
IGES	. igs, . iges	Up to 5. 3
Inventor	. ipt	Inventor 2013
	Inventor 2013	. iam
ACIS	. sat, . sab, . asat, . asab	Any version (up to ACIS R21)
Parasolid	. x_t, . xmt_txt, . x_b, . xmt_bin	10 - 22
Pro/E	. prt, . prt. * , . asm, . asm. *	16 - Wildfire 5
SolidWorks	. sldprt, . sldasm	Solidworks 2013
STEP	. stp, . step	AP203, AP214 (Geometry Only)
Unigraphics	. prt	NX 8. 5
VDA - FS	. vda	1. 0 & 2. 0

15.1.1　从 CAXA 实体设计中输出零件与其他项

从实体设计中输出零件与其他项时,可将其转换成另一个程序使用的数据格式,转换成功并保存后,可在相应的应用程序中打开此文件。

实体设计中可输出的文件或数据类型有以下 4 种:

"零件文件":供其他 CAD/CAM 应用程序使用。

"图纸文件":供其他绘图应用程序使用。

"图像文件":供其他图形图像处理程序使用。

"动画文件":供其他动画程序使用。

其中,图纸文件、图像文件、动画文件的输出前面已经介绍,本小节主要介绍由 CAXA 实体设计输出的零件文件。

1. 输出零件的文件格式

实体设计能输出下列多种格式的零件(括号内是各格式输出文件的扩展名):

ACIS Part(.sat)	Parasolid(.x_t)	STEP AP203(.stp)
STEP AP214(.stp)	IGES(.igs)	CATIAV4(.model)
Granite One(.g)	3D PDF File(.pdf)	Universal 3D File(u3d)
HOOPS 文件(.hsf)	3D Studio(.3ds)	AutoCAD DXF(.dxf)
Wavefront OBJ(.obj)	POV-Ray2.x(.pov)	Pro/E 中性文件(.neu)
Raw triangles(.raw)	STL(.stl)	VRML(.wrl)
Visual Basic File(.bas)		

各种格式的文件用途和性能各不相同,也不同于实体设计文件格式。因此,输出文件的性质取决于目标格式。输出类型、版本的选择取决于目标系统支持类型及版本。

注意:①不论输出何种格式,零件中压缩或隐藏项目均不输出,即按没有压缩或隐藏项目输出零件。②输出装配件须单击"装配"用工具,将各自独立的零件装配在一起。

2. 输出步骤

输出零件文件的一般步骤如下:

① 打开含有要输出项的文件。

② 在背景中选择要输出的零件或装配件(选中的零件呈蓝边加亮显示)。

③ 选择"文件"|"输出"|"零件"命令,出现"输出文件"对话框,如图 15-1 所示。

④ 选择目标文件夹,在文件名选项中输入要输出文件的文件名。

⑤ 打开"保存类型"下拉列表中选择输出文件格式,单击"保存"按钮。

3. 输出数据的属性选项

以某一种格式输出实体设计文件时,可选择需要输出的属性。其选项有:

"材质"　零件表面材质是可以编辑的位图图像,选择上述某些格式输出零件文件时,可输出材质信息及用于生成材质的图像文件。

"色彩"　与材质选项类似。

"环境"　设计环境三要素(实体设计视向、光源、背景图或色彩)的总括术语。

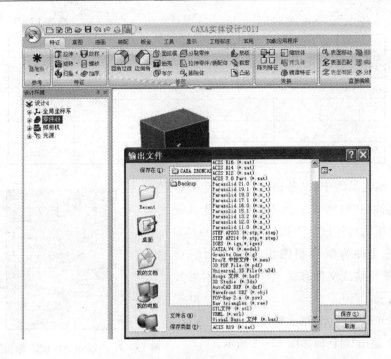

图 15 - 1　"输出文件"对话框

"背景中所有零件"　可按任意格式输出单个零件或装配件。如未选择背景中任何零件和装配件，则实体设计将输出 3D 背景中的所有零件。

以上选项都是可选项，根据实际情况进行选取。例如可选择输出光源而不输出视向。表 15 - 2 对输出文件格式的属性进行了总结。表中"可"表示可输出该选项，"否"表示不可输出该选项。在目标应用程序中打开输出文件时，与在实体设计中查看的情况相同。

表 15 - 2　按文件类型划分的输出性能

文件格式	材　质	色　彩	环　境	背　景
ACIS	否	否	否	否
Parasolid	否	否	否	否
STEP AP203	否	否	否	否
IGES	否	否	否	否
CATIA	否	否	否	否
HOOPS	否	否	否	否
3D Studio	可	可	可	可
AutoCAD DXF	否	可	否	可
Wavefront OBJ	否	可	否	可

续表 15 − 2

文件格式	材　质	色　彩	环　境	背　景
POV – Ray	否	可	可	可
Raw triangles	否	否	否	可
STL	否	否	否	可
VRML	可	可	可	可
Visual Basic	否	否	否	否

上述输出类型中,某些格式允许自定义输出过程,当以这些格式输出零件时,会显示带有输出选项的对话框。下面以输出 AutoCAD DXF 格式文件为例介绍输出数据选项的功能,其他输出格式文件有关选项可参考本书参考文件[1]。

以 AutoCAD DXF 格式输出零件时,"Auto-CAD DXF 输出"对话框如图 15 − 2 所示。

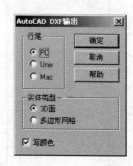

图 15 − 2　"AutoCAD DXF 输出"对话框

对话框中各选项功能如下:

"行尾"选项组:确定输出文件中标记一行正文结束点的字符。选择与输出文件的目标系统对应的选项。

"实体类型"选项组:

● "3D 面":选择此项,可使用 3D FACE 格式输出零件。

● "多边形网格":选择此项,得到 3D FACE 格式提供的更多的连续性。

"写颜色"复选项:选择此项,输出带色彩的零件表面。

15.1.2　将零件输入 CAXA 实体设计

1. 输入格式及其性能

与输出相同,实体设计可接受以下 18 种格式的零件文件:

ACIS Part(. sat)	Parasolid(. x_t)	STEP AP203(. stp)
Romulus(. xmt)	IGES(. igs)	TriModel(. tmel)
3D Studio(. 3ds)	truespace(. scn, *. cob)	AutoCAD DXF(. dxf)
Wavefront (. obj)	Raw (. raw)	Stereolithography(. stl;. sla)
VRML2.0(. wrl)	Pro/E 零件(. prt)	Pro/E2001 装配(. asm)
Pro/E 中性文件(. neu)	Granite One(. g)	CATIA V4(. model),UG(. prt)

各种格式文件具有不同性能。所有格式都可将单个零件输入实体设计中。单个

零件是一个带有尺寸框的整体对象,可以通过拖动它的手柄来重新调整其大小,还可以改变在整个零件或单独表面的颜色和材质。

　　某些格式允许输入比基本 3D 形状更多的形状。根据相关格式,可以选择表 15-3 中的各性能选项。表 15-3 中各选项含义如下:

　　"材质":如果零件使用图像来表示表面材质,就可以输入材质。在实体设计中得到的零件表面与原始应用程序中的相同。一般情况下,将材质图像文件保存到与零件相同的目录中。实体设计还可以保持它所检查的图像文件的目录列表。可以使用选项属性对话框中的目录选项卡,将一个新位置加入到列表中。可从工具菜单中选择选项来查看此表。

　　"色彩":如果原始零件上有带颜色的表面,可以输入零件的颜色,并在实体设计中以原来的颜色显示出来。

　　"环境":与输出零件文件相同,此术语指灯光、相机的视角以及设计环境图像或颜色。若上述任意一种要素出现在原始应用程序中,可将它们输入到实体设计零件上。

　　"多个零件":某些格式允许按单个零件或多个零件输入 3D 对象。如果原始对象由多个零件组成,可将它们按多个零件带入实体设计中,并分别进行处理。

　　表 15-3 总结了输入格式文件类型和性能以及按文件类型划分的输入性能选项。

表 15-3　按文件类型划分的输入性能

文件格式	材　质	色　彩	环　境	多个零件
ACIS	否	否	否	可
Parasolid	否	可	否	可
AutoCAD DXF	否	可	否	可
IGES	否	否	否	否
STEP	否	否	否	可
Pro/E	否	否	否	可 *
3D Studio	可	可	可	可
Raw	否	否	否	可
Wavefront	可	可	可	可
VRML	可	可	可	可
Stereolithography	否	否	否	可
CATIA V4	否	否	否	否

表 15-3 中的零件环境与其他项一起都存在于输入前的零件文件中。其中的某

些特性在输入过程中自动带入,其他的可作为选项用。另外,某些格式提供了在输入过程中编辑零件的功能。

2. 常用输入选项的功能

输入零件文件时常见的输入选项有:

"环境":本选项可用于支持设计环境属性的格式。有关"环境"常用选项包括:

- "使用灯光" 输入零件的光源。输入的零件与原来应用程序中的灯光保持相同。
- "使用相机" 输入设计环境中包括的零件相机视角。零件在实体设计中将按照与原始应用程序中相同的角度显示。
- "使用设计环境" 可输入原始程序中的设计环境使用的图像或颜色。

"光滑":本选项可将输入零件的边缘进行光滑修整。有关"光滑"选项包括:

- "使用光滑" 可对零件的边缘进行光滑修整。
- "修圆角度" 输入修圆的角度值。如果两个多边形之间的角度小于规定值,多边形之间的边缘将被修圆。

除了上述常见输入选项外,有些文件格式功能强大的输入选项还允许将零件按一个整体输入或按各个独立对象输入。除了需定义的选项外,某些输入格式可自动带入表面材质和执行其他功能。

3. 输入零件文件的一般步骤

可用两种方法将零件文件输入到实体设计。一是在实体设计主菜单中选择"文件"|"输入"命令,在"文件类型"下拉列表中选择输入零件文件格式。二是使用拖放操作方法,可将零件文件带入实体设计。并排打开实体设计和 Windows 资源管理器(或所需输入零件文件),选中要输入的零件并将其放入实体设计窗口。

图 15-3 所示为直接将 *.DXF 格式零件拖入实体设计窗口。

所得到的结果将根据实体设计窗口内是否含有 3D 设计环境以及与输入零件格式而有所不同。如果窗口中有,则输入零件将在现有设计环境中显示。如果窗口为空,实体设计将自动生成一个含有输入零件的新设计环境。

注意:将零件直接拖入时,得到的是一个平面图形,而非零件实体。

(1) 输入 AutoCAD DXF 文件

当输入这种格式的零件时,将出现带有以下选项的 AutoCAD DXF 读取对话框,各选项功能如下:

"光滑" 该选项可对输入零件的边缘进行光滑修整。

"曲线分割角度" 在这个文本框中输入角度值。此角度确定逼近圆或弧的直边数。

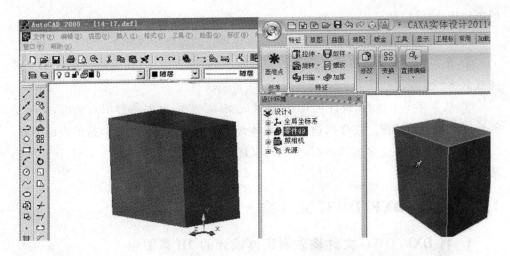

图 15 - 3　将 ∗. DXF 格式零件直接拖入实体设计窗口

"输入"　使用这个选项,可定义 AutoCAD 文件的输入方式。

"单个模型"　将输入零件中的所有对象按单个多面体零件带入。

"按邻近分割"　将输入零件中不连续对象分割开来,然后将它们按单独零件输入。

"按颜色分割"　可将文件分割成共享相同颜色的单个对象。

"按层分割"　可将各图层分割成单个对象。

"输入颜色"　选择此选项,可在实体设计使用输入零件表面上的颜色。

"生成封闭的多叉线端点边缘"　可将封闭的环状多叉线当作多边形处理。

注意:CAXA 实体设计无法将样条曲线或表面输入 AutoCAD 文件。除了上述选项外,实体设计在输入 AutoCAD DXF 文件时,将自动使用当前的测量单位。

(2) 转换成实体选项

实体设计提供了将输入多面体和 IGES 模型转换成实体的性能,以便加快零件的修改过程。为此,实体设计提供了转换成实体的命令,可从"设计工具"菜单中选择它。这个命令可将任何封闭体积的多面体或 IGES 模型(无法被转换成输入实体)转换成实体零件,并在该零件上执行建模操作。它还允许设计者采用智能尺寸来进行测量和执行体积测定分析。

此命令可在任何基于多面体的表示法上使用,如 STL、VRML、DXF 和 3DS。当将多面体模型转换成实体模型时,实体设计将提供执行表面与球面和柱面相符的选项。如果可能,在特定表面公差内的平坦表面将始终被融入单个平坦表面中。

在将 IGES 模型转换成实体模型的过程中,如果可能,样条表面将被简化成解析的表面。将执行模型复原,以修复不精确的几何形状。但是,由于这个操作将可能费时,将会显示对话框,通知可按 Esc 键越过修复过程。一旦按了 Esc 键,转换成实体的操作将被越过,并且完成转换。

将输入的多面体或 IGES 模型转换成实体零件的操作步骤如下:

① 在实体设计中选取需要转换的输入模型。它们可以是任何的封闭体积多面体或 IGES 模型。

② 从主菜单中选择"设计工具"|"转换成实体"选项,此时将弹出对话框,询问是否继续进行表面匹配。在作出选择后,实体设计将执行操作并通知转换的表面总数。

还可以通过右击多面体模型,然后再从随后弹出的菜单中选择该模型,访问转换成实体选项。

15.1.3　将 DXF/DWG 文件输入 CAXA 实体设计

1. 将 DXF/DWG 文件输入到实体设计的 2D 草图中

实体设计支持在创建 2D/3D 设计时,直接将 2D 图纸文件输入到 2D 截面栅格上。

将 DXF/DWG 文件输入到截面栅格上的步骤如下:

① 单击智能图素生成工具,显示出 2D 截面栅格,如图 15-4 所示。

② 选择"文件"|"输入"命令,或右击栅格面并从弹出的快捷菜单中选择"输入"选项。

③ 出现"输入文件"对话框,查找要输入 *.dxf/dwg 格式文件所在位置的文件夹。"文件类型"选择 DXF 或 DWG。

④ 选择要输入的文件。单击"打开"按钮或双击文件名。

⑤ 弹出如图 15-5 所示输入 Auto-CAD DXF/DWG 文件"二维轮廓输入选项"对话框,可进行输入图层、精度、长度单位的选择。

图 15-4　将 *.dxf/dwg 格式文件输入 2D 草图

2. 将 DXF/DWG 文件输入工程图

实体设计在图纸工作环境还支持将 DXF/DWG 文件直接输入工程图纸。单击菜单"文件"|"打开文件"选项或单击工具按钮 ☞ ,"文件类型"选择 DXF 或 DWG,即可将 DXF/DWG 文件输入图纸工作环境。图 15-6 所示为打开 DWG/DWF 文件对话框。

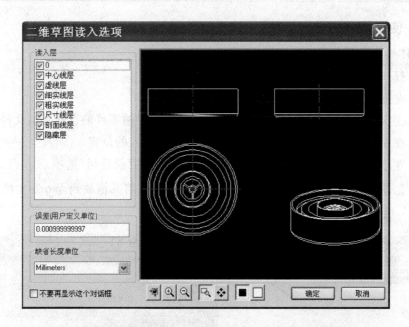

图 15－5　输入 AutoCAD DXF/DWG 文件"二维草图读入选项"对话框

图 15－6　打开 DWG/DWF 文件对话框

15.2　与其他软件共享

15.2.1　将 CAXA 实体设计文档插入到其他应用程序中

实体设计作为 CAD 设计工具,在完成产品设计以后,如要进行文字处理或产品发布演示时,可将 CAXA 实体链接或嵌入到 Word 或其他 OLE 应用软件中。

1. 使用拖放方法

具体操作步骤如下：

① 打开实体设计和 Microsoft Word 应用程序。

② 安排好桌面，以显示两个程序的视窗。

③ 在实体设计中打开含有要嵌入到 Word 文挡中的零件的设计环境文件。

④ 在 Word 中打开相应的文档，将光标移至要插入的位置。

⑤ 在已打开的实体设计文件中打开实体设计中的"设计树"选项。

⑥ 拖动设计树的顶部设计环境图标 设计1 直接将其拖放到 Word 文档中。如图 15-7 所示，零件已嵌入到到 Word 文档中。

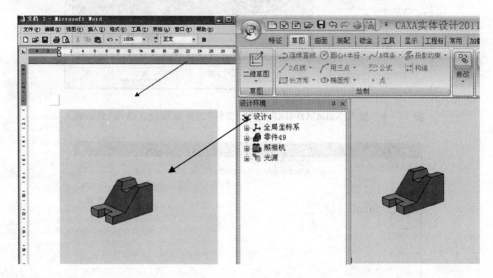

图 15-7　拖放到 Word 界面中的实体设计零件

此时在 Word 文档中嵌入的是该零件的图片，要在 Word 文档中编辑实体设计零件，可在 Word 文档中零件的图框内双击该零件，实体设计工具栏出现在 Word 视窗中。这时可以用实体设计工具来修改零件的外观，甚至更改其结构。当要结束编辑时，可单击 Word 文档的空白区域，而实体设计中的零件不会随之改变。

注意：

① 不能将实体设计中的零件直接拖到其他的应用程序中，而是通过打开的"设计树"选项，将设计环境图标 设计1 拖入其他的应用程序。

② 嵌入的概念是：嵌入对象是目标文件的一部分，更改源文件，目标文件中的信息不会发生改变。

③ 链接的概念是：链接的数据保存在原文件中，修改源文件后，链接对象的信息同时进行更新。使用链接可缩小文件大小。

2. 使用插入菜单命令

使用 Word 或其他 OLE 应用程序中的"插入"菜单命令,可将实体设计环境嵌入或链接到 Word 或其他 OLE 应用程序的视窗中。具体操作如下:

① 在 Word 中,选择"插入"|"对象"命令。

② 在出现的对话框中,打开"由文件创建"选项卡,如图 15 - 8 所示。

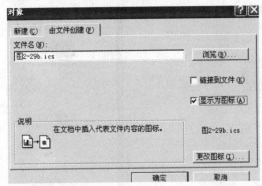

图 15 - 8　Word 中"插入"|"对象"对话框

③ 输入要嵌入的文件名。

单击"浏览"按钮可搜索需要嵌入的文件目录。如果知道完整的目录路径和文件名,亦可直接将其输入"文件名"文本框中。在选择或输入了文件名之后,还需要选择该选项卡上右边的两个复选框:

"链接到文件"　可在编辑实体设计中的文件时,控制 Word 中链接文件更新。

"显示为图标"　选择此项,可将嵌入的文件显示为带同一文件名"题注"Word中的图标,如有必要亦可继续单击"更改图标"按钮,更改显示图标及"题注"。

④ 单击"确定"按钮,结果如图 15 - 9 所示。

可以利用上述方法的变形来创建新的实体设计环境或将设计模型链接到文档中。方法是:在上述第②步 Word 中利用"插入"|"对象"对话框选择"新建"选项卡,然后从对象类型列表中选取实体设计环境,即可在 Word 中打开实体设计。零件设计完成后关闭实体设计环境,设计模型保留在 Word 中,如图 15 - 10 所示。

现在实体设计环境的文件已被插入到正在使用的 Word 文档中,要编辑插入的实体设计零件,可在 Word 窗口中双击此图框即可打开实体设计环境,对零件进行编辑修改操作。

在上述方法中,若在 Word 或其他 OLE 应用程序中选择"插入"|"超链接"命令。亦可将实体设计文档嵌入到 Word 或其他应用程序的文档中。在编辑实体设计中的文件时,可控制 Word 或其他 OLE 应用程序中链接文件更新。这一方法在用 PowerPoint 进行产品演示时很有用。

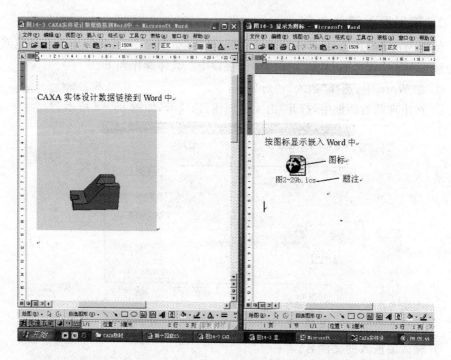

图 15 - 9　插入到 Word 界面中以图标显示的 CAXA 实体设计文件

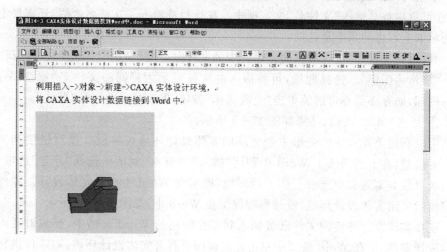

图 15 - 10　链接到 Word 文档中的 CAXA 实体设计数据

15.2.2　将其他应用程序中的对象嵌入 CAXA 实体设计

实体设计系统允许将其他应用程序中的对象嵌入到实体设计环境中。

1. 嵌入部分文档

具体操作步骤如下：

① 打开 Excel 中要插入的工作表，单击"工具"|"选项"，打开"选项"对话框，在"编辑"选项卡上选择"单元格拖放功能"复选框，如图 15 - 11 所示。

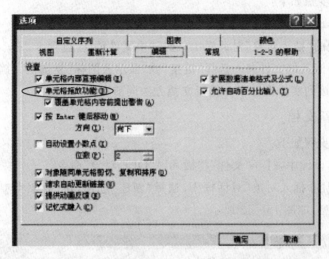

图 15 - 11 Excel 中"工具"|"选项"对话框

② 选中要嵌入的单元格，当光标呈箭头符号显示时，按住左键直接将选中的单元格拖入实体设计环境中。

要编辑嵌入的单元格内容，首先双击单元格图片或右击设计树单元格图标，然后从弹出菜单中选择"编辑"或"打开"命令，即可打开 Excel，编辑结束后单击"保存"按钮，则实体设计中显示更新的单元格。也可用三维球调整嵌入的单元格的位置，如图 15 - 12 所示。

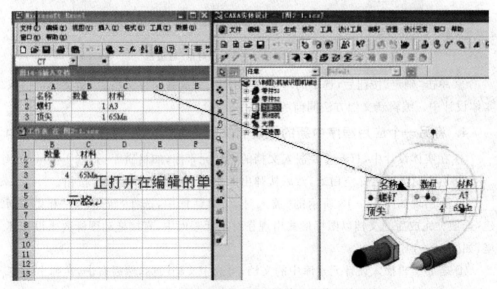

图 15 - 12 将 Excel 部分单元格嵌入实体设计环境

2. 嵌入或链接整个文档

具体操作步骤如下：

① 在实体设计中,打开"文件"|"插入"|"OLE 对象"命令。

② 在出现的"插入对象"对话框中,选择"由文件创建"选项卡。

③ 输入要嵌入的文件名。选择"链接"或"显示成图标"复选框。确定后,选定文档已嵌入或链接到实体设计中。编辑文档方法同前所述。

3. 嵌入新文档

具体操作步骤如下：

① 在实体设计中,打开"文件"|"插入"|"OLE 对象"命令。

② 在出现的"插入对象"对话框中,选择"新建"选项,在"对象类型"列表中选择要嵌入文档类型,如图 15－13 所示。

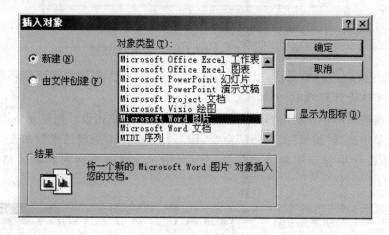

图 15－13　实体设计中"插入对象"对话框

③ 单击"确定"按钮后,选中的应用程序打开,完成并保存文档后,新文档已嵌入实体设计中。编辑新文档方法同前所述。

4. 将另一个应用程序中新的或现有文档插入 CAXA 实体设计元素库中

① 在实体设计中,打开需要嵌入文档的设计元素库,如材质库。

② 右击材质元素库空白处,然后从弹出的快捷菜单中选择"对象"按钮。

③ 在出现如图 15－13 所示的"插入对象"对话框中,选择"新建"或"由文件创建"选项。完成后的文档以图标形式出现在材质元素库中,直接拖动图标放入设计环境,如图 15－14 所示。

④ 若要编辑插入设计元素库中的文档,可选中文档图标,然后右击,在弹出的快

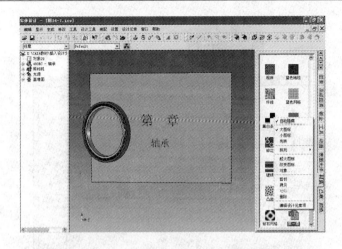

图 15-14 文档插入实体设计元素库中拖放操作后的结果

捷菜单中选择"编辑设计元素项"选项,即可进入插入对象应用程序,编辑所插入的对象。

注意:实体设计的任何一个设计元素库中均可新建或插入现有文档,实体设计均将此文档当作一个图素对象来对待和编辑。

15.2.3 将 CAXA 实体设计零件链接到 Microsoft Excel 中

将实体设计零件链接到 Microsoft Excel 中,可在 Excel 单元格中编辑链接的智能图素尺寸,操作步骤如下:

① 在实体设计中,双击要嵌入 Excel 的零件,使之处于智能图素编辑状态。

② 右击此零件,从弹出的菜单中选取"智能图素属性"打开"拉伸特性"对话框,并选择"包围盒"选项卡。在"包围盒"选项卡中选择"显示公式"复选项以显示核查标记,如图 15-15 所示。

③ 在要与 Excel 单元格建立链接的相应尺寸文本框中输入对应的表达式,如要将 Excel 中 A3 单元与图素的高度链接,则在高度文本框中输入表达式:Cell(A3)。

④ 打开实体设计中的"设计树",将设计环境图标 拖放到已打开的 Excel 文档中。

⑤ 在 Excel 中双击零件图片,激活实体设计,拖动高度手柄,会发现 Excel 工作表中 A3 单元格数值随之变化,如图 15-16 所示。

注意:该链接具有双向性,即编辑 Excel 工作表内 A3 单元格数值也相应地调整零件的高度。可利用这种方式将任意或所有的与实体设计零件相关的变量链接到 Excel 工作表内,用 Excel 工作表中的公式控制相关变量。

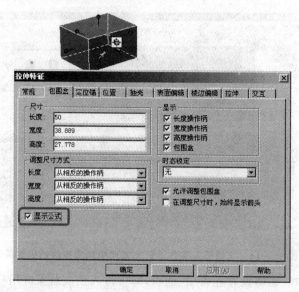

图 15-15　"智能图素属性"|"包围盒"选项卡

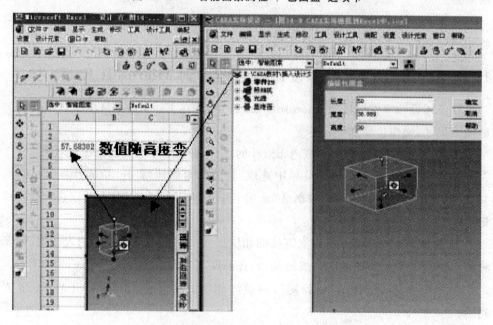

图 15-16　将实体设计零件链接到 Excel 中

15.3　3D PDF 数据接口应用说明

实体设计 2013 支持在实体设计的设计环境中输出 3D PDF 格式和 U3D 格式。允许用户以轻量化的格式分享和合作 3D 设计。3D PDF 文件可以用来显示，也可以用来标记合作。图 15-17 所示的是一个 3D PDF 实例。
单击图片能够得到 3D 性能。

注意：为了浏览实体设计输出的 3D PDF 的文件，需
要安装 Adobe Acrobat Reader 8.1.1。

这个文档将重点介绍 3D PDF 文件在设计过程中的
应用。这些应用集锦都是帮助用户应用 3D PDF 文件的
关键点。更多关于 3D PDF 的信息请访问 www.adobe.
com 或查看 Adobe Acrobat 3D 的文档。

图 15-17　3D 可视化实例

15.3.1　从实体设计中输出 3D PDF

生成 3D PDF 文件最简单的方法是由实体设计的设计环境直接输出。但是，只
能输出一个可视化的 PDF 文件。用户打开这个文件可以对模型进行放大、平移、旋
转，并应用可视化的其他方法。这些方法有以下几种：

① 在设计环境中打开所需的文件。

② 取消当前环境中的任何选择。

③ 选择"文件"|"输出"|"零件"选项。

④ 在"保存类型"中选择 3D PDF。

⑤ 输入文件名称并保存。

若客户安装了 Adobe Acrobat 3D，也可将输出的 U3D 文件插入到 Microsoft
Office 中。

15.3.2　打开 3D PDF 文件的要求

为了浏览 CAXA 实体设计 2013 生成的 3D PDF 的文件，需要安装最新版的
Adobe Acrobat Reader 8.1.1。用户可以到 www.adobe.com 下载免费版。

用 Adobe Acrobat Reader 8.1.1 打开，即可浏览 3D PDF 文件，具体操作方
法如下：

① 拖动左键可以旋转模型。

② 按下 Ctrl 键的同时拖动可以平移模型。

③ 按下 Shift 键的同时拖动或滚动鼠标中键可以缩放模型。

在模型显示区的上方有控制工具条，包括光源、颜色等显示设置。

注意：在 Adobe Acrobat Reader 8.1.1 中打开 3D PDF 文件，可设置双面渲染浏
览模型。

④ 右击 3D PDF 背景。

⑤ 选择"3D 选项"选项。

⑥ 在"渲染"选项中选择"双面渲染"选项。

15.3.3　高级 3D PDF 设置和标记功能

为了使用 3D PDF 的标记功能或其他功能需要安装 Adobe Acrobat 3D 的全部产品来编辑和生成 3D PDF 文件。使用 Adobe Acrobat 3D Toolkit 可以编辑和修改打开的 3D PDF 的文件。如果想要生成一个具有标注功能的 PDF 文件，也要用到 Adobe Acrobat 3D Toolkit。

安装完 Adobe Acrobat 3D 后，将在 Microsoft Office 的应用软件中看到其他的强大的功能。输入 3D 模型的输入选项可以生成交互的内容（类似这个 PDF 文档在文字中含有 3D PDF 文件）。输出选项可以把 Microsoft Office 应用软件文件保存为 PDF 格式分享。

15.3.4　生成一个输入 Microsoft Office 应用软件的文件

若用户想生成包含 3D 模型的文档或 PDF 文件，而且 3D 模型需要能够浏览（类似于此文档顶部的 3D 模型）。使用 Microsoft 应用软件中的 Adobe Acrobat 3D 工具（Adobe PDFMaker 8.0），可以插入标准格式如 ACIS 和 Parasolid，也可以插入 U3D 文件。插入 ACIS 和 Parasolid 格式的 3D 模型包括额外的信息，例如 3D 结构树信息，可在 PDF 模型树中显示。U3D 文件只包括直观显示的数据。

① 在 PDFMaker 8.0 工具条或菜单上选择"插入 Acrobat 3D 模型"命令。

② 一旦插入模型就将进入设计模式。

③ 一旦完成调整图片区域的大小就在控件工具箱上关闭设计模式。

④ 一旦退出设计模式，右击图片区域可以改变背景设置和其他选项。

15.3.5　在 Adobe Acrobat 3D 中插入 3D PDF

Adobe Acrobat 3D 支持插入 ACIS、Parasolid、IGES 等格式的文件。除了输出 PDF 选项外还有输入选项。因为实体设计是在 ACIS and Parasolid 双内核下运行的，所以使用 ACIS and Parasolid 的输入选项将保留实体设计中的 3D 结构信息。在 Acrobat 3D or Reader 8.1.1 的打开设计树可以浏览。

① 文件→生成 PDF 文件。

② 选择 ACIS or Parasolid 格式。

③ 单击"确定"按钮。

思考题

1. 实体设计的 ＊.ics 文件格式可以去哪些三维软件进行数据交换？试举出 2～3 种可进行数据交换的软件名称和文件格式。

2. 实体设计系统可以输出的文件和数据类型有几种？说出这些类型的名称和含义。

3. 叙述实体设计输出零件文件的一般步骤。

4. 简述将 DXF/DWG 格式文件输入到实体设计的二维草图中的步骤。

5. 简述将 DXF/DWG 格式文件输入到实体设计的工程图中的步骤。

第 16 章　三维创新设计综合实例

设计的最终目的是制造出有用的产品。在介绍了以上各章的内容之后,本章将通过具体实例向读者介绍使用 CAXA 三维创新实体设计系统进行创新设计的方法和设计流程,为读者全面了解和掌握创新实体设计系统的功能和具体使用方法提供指导。

16.1　设计需求确认

在市场经济条件下,产品的生产是由市场的需求决定的。企业不再按国家指定的计划进行生产,而是根据市场的需求安排投产计划。因此,了解市场,了解现实需求和潜在需求,深入和广泛收集用户对本企业产品的信息反馈是现代化企业赖以生存和进行生产的依据,更是企业职能部门的重要工作之一。

以生产挖掘机产品为例,在准备开发生产某种新型的挖掘机之前,必须调查了解当前市场上挖掘机产品的全面情况。探索企业产品未来的发展方向、研究消费者的现实需求和潜在需求;探索现有产品与技术对新技术的需求,探索产品开发的最佳时机和最佳品种,探索产品开发的销售前景,探索产品开发的综合发展趋势,以及查明产品开发竞争者的专利等。

同样,对于生产齿轮泵的企业,必须了解当前齿轮泵生产的情况,市场对齿轮泵产品的需求及未来发展方向。只有掌握了相关的产品信息,才有方向、有信心、有动力开发生产新产品,设计部门在综合分析各种信息之后,才能确定新产品的设计方案。

16.2　概念与方案设计

在工业设计领域,新产品的设计一般分为 3 种类型:第一种类型是式样设计。这种设计是在现有技术、设备、生产条件和现有产品的基础上所进行的式样改型。它要研究人们的使用,研究现有的生产技术、材料和应用,也要研究消费市场。然后在这些苛刻的条件下进行现有产品的改进设计。第二种设计是形式设计。这种设计是将重点放在研究人的行为上,研究人们生活、工作中的种种难点,从而设计出超越当前现有水平、适应或推出数年后人们的新生活、新工作方式所需求的产品。这种设计强调"设计师设计的不是产品而是人们的生活和工作方式"。第三种设计是概念设计。它不考虑现有的生活水平、技术和材料,而是在设计师预见能力所能达到的范围来考虑人们的未来。它是一种开发性的构思,是对未来从根本概念出发的设计。这 3 种设计将由不同素质的设计师来承担,但无论怎样,只有充分对概念设计进行研究和开发,才能宏观地考虑未来的设计和人类生活的发展趋势。作为设计师无论将要从事的是哪一种设计,都应要求具备概念设计的基本能力。

机械产品是工业产品的重要组成部分,也应当从概念设计入手,在概念设计研究的基础上确定未来形式设计的大方向,而且创新设计成果的很多亮点都产生在概念设计阶段。

图 16-1 所示为某种挖掘机的初步设计方案。它根据市场需要确定了新挖掘机的主要技术指标:挖掘力、挖掘深度、支臂的最大和最小活动半径、挖掘机的行走形式和行走速度等。由此可以制定出挖掘机构成的初步方案。

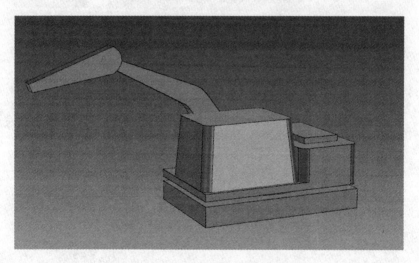

图 16-1　某种挖掘机的初步设计方案

16.3　典型设计借用

任何一种工业产品都经历过从简单到复杂、从单一功能到多功能的发展过程,机械产品更是如此。在这个发展过程中,一些成功的结构或运动形式被保留、被反复采用,同时也被不断地改进和完善;而不成功的结构或运动形式会被淘汰。为了提高新产品的安全性和可靠性,在新产品的设计中,采用原有零件的数量和采用标准件的多少已成为评定产品设计优劣的一项重要技术指标。采用原有零件和标准件不仅可以缩短设计周期,而且可以降低产品的成本,提高产品使用时的可靠性。原有零件无论在结构形式、受力计算,还是在材料的选择上都经过了实际的考验,并且证明是成功的。因此,在开发新产品的设计中,借用已有的典型设计成果是现代设计应当采用的好方法。

在实体设计系统中,为了有效利用已有典型设计的成果,可将已有产品的典型结构、典型零件或典型装配件放入设计元素库中,以便于调用;也可以作成设计文件进行存储,为协同设计、文件共享提供便利。

图 16 - 2 所示为将一些典型结构作为设计元素放入设计元素库的实例,在未来的设计中,如有需要可以从设计元素库中进行选取调用。

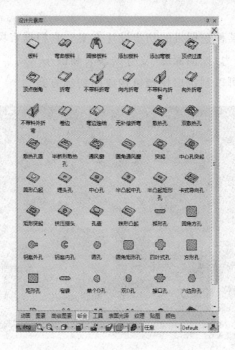

图 16 - 2   设计元素库中的典型结构

16.4   零件结构设计与虚拟装配

在产品方案确定之后,即进入结构设计阶段。在传统的二维设计中,零件设计和装配设计是严格分开的。一般情况下,须先进行装配设计,然后进行零件设计。在装配设计阶段重点解决工作原理、传动路线、配合与连接及主要零件的主要结构等关键问题,并绘制出装配图。然后由零件设计人员根据装配图拆画零件图,完成零件设计。

在三维创新设计中,结构设计人员根据概念设计和方案设计的要求,可将零件设计和装配设计有机地结合在一起,边设计零件边进行虚拟装配,从而极大地提高了设计效率。以齿轮泵设计为例,在方案设计阶段解决了传动方案、选定电动机型号、计算动力参数之后,即可以开始齿轮泵的零件设计和装配设计。

图 16-3 所示为按照上述思路完成的某齿轮泵的设计结果。下面简要介绍该齿轮泵的创新设计过程。

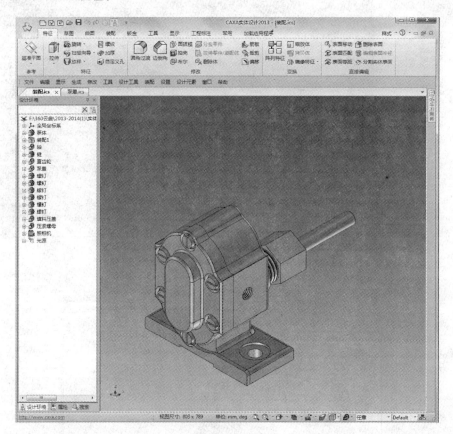

图 16-3　齿轮泵

16.4.1　齿轮及齿轮轴设计

在齿轮泵内装有一对互相啮合的齿轮,输入、输出轴均为齿轮轴,输入轴如图 16-4 所示。它的设计过程如下所述。

1. 输入轴设计

① 从设计元素库调入一个齿轮,在弹出的"齿轮"对话框(图 16-5)中更改其参数,生成如图 16-6 所示齿轮。

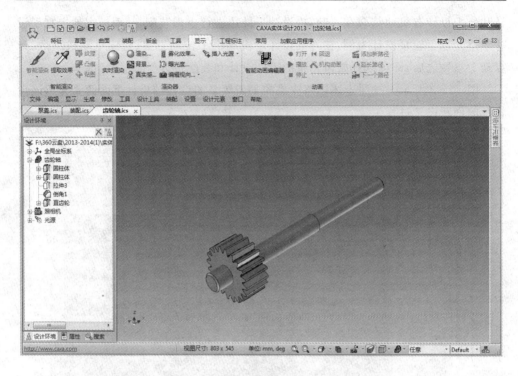

图 16 - 4　输入轴

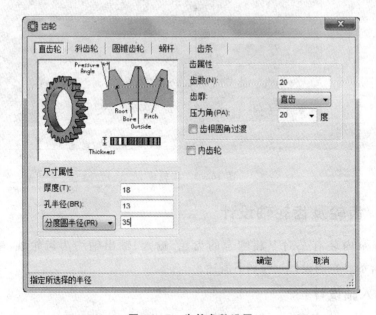

图 16 - 5　齿轮参数设置

② 调入圆柱体图素,并进行倒角,对两者进行装配,得到如图 16 - 4 所示的输入轴。

2. 齿轮设计

① 按照齿轮轴中的齿轮设计步骤,得到如图 16 – 7 所示的齿轮。

图 16 – 6 生成齿轮

图 16 – 7 齿 轮

② 添加孔类长方体,修改尺寸,得到如图 16 – 8 所示带有键槽的齿轮。

图 16 – 8 添加键槽后的直齿齿轮

3. 输出轴设计

具体操作步骤如下:

① 调入圆柱体,并进行倒角操作,得到如图 16 - 9 所示的输出轴本体。

图 16 - 9　输出轴本体

② 调入孔类键,并修改其尺寸,得到如图 16 - 10 所示带有键槽的轴本体。将其与图 16 - 8 所示的齿轮及图 16 - 11 所示的键进行装配,即可得到输出轴。

图 16 - 10　轴

16.4.2　标准件及螺纹件设计

1. 键设计

调入图素键,修改其尺寸,并进行倒角操作,得到如图 16 - 11 所示的键。

2. 螺钉设计

调入图素紧固件中的螺钉,选用圆柱头螺钉,修改其尺寸如图 16 - 12 所示,得到如图 16 - 13 所示的螺钉。

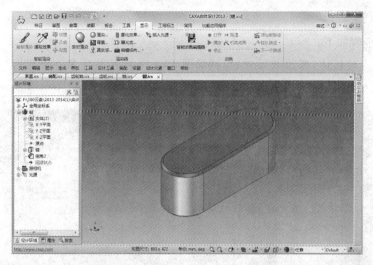

图 16 - 11 键

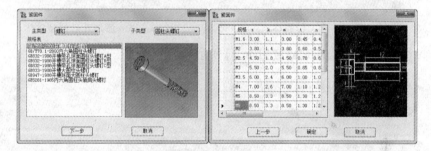

图 16 - 12 调入螺钉

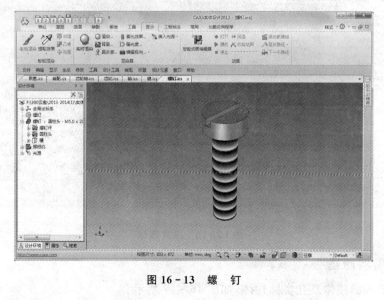

图 16 - 13 螺 钉

3. 压紧螺母

操作步骤如下:

① 调入棱柱体,修改其尺寸,得到如图 16-14 所示的压紧螺母雏形。

② 调入孔类圆柱体,制出压紧螺母内的台阶孔,结果如图 16-15 所示。

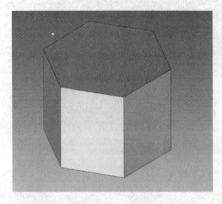

图 16-14 棱柱体

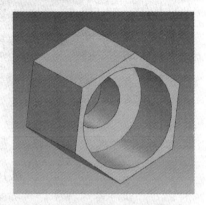

图 16-15 添加孔后的棱柱体

③ 在工程标注中,添加修改螺纹,得到如图 16-16 所示的压紧螺母。

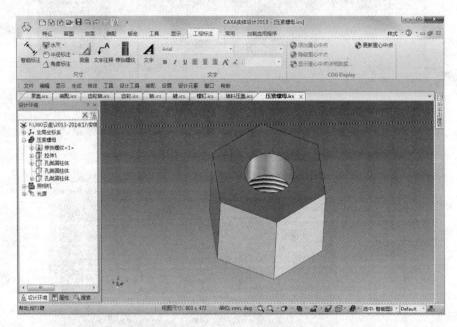

图 16-16 压紧螺母

4. 填料压盖

① 调入圆柱体及孔类圆柱体,如图 16-17 所示。

图 16 - 17　调入基本图素

② 进行边倒角,得到如图 16 - 18 所示的填料压盖。

图 16 - 18　填料压盖

16.4.3　泵体和泵盖设计

1. 泵体设计

操作步骤如下:

① 从设计元素库中拖入键图素,修改其尺寸后再进行草图编辑,得到如图 16 - 19 所示的泵体毛坯形状。

② 创建草图,并进行拉伸,得到如图 16 - 20 所示的泵体前面凸起部分。

③ 对底板进行倒角,结果如图 16 - 21 所示。

④ 在前端面创建草图,投影前端面的外圆便于画草图时拾取圆心,画出凹的部分的草图进行拉伸除料,如图 16 - 22 所示。

⑤ 添加螺纹孔。在设计元素库中选择自定义孔,并拖放到已设计成的泵体毛坯上。利用三维球进行旋转镜像,做成符合连接需要的均布螺纹孔,如图 16 - 23 所示。

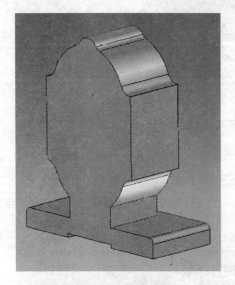

图 16 - 19   泵体毛坯

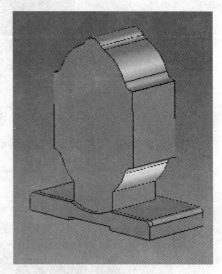

图 16 - 20   前面凸起部分

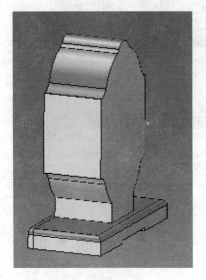

图 16 - 21   底板倒角

前端面

图 16 - 22   拉伸除料

⑥ 添加两个侧面的螺纹孔,如图 16 - 24 所示。

⑦ 创建后端面凸起部分的圆柱体,并添加修饰螺纹,如图 16 - 25 所示。

⑧ 拖入自定义孔,按照图纸尺寸进行修改,得到如图 16 - 26 所示。

⑨ 倒角,如图 16 - 27 所示。

⑩ 底板上拖入孔类圆柱体进行打孔,如图 16 - 28 所示。

图 16-23　添加螺纹孔

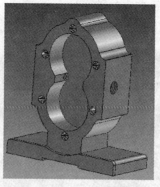
图 16-24　添加两侧螺纹孔

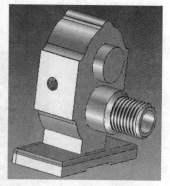
图 16-25　后面凸起部分设计

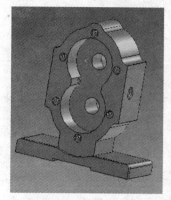
图 16-26　添加自定义孔

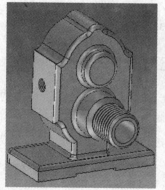
图 16-27　边倒角

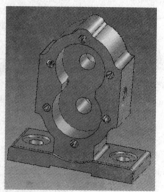
图 16-28　泵　体

2. 泵盖设计

① 调入键图素,修改尺寸和截面,结果如图 16-29 所示。

② 添加阶梯孔,如图 16-30 所示。

③ 调入图素键,添加前端面凸起,如图 16-31 所示。

图 16-29　调入图素

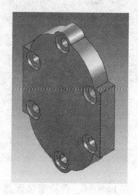
图 16-30　添加孔

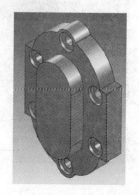
图 16-31　添加凸起

④ 添加外圆角过渡,如图 16 - 32 所示。

⑤ 添加自定义孔,泵盖的设计结果如图 16 - 33 所示。

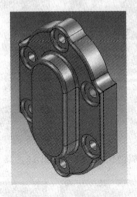　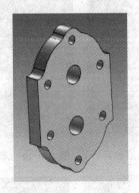

　　图 16 - 32　添加圆角　　　　图 16 - 33　添加孔

16.4.4　齿轮泵装配与分解

　　经过上述设计,完成了一个齿轮泵结构已经基本构形。为了使其形成一个完整的装配体,还应当用紧固件将其连接起来。最后,用三维球将其定位、定向,将其装配到指定位置,并用约束装配进行组装。图 16 - 34 所示为齿轮泵装配结果。

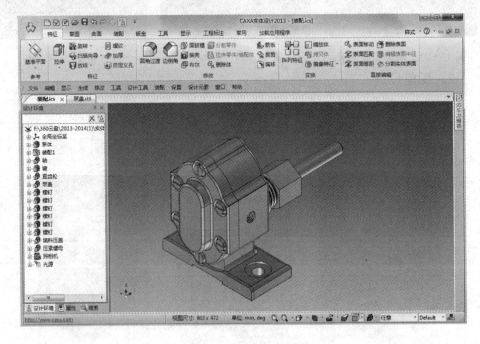

图 16 - 34　齿轮泵装配结果

为了进一步增强产品的三维视觉效果和观察内部形状,可用第 11 章介绍的方法对齿轮泵进行剖视处理,图 16-35 所示为剖切结果图例。

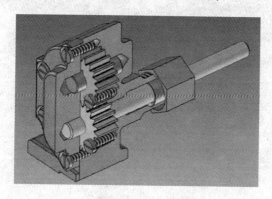

图 16-35 剖切处理

对已经装配的装配体,可通过"爆炸"的方法将其分解,以便更清楚地了解和检查设计是否正确、完全,紧固件是否齐全,装配顺序是否合理。

爆炸分解的具体操作方法是:从"工具"元素库中单击"装配"图素,并将其拖放至设计环境中,此时弹出"装配"对话框,如图 16-36 所示。操作者可以在对话框中单击"爆炸类型"选项,如"爆炸"(无动画)。确认无误后,单击"确定"按钮,即可得到爆炸结果,如图 16-37 所示。

图 16-36 "装配"对话框

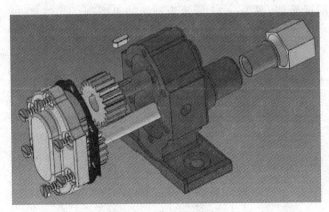

图 16 – 37　爆炸结果

16.5　干涉检查

　　对于经过强度校核的零件和组装好的装配件,还应进行干涉检查。干涉检查的内容包括零件与零件的干涉、零件与装配件的干涉以及运动零件的运动干涉等。具体检查方法参考第 11 章的相关内容。图 16 – 38 表示通过"干涉报告"对齿轮泵装配件进行干涉检查的图例。

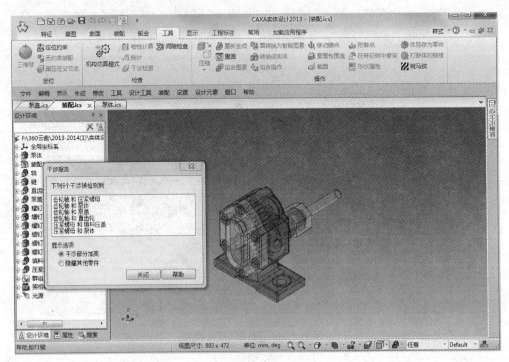

图 16 – 38　干涉检查

16.6　生成 BOM 表和设计树

在实体设计的三维环境下可生成 BOM 表。其具体的操作方法是：在"工具"设计元素库中选取"BOM 表"图素，然后将其拖放至设计环境中，系统立即弹出"BOM表"对话框。操作者可以单击 BOM 表的图标打开 BOM 表，也可以单击设计树图标打开设计树。图 16 - 39 所示为生成 BOM 表的图例。

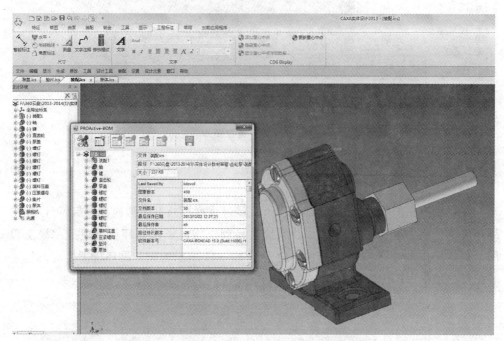

图 16 - 39　生成 BOM 表

16.7　建立图库

对经过检查确认设计无误的零件和装配件，可以作为一个图素存入到指定的设计元素库中。其具体的操作方法是：单击"设计元素"菜单，在列出的级联菜单中单击"新建"选项，则在设计元素属性表上立即出现一个"设计元素"，如图 16 - 40 中右侧所示。然后，用光标将待入库的零件或装配件拖入到图素元素区，即可完成建库操作。图 16 - 40 所示为建库操作的图例。

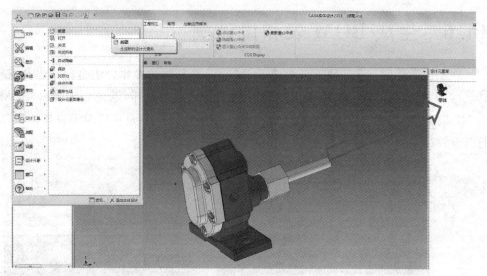

图 16 - 40　建立图库

16.8　生成工程图

在完成产品的零件设计和装配设计,并经过强度校核及干涉检查以后,可以在三维环境下生成二维工程图,也可以将系统切换到二维电子图板环境下生成二维工程图。具体操作参考第 12 章的有关内容。图 16 - 41 所示为在三维环境下生成齿轮泵装配件二维工程图的实例。

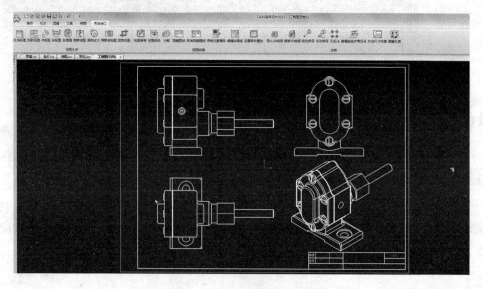

图 16 - 41　齿轮泵装配件工程图

通过以上介绍即可完成从概念设计到输出工程图的创新设计全过程。从中读者可以看到,采用实体设计系统进行产品设计完全打破了传统的从二维工程图开始的设计方法。一切结构的生成都是从三维开始,并且在三维环境中完成创新设计。零件设计与装配设计互动是实体设计系统的又一个特点,它把传统产品设计必须从设计装配图开始的方法彻底扭转过来。零件设计与装配设计互动极大地提高了设计效率,缩短了设计周期,降低了设计成本,同时保证了产品的设计质量。

另外,由于实体设计能够实现文件共享,因此可以按照第 15 章讲述的不同解决方案,将三维设计建模数据以文件形式,读入到 CAPP、CAM 和 CAE 等应用系统中,以便对产品和零件进行受力分析和计算,编制工艺卡片,生成数控加工所需的 G 代码,用于数控仿真和在数控机床上进行加工。

思考题

1. 工业产品设计有几种类型,它们各自应用在哪种场合?

2. 典型设计借用有何优点,CAXA 有借用的条件吗? 举例说明。

3. 读懂图 16-42 和图 16-43 所示节流阀的各零件工程图,然后,用本章介绍的创新设计方法完成所有零件的建模、渲染和存储。

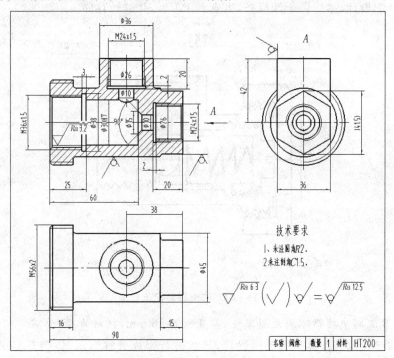

图 16-42 节流阀阀体零件图

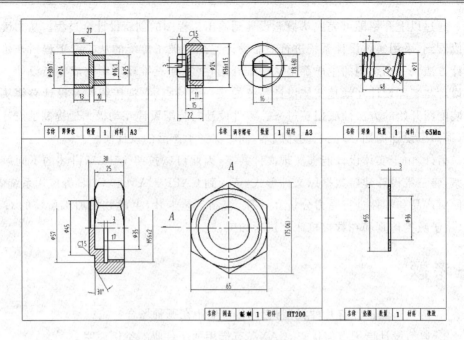

图 16-43　节流阀其他零件图

4. 根据图 16-44 和各零件建模结果以及简易标题栏的内容，在实体设计环境中进行装配设计，然后做干涉检查，生成 BOM 表，并进行存储。

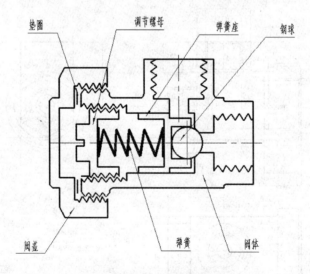

图 16-44　节流阀装配示意图

注：节流阀中的钢球为无图零件，其直径为 16 mm，材料为 45 号钢。

5. 对节流阀装配体进行动画设计，然后进行爆炸分解演示，体会 CAXA 创新设计的流程和优点。

附　录　CAXA 实体设计 2013r2 新增功能简介

为了使长期使用 CAXA 产品的用户了解实体设计 2013r2 版的情况,对比新增功能的具体内容,本书除了用 2013 版阐述其各项功能外,特采用附录形式集中介绍 2013 版的新增功能,以便使读者进行新、旧版本的比较,更快更好地使用新版本。

1. 性能提升

(1) 工程图投影性能提升

工程图投影视图时,性能提升了 0.5~1.5 倍。

(2) 工程图视图更新速度提升

提升前,对于投影曲线特别多的视图,例如,如果有草图文字的三维文件,在更新时速度很慢,远慢于视图生成速度。提升后,工程图更新速度和投影速度基本一致。

(3) 特征生成、编辑时,取消命令的速度提升

提升后,无论是特征创建还是特征编辑模式,如果用户想取消当前操作,单击"取消"按钮后,零件会立刻更新到正确的状态。

(4) ProE 和 UG 导入性能改善

时间大约提升 30%。

2. 交互及界面的改进

(1) 拾取工具的增强

可通过拾取工具快速选择相连的曲线和边线,见附图 1。

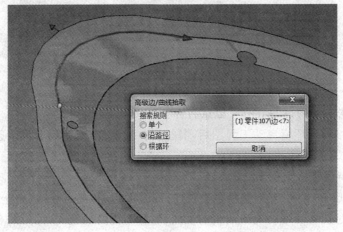

附图 1

在 2013r2 版本中拾取工具新增支持倒角、圆角、拔模、投影曲线和曲面延伸 6 个特征,并支持多个种子面拾取。激活拾取工具使用 Alt＋a 的组合键。

(2) 尺寸标注交互的改进

在以前的版本中,标注尺寸后需双击尺寸进入尺寸编辑状态。在 2013r2 版本中,在草图中标注尺寸后立即进入尺寸编辑状态,减少了操作步骤,见附图 2。

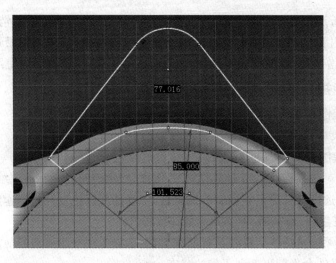

附图 2

(3) 投影工程图后选项卡自动切换到"三维接口"

在从三维设计环境启动工程图后,选项卡默认切换到"三维接口"选项卡,使用者可以更快捷地创建工程图,见附图 3。

附图 3

(4) 投影工程图后"视图树"默认打开

在从三维设计环境启动工程图后,"视图树"默认打开,使用者可以通过视图树方便地管理视图,见附图 4。

(5) 支持保存多个视向

在 2013r2 版本中,支持保存多个视向,同时增加了"视向管理"功能管理视向,使用者可以通过视向管理功能激活当前视向、删除不需要的视向,见附图 5。

"保存视向":保存当前的视向。

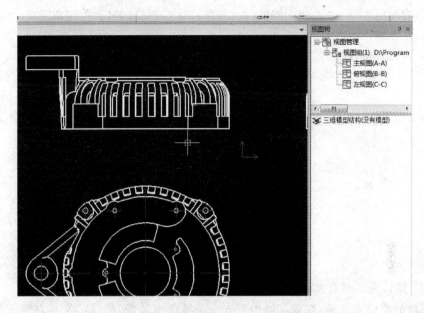

附图 4

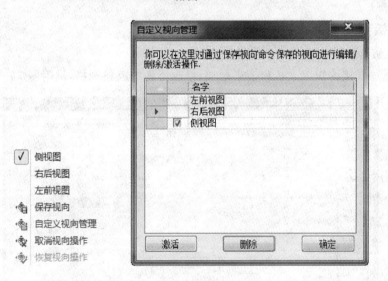

附图 5

"自定义视向管理"：视向管理界面，可以通过实现管理自定义的视向，包括激活、上传自定义的视向。

"取消视向操作"：取消最后的视向操作。

"恢复视向操作"：恢复最后所取消的视向操作。

（6）显示控制选项的增强

在快捷工具条中，增加了"显示控制"按钮，使用者可以通过它控制"注释"、"阵列"、"位置尺寸"、"三维曲线"、"约束"、"智能标注"、"坐标系"、"二维草图"、"基准面"
是否显示,见附图 6。

附图 6

(7) 默认指定存盘文件的文件名

零件的存储方式是:如果环境中只有一个零件或装配,默认的文件名是零件(装配)的名称。

3. 钣金功能的改进

(1) 钣金板料表编辑功能的改进

可通过直接编辑钣金板料表来增加、修改所需的钣料规格,见附图 7。

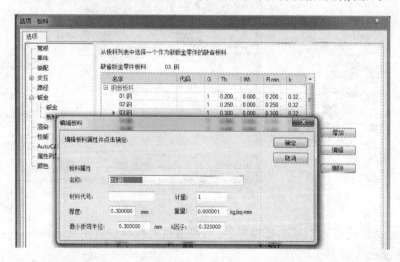

附图 7

(2) 钣金厚度支持参数

可通过参数控制板料的厚度,见附图 8。

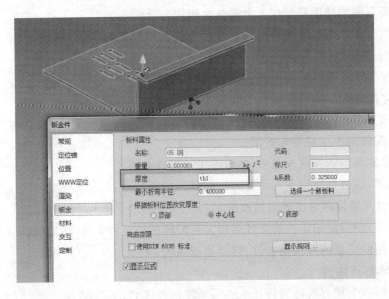

附图 8

(3) 钣金板料表支持网络路径

钣金板料表支持网络路径,可将钣金板料表存储到服务器上,设计组中的成员可共享这个钣金板料表。

4. 装配功能的改进

(1) 爆炸功能

可通过"爆炸功能"自动创建产品的爆炸视图,见附图 9。

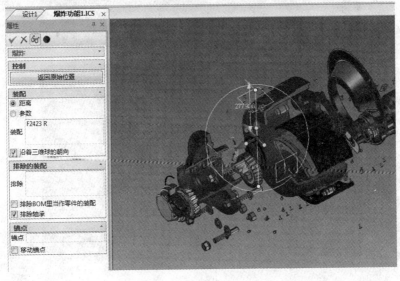

附图 9

"距离":爆炸的位移量在各个零件之间均匀分配。

"参数":爆炸位移量的分配与零件距离锚点的位置有关,距离越远,零件之间的距离越大。

"装配":需要爆炸的装配体,可从设计树中选择。

"排除的装配":不需要爆炸的装配体,可从设计树中选择。

"排除 BOM 里当作零件的装配":在装配属性中,如果设置为"作为零件处理",则这个装配体就不生成爆炸效果。

"排除轴承":选择这个选项,轴承不生成爆炸效果。

"锚点":通过调整锚点的位置可控制爆炸的初始位置。

(2) 插入零件时命名规则的改进

插入零件时,使用零件的文件名作为装配树中的零件名称,在以前的版本中插入的零件使用的是系统默认的名称,需要重新命名。

(3) 零部件阵列

可根据一个现有的阵列特征生成一个零部件阵列,见附图 10。

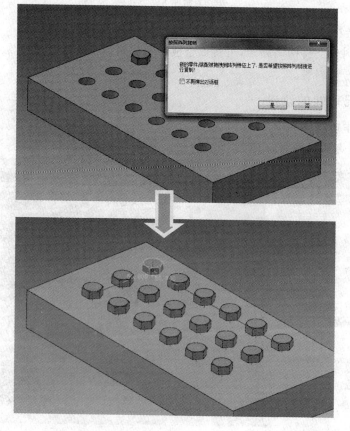

附图 10

（4）自动约束

当将紧固件（螺钉、螺栓等）拖动到孔的中心时，系统会自动添加同轴和贴合约束。可通过"选项"|"装配"中的参数控制拖拽时自动添加约束，见附图11。

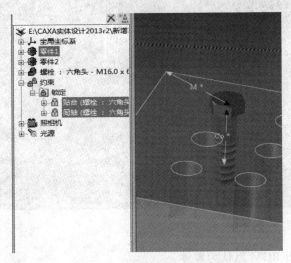

附图11

5．工程图的改进

（1）局部剖视图功能的增强

支持在截断视图上创建局部剖视图，创建的局部剖视图可以通过视图树进行管理，见附图12。

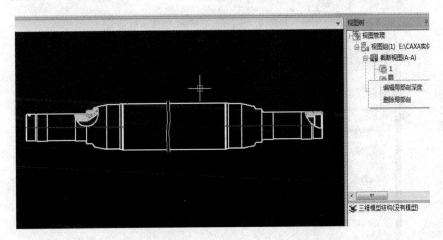

附图12

（2）支持视图的在位编辑

进入视图编辑后，其他视图仍然可见，并可以参考捕捉到其他视图上的图素，见附图 13。

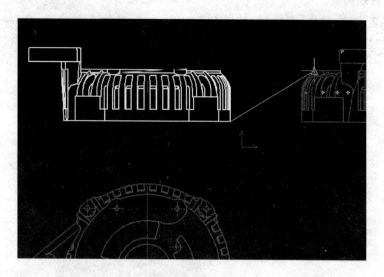

附图 13

(3) 轴承输出 BOM 默认为零件

轴承在 BOM 中的属性默认设置为零件,在工程图中输出 BOM 时显示为一行。

(4) 更改与工程图关联的三维文件

在工程图中,新增加了改变链接文件的功能,可以改变与工程图关联的三维文件,见附图 14。

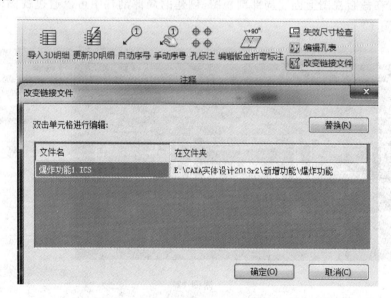

附图 14

(5) 明细表导入设置

在三维接口的选项中，可设置导入 3D 明细时的默认配置，见附图 15。

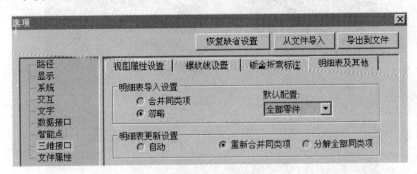

附图 15

6. 零件设计的改进

(1) 旋转轴

在草图中，新增了旋转轴，创建旋转特征时会自动默认草图中的旋转轴作为旋转中心轴，见附图 16。

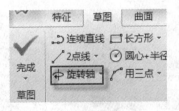

附图 16

(2) 自定义孔功能的增强

在 2013r2 版本中，对自定义孔功能的交互做了改进，减少了创建自定义孔的步骤，见附图 17。

操作步骤如下：

① 选择自定义孔特征。

② 在需要打孔的平面上选择孔的位置。

③ 添加尺寸约束，完成定位。

④ 选择自定义孔的类型及尺寸，完成自定义孔特征。

⑤ 可在编辑自定义孔时编辑定位草图。

(3) 包裹偏移特征

将草图或曲线包裹到圆柱面上生成凸起或凹陷的形状，见附图 18。

"包裹曲线类型"：支持草图和 3D 曲线。

"面"：包裹上去的面，只支持圆柱面。

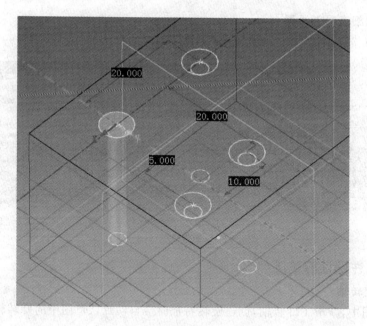

附图 17

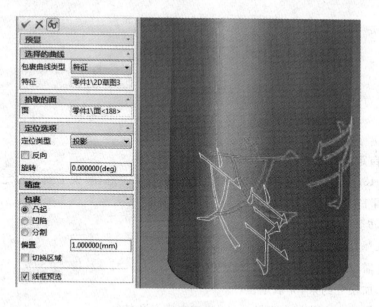

附图 18

"定位类型":支持投影和参考点两种方式。

"包裹":支持"凸起"、"凹陷"、"分割"3 种方式。

"偏置":凸起和凹陷的高度。

"切换区域":切换包裹的区域。

（4）分割特征

2013r2 版本中，新增了分割特征，取消了原来的分割零件功能。可使用分割功能实现对实体、曲面的分割，见附图 19。

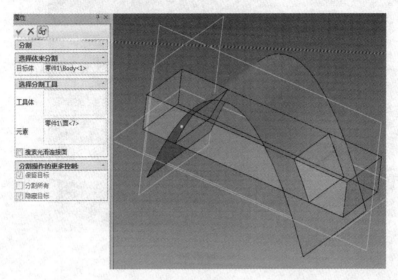

附图 19

"目标体"：被分割的目标，可以是零件、实体、曲面。

"工具体"：分割工具，可以是其他体、零件、面、曲线、草图、基准面。

"保留目标"：如果选择此项，原目标体将不会被移除，并生成新的体。不选此项则原目标会被移除。

"分割所有"：当目标体是曲面体时可用。会根据分割工具的延伸分割目标体。

"隐藏目标"：分割后隐藏原目标体。

（5）包裹曲线增加生成闭合曲线的功能

如果平面曲线包裹到圆柱面上，首末点间的距离小于弦长精度，则通过新增的"在弦长精度内封闭包裹"选项可以控制生成闭合的包裹曲线，见附图 20。

（6）默认激活手柄

通过设置默认激活手柄，可控制显示手柄时默认可操作的手柄。当双击智能图素后会自动激活这个默认手柄进行尺寸编辑，见附图 21。

（7）多控制手柄的操作

可以一次选择多个智能图素同时编辑相同方向的智能手柄，见附图 22。

操作步骤如下：

① 从选择框中选择"智能图素"。

② 框选需要编辑的智能图素。

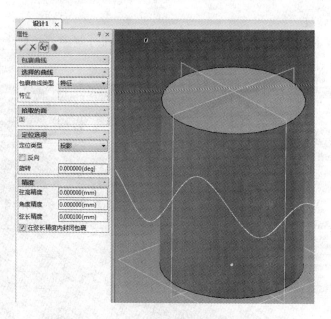

附图 20

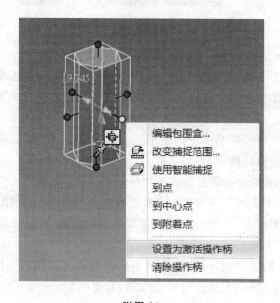

附图 21

③ 选择一个需要编辑的手柄编辑尺寸，则所有与这个手柄平行的手柄都会同时被修改。

（8）阵列命令的终止功能

在进行大数量的阵列命令时，可通过 Esc 键终止命令的执行。

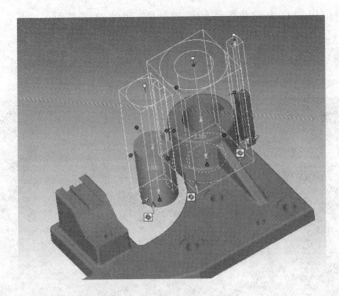

附图 22

7. 其他方面的改进

(1) 测量工具支持基准特征

在2013r2版本中,测量工具支持基准特征,包括基准点、基准轴、基准面,见附图23。

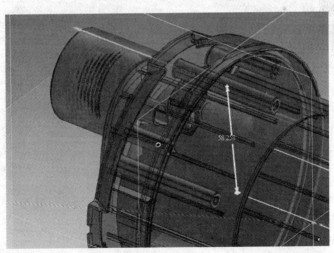

附图 23

(2) 零部件的映像功能

可使用映像功能将零部件设置成映像零件,映像零件将用透明的方式显示,但不能被选中和捕捉,见附图24。但是,在草图中可作为参考被投影和标注尺寸约束。

使用映像功能可以提高大型装配体的编辑性能,使编辑更方便。

附图 24

8. 系统更新

(1) 工程图平台升级

工程图更新到 2013r2。

(2) DWG/DXF 版本支持升级

草图中导入 DWG 文件,文件版本支持到 DWG/DXF 2013 版。

(3) 内核平台升级

Parasolid 内核支持版本 25.1。

ACIS 内核支持版本 R23。

(4) 数据接口升级

CATIA:支持到 CATIA V5 R23。

UG:支持到 NX 8.5。

Solidworks:支持到 Solidworks 2013。

Inventor:支持到 Inventor 2013。

参考文献

［1］CAXA 实体设计 2013 手册.北京数码大方科技有限公司,2013.

［2］CAXA 实体设计培训教程.北京数码大方科技有限公司,2012.

［3］尚凤武.CAXA 创新三维 CAD 教程.北京:北京航空航天大学出版社,2006.

［4］尚凤武.CAXA 电子图板培训教程.北京:清华大学出版社,2010.